Martin Brückner

#CrashTag

Autonom. Fahren. Tödlich.

Roman

Über den Autor

Aufgewachsen ist Martin Brückner im Ruhrgebiet in einer Zeit, als man die Luft, die man dort atmete, noch sehen konnte. Nach dem Studium der Wirtschaftswissenschaften und ersten Berufsjahren als Finanzjournalist startete er mit einem Asien-Reisemagazin seinen ersten publizistischen Selbstversuch. Inzwischen bewegt er sich hauptberuflich in der Welt der harten Fakten, als Geschäftsführer eines Fachverlags. In Ermangelung von Kohlehalden holt er sich heute seine schwarzen Fingernägel beim Schrauben an seinem Oldtimer, einer Borgward Isabella. Martin Brückner lebt in Frankfurt am Main, jener deutschen Stadt, in der man vor lauter Hochhäusern die Luft nicht mehr sieht.

MARTIN
BRÜCKNER

CRASH TAG

AUTONOM. FAHREN. TÖDLICH.

THRILLER

Impressum

1. Auflage 2020

www.martinbrueckner.eu

Lektorat: Regine Weisbrod, www.lektorat-weisbrod.de

Korrektorat: Sybille Weingrill, www.swkorrekturen.eu

Satz: Constanze Kramer, coverboutique.de

Covergestaltung: Constanze Kramer, coverboutique.de

Coverbilder: ©Tavarius – Shutterstock,
©Kostadin Madjarov – stock.adobe.com

Herstellung und Verlag:
edition MaVik im Asia Vision Verlag
www.martin.brueckner.eu
ISBN: 978-3-9821026-3-4

Eines der besten Mittel gegen das Altwerden
ist das Dösen am Steuer eines fahrenden Autos.

Juan Manuel Fangio

Prolog

Würden sie leiden? Er zuckte mit den Schultern. Zurückgelehnt in seinem Bürostuhl, die Füße auf dem Schreibtisch, beobachtete er das Geschehen auf dem großen Flatscreen an der gegenüberliegenden Wand. Die Bildqualität war erstklassig, nur der Ton der hinter den Sitzen versteckten Kamera war verzerrt, wahrscheinlich, weil sie schnell fuhren und der Motor so sehr dröhnte. Schade um diesen Traum von Auto: Lamborghini Miura, eine Million Dollar kostete so ein Oldtimer locker.

Hochhaus um Hochhaus rauschte an den Seitenfenstern des Wagens vorbei. Sogar er, der den Boom tagtäglich miterlebte, staunte immer wieder, wie kompakt Bangkoks Skyline inzwischen war. Abertausende von Lichtern spiegelten sich auf dem von einem Monsunschauer nassen Asphalt. Die meisten Trader im Finanzdistrikt arbeiteten bis tief in die Nacht, um reagieren zu können, wenn auf der anderen Seite der Erde die Wallstreet eröffnete.

Auf dem Bildschirm sah er, dass sich die Lippen der beiden Insassen bewegten, um ein paar hundertstel Sekunden verzögert konnte er sie auch hören:

»Musst du so schnell fahren?«

»Hier auf dem Expressway kann ich endlich ein bisschen Gas geben! Bangkok ist doch nur noch ein einziger Stau.«

»Aber muss das Auto dabei so laut sein?«

»Was da hinter deinem Rücken so einen Lärm veranstaltet, ist ein V12, genau in der Mitte des Wagens. Daraus ergibt sich eine perfekte Gewichtsverteilung und ein extrem gutes Handling. Und ehrlich, ein Auto, das wie ein Kampfstier heißt, sollte sich auch mal so benehmen dürfen.«

Musst Du so schnell fahren? Der Mann am Schreibtisch äffte die Frau nach und grinste. Überall dieselben Diskussionen. Immerhin, der Typ wusste das Auto zu schätzen.

Die Frau auf dem Beifahrersitz winkte gelangweilt ab. »Was ein V12 ist, weiß ich nicht, aber ich habe schon verstanden, dass du dieses alte Auto liebst. Es ist auch wirklich wunderschön, allerdings unglaublich unbequem.«

Im Lautsprecher knackte es, als ihr Jadearmreif gegen ein goldenes Schutzamulett schlug. Ein kleiner Affe hing daran: Hanuman, der Affengott, verkörperte Tapferkeit und Mut. Der ist nicht zuständig, sagte er halblaut, während er mit der Fernbedienung auf den Bildschirm zielte, um leiser zu stellen.

Der Fahrer strich seiner Frau mit dem Handrücken über die Wange. »Schön und unbequem, genau wie du, mein Schatz, allerdings ist der Wagen doppelt so alt.«

Sie schüttelte den Kopf, ihre Lippen formten sich zu einem Schmollmund. Schwarze Haarsträhnen fielen ihr vors Gesicht. *Eine Schönheit, zweifellos, aber nicht mein Typ.* Der Mann am Schreibtisch überlegte, woran das lag. Wohl zu viel von allem: Lippen, Augen, Brüste. Da fehlte das Zurückhaltende, die Voraussetzung für Klasse. Magnus, der stand auf so eine – darauf würde er jede Wette eingehen.

»Geh jetzt bitte vom Gas. Denk an unsere Kinder!«

Ja, die Kinder. Das konnte er verstehen. Auf seine Enkel freute sich der Mann am Schreibtisch besonders. Heute war Opa-Tag. Der Helikopter, der ihn in weniger als einer Stunde bis nach Jomtien Beach im Süden bringen würde, wartete bereits auf dem Dach. Die süße Araya und Klein-Nawin! Sie würden schlafen, wenn er landete. Eine ganze Stunde lang saß er manchmal vor ihren Betten, betört von ihren unschuldigen Gesichtern. Er lächelte und schaute wieder auf den Bildschirm. Gleich müsste es so weit sein.

Die beiden im Auto starrten geradeaus. Er glaubte zu sehen, wie die Handknöchel des Mannes heller wurden, als er das

Lenkrad umklammerte. Seine Augen schienen etwas im dunklen Tunnel des Fußraums zu suchen.

Sie rüttelte an seinem Arm. »Brems doch!«

Der Mann antwortete nicht, stemmte sich aber offensichtlich mit aller Kraft aufs Pedal.

Eine rote Wand füllte den Bildschirm aus: Bremslichter. Der Stau, exakt wie prognostiziert. Der Mann begann am Lenkrad zu reißen. Erstaunlich langsam, wie eine Yacht, die am Kai anlegt, drehte sich der Wagen um die eigene Achse. Die roten Lichter wanderten aus dem Fokus der Kamera. Die Hand des Mannes löste sich vom Lenkrad. Er suchte die Hand der Frau.

»O Gott, wir …«, hörte er noch, dann brach die Verbindung ab.

Gleich darauf flammte der Monitor wieder auf. Das wohlbekannte Gesicht erschien: Magnus. Er applaudierte. »Gut gemacht, mein Freund. Ich habe alles verfolgt. Ein großer Erfolg!«

Im Hintergrund konnte er Hügel erkennen, denen Windräder eine Art Stoppelhaarschnitt verpasst hatten. Die Sonne stand tief. Es war Nachmittag in diesem kalten Land.

»Lieber Freund, Sie sind vor Ort, haben Sie Einzelheiten für mich?«

Er nickte gehorsam. Magnus mochte militärisch knappe Gesten. »Der Einschlag des Lamborghini auf dem Expressway erfolgte exakt um einundzwanzig Uhr vierzig Ortszeit.«

»Ist der Tank explodiert?«

»Positiv. Der piezoelektrische Impuls wurde direkt nach dem Einschlag ausgelöst. Genau, wie wir es vorgesehen hatten. Wir könnten also sofort loslegen.«

Magnus schüttelte den Kopf. »Wir verfahren gemäß Roadmap. Über den Zeitplan und die ersten Ziele hatten wir uns bereits verständigt. Kannten Sie sie?«

»Er ist mir im Royal Bangkok Jockey Club über den Weg gelaufen. Machte in Immobilien. Sie ist oder vielmehr war Schauspielerin in irgendeiner Daily Soap – glaube ich.«

»Ein Lamborghini Miura mit so einer auf dem Beifahrersitz, schöne Vorstellung.«

Er lächelte in sich hinein. Die Wette hätte er klar gewonnen. Wieder nickte er beifällig und schaute dabei verstohlen auf die Uhr im Telefondisplay. Die Turbine des Helikopters lief seit zwanzig Minuten. Er hasste Verschwendung.

»Ich melde mich wieder, wenn wir die Daten ausgelesen haben. Im Ernstfall muss alles hundertprozentig klappen.«

Sie nickten einander kurz zu. Der Bildschirm verdunkelte sich. Er pfiff ein Kinderlied, während er mit geübtem Griff sein Sakko vom Bürostuhl zog und aus dem Büro eilte.

- 1 -

Die Paulskirche lag nun hinter ihm. Jetzt in den Zehnten hochschalten, dann bekam er die Ampel Ecke Berliner Straße / Kornmarkt gerade noch bei Dunkelgelb. Er schaute kurz hinunter. Die Kette sprang um.

Es war dunkel, es war massiv, und es füllte seinen linken Augenwinkel so schnell aus wie ein Sternenkreuzer des Imperiums. Dann kam der Schmerz, so stark, dass er ihn schmeckte, gefolgt von Nacht.

Jetzt lichtete sich das Dunkel, hinter geschlossenen Lidern leuchteten bunte Sterne, zuckten Blitze. Der Schmerz wurde dumpfer, erträglich, weitaus schlimmer war der Lärm direkt über ihm.

»Ich wollte gar nicht abbiegen. Das hat das Auto auf einmal gemacht. Von selbst.«

Eine Frauenstimme. Nein, es klang eher nach Straßenbahn Linie 16, wenn sie durch die viel zu enge Kurve von der Schweizer zur Gartenstraße schlingerte.

»Seien Sie endlich still! Hallo, hören Sie mich?«

Direkt über ihm nun ein Mann, offenbar direkt von einem Katerfrühstück mit Zwiebelmettbrötchen zum Unfallort geeilt.

»Gott sei Dank, er kommt zu sich!«

Linie 16 drohte gleich aus den Schienen zu springen.

Er blinzelte durch die halb geschlossenen Lider und erkannte sich verzerrt in einer vollverchromten Autofelge mit einem großen V in der Mitte wieder. In Zeitlupentempo richtete er sich auf, als könnte eine plötzliche Bewegung die Knochen brechen lassen.

»Was ist passiert?«

»Ich hab alles gesehen. Sie sind mit Ihrem Fahrrad geradeaus Richtung Willy-Brandt-Platz gefahren. Sie hatten Grün. Dann ist die da …«, der Mann, Typ freundlicher Baumarktberater, nickte abschätzig in Richtung einer Frau mit dunkelblonden Haaren im schwarzen Businesskostüm, »… ohne zu blinken einfach nach rechts abgebogen. Frau am Steuer, sag ich nur!«

»Ich! Bin! Nicht! Gefahren! Der Autopilot war drin, ich schwör's.«

Er hob beschwichtigend die Hand, doch sie achteten nicht auf ihn, sondern begannen sich anzugiften.

»Wie lange war ich bewusstlos?«

Die beiden schauten ihn an, als würden sie aus einem Flirt gerissen.

Der Mann zuckte mit den Achseln. »Vielleicht zwei Minuten. Der Rettungswagen müsste gleich da sein, Herr Graber.«

Auf seinen fragenden Blick hin deutete der Mann auf die Visitenkarten, die ihn wie gefallene Blütenblätter umrahmten: Friedrich Graber, Neue Frankfurter Zeitung, Wirtschaftsredaktion.

»Darüber könnten Sie wirklich mal schreiben, über diesen Wahnsinn mit den Roboterautos. Ich bin nämlich nicht gefahren. Aber erst mal müssen Sie zum Arzt.«

Ein chinesisches Pärchen näherte sich bis auf zwei Meter. Sie kehrten ihm die Rücken zu, steckten die Köpfe zusammen, sie machte das Victory-Zeichen, er das Selfie.

Langsam ging er auf die Knie, erhob sich. Gebrochen schien nichts. Er holte das Handy hervor. Haarfeine Risse durchzogen das Display. Die waren zwar alt, aber das musste die Versicherung der Fahrerin nicht wissen. Die Visage, die sich in dem von Fingerabdrücken überzogenen Bildschirm spiegelte, sah eigentlich ganz normal aus, geradezu gut für einen Zusammenstoß mit einem Zweitonner. Nur das linke Auge wirkte wie für Karneval geschminkt.

Er machte Fotos vom Radweg, von der Ampel, dem SUV, der mit geöffneter Fahrertür auf der für die Autonomen reservierten Fahrspur stand, von seinem Fahrrad, das zwei Meter dahinter auf dem Asphalt lag. Und er fotografierte das Kennzeichen:

F-EE 673, hinter der Zahl der Zusatz »A« für autonom fahrendes Fahrzeug.

Graber räusperte sich. »Würden Sie mir bitte Ihre Telefonnummern geben?«

Die beiden zückten ihre Handys. Es folgte das milliardenfach erprobte Ritual: Nummer eintippen, auf Anrufen drücken, auf das Display des anderen schielen, bis ein pulsierender Telefonhörer auftaucht. Weit entfernt jaulte die Sirene eines Rettungswagens, für den es kein Durchkommen gab. Im Schritttempo schlichen Autos an der Unfallstelle vorbei. Einer ließ das Seitenfenster herunterfahren: »Radfahrer. Benehmen sich wie die Bekloppten und wundern sich, wenn sie auf die Hörner genommen werden.«

Fritz zeigte ihm den Mittelfinger, hob das Rad auf, klemmte die Gabel zwischen die Schenkel und bog den Lenker gerade. Widerstandslos ließ es sich schieben. Keine größeren Schäden an Mensch und Maschine! Auf ein paar Macken zusätzlich kam es hier wie da nicht an.

»Sie müssen hierbleiben. Die Versicherung. Wer klärt denn die Schuldfrage? Sie sind ohne Helm gefahren!« Er schaute über die Schulter, tippte sich an die Stirn und stieg aufs Rad.

– Hey Steve, das war ein ziemlich cooler Abgang, oder?
– Cooler Abgang? Warum hast du ihr keine geknallt?
– Wir sind mitten in den Zweitausendzwanzigern. Männer rasieren sich ihren Brustpelz, und sie schlagen keine Frauen mehr. Jedenfalls nicht in der Öffentlichkeit.
– Erzähl mir nichts. Die ändern sich nicht. Ali hat mir gesagt, dass sie sich in dem Moment in mich verliebt habe, als sie in Getaway ein paar Ohrfeigen von mir verpasst bekam.
– Ali MacGraw, deine zweite Frau. Hat sie dir auch gesagt, warum sie Steve McQueen, den Schwarm aller Frauen, verlassen hat?

– Na ja, nicht wegen Brustbehaarung, kann aber sein wegen Ohrfeigen. Aber da war ich betrunken.
– Na dann.

- 2 -

Der Abstieg vor dem Redaktionsgebäude verlief alles andere als katzenartig. Wahrscheinlich eine Hüftprellung. Wenigstens war der Laternenpfahl direkt vor der gläsernen Drehtür frei. So, wie sich das gehörte. Denn da war dieses ungeschriebene Gesetz: Hier schließt niemand anderer als Reporterlegende Friedrich Graber sein Fahrrad an. Kurz schüttelte es ihn, als er nach oben blickte. Der Neonschriftzug *Neue Frankfurter Zeitung*, schnörkelig, gelb, das war eher Eisdiele Fontanella als Qualitätszeitung. Dabei hatte zumindest in den Zeiten, als es zwei Deutschlands gab, die *Neue Frankfurter* zu den ersten Stimmen der Republik gehört.

In der Eingangshalle rumpelte Fahrstuhl heran. Auf dem Bedienpanel hatte jemand versucht, den TÜV-Aufkleber abzukratzen. »2014« war noch eindeutig zu lesen. Darunter das Baujahr: 1962. In der Stadt gab es Hunderte solcher Bürohäuser, Zombies in Skelettbauweise, abgemietet, bis die Abrissbirne sie erlöste.

Vierter Stock. Leicht hinkend betrat er den speckig salbeigrünen Teppichboden des Redaktionsraums. »Guten Morgen.« Stille, dann, hinten vom Politik-Desk: »Wohl eher guten Tag.« Er ließ sich fallen, der Bürostuhl quietschte – es klang wie der Anfang von *Penny Lane* –, der kaputte Lüfter pfiff mit, während der PC hochfuhr. Minuten vergingen, bis sich Windows öffnete – XP, wie schon vor zwanzig Jahren –, auf dem Schreibtisch das ausgeblichene Osram-Mousepad in Form einer altmodischen Glühbirne und der Kaffeebecher der Nachrichtenagentur ddp, dem vor Ewigkeiten Pleite gegangenen »Deutschen Depeschendienst«. XP, die Tasse, dazu noch ein Braun-Taschenrechner, groß wie ein Taschenbuch, aber zeitlos gestaltet von Designerlegende Dieter Rams, das war sie, die Graber'sche Zeitkapsel.

»Guten Morgen, Herr Generaldirektor!«, tönte es in weichem Frankfurterisch vom Schreibtisch gegenüber. Kollegin Wally spottete mal wieder über seinen Nadelstreifenanzug. Ganz unrecht hatte sie nicht. Unter lauter ausgebeulten Cordsakkos, farblich changierend zwischen Cognac fleckig und Sand mit Schwitzfleck, wirke der Einreiher wie ein Tenniskleidchen im tiefsten Sossenheim. Kaum zu glauben, aber der Anzug hatte den Abflug vorhin schadlos überstanden. Wenn Wally an ihm herumkrittelte, war es okay.

Gab es weibliche Silberrücken? Wenn ja, dann war Waltraud Lieblich einer. Nicht nur, was den Brustumfang betraf. Siebenundvierzig Dienstjahre, davon dreiundzwanzig als leitende Redakteurin für den Wirtschaftsteil Rhein-Main, ein paar Monate noch, dann würde sie sich nur noch in ihrem Kleingarten von Ast zu Ast schwingen und Cocktailtomaten züchten. Behauptete sie jedenfalls.

Sie schaute vom Bildschirm auf und hob eine Augenbraue. »Und wie sieht der andere aus?«

Er grinste gequält. »Beule am Vorderkotflügel und ein Rallyestreifen auf der Motorhaube. Rate mal, welche Marke.«

»Autonomer von den Vereinigten Fahrzeugwerken, wette ich. Diese VFW-Kisten gehören verboten. Mit dir sind es zehn Unfälle diesen Monat, und ich bekomme bestimmt nicht jeden mit.«

»Ja, der neue SUV. Hauptsache viel Chrom und fette Reifen. Die Sensoren für die Umgebungserkennung sollen dagegen totaler Schrott sein.«

»Quod erat demonstrandum. Und wie ich dich kenne, warst du garantiert nicht beim Arzt, stimmt's?« Ohne eine Antwort abzuwarten, schüttelte sie den Kopf, zischte verächtlich »Männer« und verzog sich hinter ihren Monitor.

- 3 -

»Sag mal, Wally: Fritz Graber, ist der eigentlich schwul?«

Wally grinste, nahm einen tiefen Zug und blies den Rauch durch die gespitzten Lippen. Zwischen ihren wulstigen Fingern sah die weiße Slimline-Zigarette aus wie der Stiel eines Lollis. Ihr Gegenüber rieb noch einmal entlang der Gummierung ihrer Selbstgedrehten, die sie hinterm Ohr hervorgezogen hatte. Beide Frauen standen auf wackligen Steinplatten neben einem Edelstahlkasten, doppelt so groß wie sie, Überbleibsel einer Klimaanlage, vor Ewigkeiten aus Kostengründen stillgelegt. Ein halbes Jahrhundert in dem Laden, da genoss man das Vertrauen vieler, unter anderem das des Hausmeisters. Kurz vor seiner Pensionierung hatte er Wally einen Generalschlüssel zugeschoben. Der passte natürlich auch für die Stahltür zum Flachdach. Über die Bäume auf der Frankenallee hinweg, denen erste Triebe einen Grünschimmer verliehen, blickten sie auf die Hochhäuser. An einem trüben Tag wie diesem waren sie eine undurchdringliche Wand. Einzig das pulsierende Blinken ihrer roten Warnleuchten hauchte den Giganten etwas Leben ein. Wer das spektakulärste Rauchereckchen des Verlags genießen wollte, musste sich mit Frau Lieblich gutstellen.

Wally fröstelte. Sie knöpfte die Bürostrickjacke in altrosafarbenem Burlington-Muster zu, die stets über der Lehne ihres Bürostuhls hing, allzeit bereit für die stündliche Sargnagel-Pause. Mit Marie hatte sie sich auf Anhieb verstanden, als ihr die junge Redakteurin vor zwei Monaten erstmals in der Kantine über den Weg gelaufen war. Die gehörte nicht zu denen, für die Journalismus nur deshalb interessant war, weil sie den eigenen Namen unter einer Story lesen wollten. BWL in Mannheim mit Gut abgeschlossen, Steuern und Ökonometrie, keins dieser Weichspülfächer, ein hübsches Mädchen war sie außerdem. Ganz andere Möglichkeiten hätte sie gehabt, als auf einem sinkenden Schiff anzuheuern. Wie alt sie wohl war? Irgendwo zwischen Anfang und Mitte dreißig vermutlich. Klassisches Profil, tolle Augen, nicht, weil sie groß waren, sondern vor allem, weil sie ihr Gegenüber derart direkt und klar anschauten, dass man sich am Ende gar nicht an ihre Farbe erinnerte: Blau. Die Haare, na ja, viele Locken, etwas fusselig, aber zumindest clever frisiert, sodass es Männern nicht auffiel. Was fiel denen überhaupt auf bei einer unter vierzig? Keine Woche war Marie da gewesen, schon war der Erste mit bordeauxfarbener Cordhose aufgetaucht, um einen auf jugendlich zu machen.

»Fritz schwul? Vielleicht noch schwuler Veganer, weil er immer Punkt zwölf sein Knuspermüsli mümmelt? Der ist ungefähr so schwul wie ich magersüchtig. Marie, wie kommst du auf so was?«

Die neue Kollegin wurde ein bisschen rot. »Als ich ihm gestern meinen Artikel zum Redigieren gegeben hab – er weigert sich ja, am Bildschirm zu lesen –, konnte ich das Hintergrundbild auf seinem Handy sehen: so ein älterer Typ in Schwarz-Weiß. Sieht gut aus, auf eine altmodische Art. Also warum nicht?«

»Sag bloß, du kennst Steve McQueen nicht? In meiner Generation bekam jede Zweite feuchte Höschen, wenn nur sein Name fiel.«

»Du auch?«

»Wenn ich eins anhatte. Swinging Sixties, wenn dir das was sagt.«

Marie lachte überraschend tief. »Sex & Drugs & Rock 'n' Roll, das war bestimmt cool, aber Koteletten wie Stahlwolle, was soll daran sexy sein?«

»Und was bitte soll an Rauschebart sexy sein, der dich morgens vor der Redaktion abliefert?«

»Seit letzter Woche rauscht nichts mehr. Der hat noch mehr Haare in der Dusche hinterlassen als der mit dem Afro davor.

Alle zwei Wochen Abflussfrei war das Mindeste. Vielleicht, weil Barthaare stärker kräuseln, da bleibt dann wohl mehr hängen. Der Rest an ihm war allerdings blitzeblank. Wie ein kleines Hähnchen aus dem Tiefkühlregal, wenn du weißt, was ich meine.«

Wally ging nicht darauf ein. »Steve McQueen, Ende der Sechziger eine Art Kombi aus George Clooney und Ryan Gosling. Bestbezahlter Filmstar seiner Generation. *Bullitt* oder The Getaway, sagen die Filme dir was?«

»Dunkel. Was aber nicht heißt, dass Fritz keine Schwulette ist. Vielleicht ein sentimentaler schwuler Filmliebhaber. Ich bin ja nicht eingebildet, aber der schaut mich nicht einmal an, wenn er mit mir spricht.«

»Ach, mein süßer Fritz! Hättest ihn vor zwanzig Jahren mal sehen sollen. Nicolas Cage, hast du wenigstens von dem mal was gehört? So hat er ausgesehen. Schüchtern war er aber damals schon. Ich glaub eher, er steht auf dich. Wie alle.«

»Aber kann es sein, dass er ein ziemliches Kollegenschwein ist? Dorothee aus dem Feuilleton hat erzählt, wegen ihm sei der letzte Volontär nach einem Monat rausgeflogen. Irgendwas mit einem Fahrrad.«

»Das ist echt übertrieben. Der Volo war einfach eine faule Socke, und schreiben konnte er auch nicht. Aber große Klappe. So was kann Fritz überhaupt nicht ab. Normal hält er sich aus internen Grabenkämpfen völlig raus. Dann aber hat der Bengel sein Fahrrad an dem Laternenpfahl direkt vor dem Eingang angeschlossen.«

»Ja und? Hab ich vorgestern auch.«

»Glück für dich, Mädchen. Da hatte er einen Ausgleichstag für Wochenenddienst. Auf gut Frankfurterisch: Der ist ihm.« Wally sah auf die Uhr. »Um es kurz zu machen. Tags drauf hat Fritz vor versammelter Redaktionskonferenz den Artikel von dem Kerlchen säuberlich filetiert. Der dann: *Von einem abgehalfterten*

Offliner lass ich mir gar nichts sagen. Zwei Tage später war er selbst offline – aber so was von.«

Marie tat unbeeindruckt. Mit dem linken Bein tanzte sie eine Art Twist, als sie ihre Zigarette austrat. »Was hat es denn mit dem Hintergrundbild auf sich?«

»Sagen wir mal so, Steve McQueen wäre der Mann, für den Fritz schwul werden könnte. Autoverrückter, Obermacho, dazu eine Prise Verletzlichkeit. Im Moment besonders Letzteres. Seine Sophie hat ihn verlassen. Kennst du schon seinen Stirnrunzel-die-Welt-ist-so-grausam-Blick? Nur echt, wenn er dabei ohne Ziel in die Ferne starrt. Aber lass dich nicht täuschen, Fritz Graber kann eine ganz schöne Diva sein.«

Marie grinste. »Na dann. Den nehm ich mir mal vor.«

Auf dem Weg zur Stahltür wackelte sie mit den Hüften wie eine Bauchtänzerin, hob manieriert den Arm, ließ die Hand locker baumeln und spreizte den kleinen Finger ab. »Fritz, du süßes graues Eselchen, an deinen Pfosten kette ich mich doch am liebsten. Hauptsache, du fusselst nicht.«

Wally schüttelte den Kopf und sah der jungen Frau lächelnd hinterher.

- 4 -

Wann würde die Verlagsleitung endlich in IT investieren? Wie von plötzlichem Schüttelfrost befallen, ruckelte Fritz an der Maus herum. Nach gefühlt der Länge einer Zigarettenpause öffnete sich der Browser. Auf crashtag.com stand immer noch der alte Kram. Vor fünf Tagen war der zitronengelbe Lamborghini Miura gepostet worden, den es in Bangkok erwischt hatte. In der Zwischenzeit war die Welt offenbar zu einer einzigen Tempo-30-Zone erklärt worden.

»Ich hör's an deinem Stöhnen. Du bist schon wieder auf dieser Perversenseite. Arbeite lieber mal was. Ich sammle nicht für dein Abschiedsgeschenk.«

»Wally, ich bin nicht pervers. Ich habe Schmerzen.«

Gerade war sie von ihrer Zigarettenpause zurückgekommen. Mit der Neuen. Vor der war so ein Spruch megapeinlich. Die saß nur einen Tisch weiter und tat so, als sei sie in ihre Arbeit vertieft.

Wally ließ nicht locker. »So was von pervers bist du! Wie würdest du jemanden nennen, der sich ein Dutzend Mal täglich eine Website reinzieht, auf der ausgebrannte Luxusautos und deren Insassen in allen Graden der Verstümmelung ausgestellt werden? crashtag.com, der Name sagt doch wohl alles.«

»Mir geht es wie den Leuten, die in der Zeitung zuerst die Todesanzeigen lesen.«

»Dann mach das doch! Hast du mir nicht letztens Voyeurismus vorgeworfen, nur weil ich die *Bildzeitung* durchgeblättert hab? Gegen dein Crashtag ist die *Bild* das Heimtierjournal. In diesen Autos sind Menschen gestorben!«

Wally kapierte nicht, worum es eigentlich ging. Welches Mädchen hatte auf dem Schulhof Autoquartett gespielt? Woher sollten Ahnungslose wie sie wissen, was es hieß, den vermeintlich unschlagbaren Trumpf in der Hand zu haben und ihn sich dann doch noch wegzocken zu lassen.

Lamborghini Miura, das war so einer. Zwölfzylinder V-Motor, 350 PS, 280 Spitze, wer ihn besaß, war während der großen Pause praktisch unschlagbar. Die Frontpartie des ultraflachen Sportwagens ergab den perfekten Spannungsbogen zwischen sanfter Wölbung und messerscharfer Kante, vorausgesetzt, sie hatte sich nicht in ein zerklüftetes Blechgebirge verwandelt.

Unten rechts flackerte das E-Mail-Vorschaukästchen auf. Der Chef. Den brauchte jetzt wirklich keiner.

Erhalten: Do 15.04. 10:50
Von: Soeren.stockmann@nfz.de
Betreff: Zusammenarbeit
Text: Lieber Herr Graber,
hätten Sie um 11 Uhr Zeit für ein Gespräch?
MfG
Sören Stockmann
Geschäftsführer

Lieber Herr Graber, das versprach nichts Gutes, und elf Uhr, das war jetzt. Er nahm die Treppe, anders als gewöhnlich, Stufe für Stufe, immer im Karree herum um den Aufzugszombie hinter Riffelglas. Mit dem war noch Adenauer in den Konferenzsaal im sechsten Stock gefahren. Damals, als sich Spitzenpolitiker regelmäßig zu »Kamingesprächen« bei der *Neuen Frankfurter Zeitung* einfanden, ohne offenes Feuer, aber mit Hochprozentigem spätestens nach dem Mittagessen.

Die Kanzlerin hatte sich noch nie hier blicken lassen, wozu auch? Wegen ein paar tausend Lesern, Beuteltee und hessischer Mineralquelle Medium?

Stockmanns Sekretärin telefonierte, über einen bunten Folder gebeugt. Sie koordinierte die Sammelbestellung für die

Mittagspause. Ohne aufzusehen wies sie auf die halb geöffnete Tür von Stockmanns Büro. Für einen Verlagsgranden war Stockmann erstaunlich jung, Mitte vierzig, wahrscheinlich der Billigste, den die Eigentümer hatten bekommen können nach dem Tod des Gründungsverlegers und der Dauerkrise seit Beginn der Zehnerjahre. Stockmann machte seinem Namen alle Ehre, kerzengerade Haltung, wahrscheinlich mit Anzug zur Welt gekommen, per Kaiserschnitt, um Falten zu vermeiden. Perfektes Design also, doch das Gegenteil von »Form follows function«. Er redete viel über Digitalisierung, investierte jedoch nichts, sondern entließ. Motto: Der rentabelste Modernisierungsplan ist der Sozialplan.

Stockmann legte die Hände mit gespreizten Fingern flach auf die Glasplatte seines Schreibtischs und räusperte sich. »Ihnen als erfahrenem Wirtschaftsredakteur muss ich wohl nichts zur Lage unseres Verlags sagen.«

Stille. Stockmann erwartete ohnehin keine Antwort, er wollte das hier nur schnell hinter sich bringen. In dieser Hinsicht herrschte Einigkeit.

»Wir müssen sparen, mindestens zehn Prozent in der Redaktion. In diesem Zusammenhang haben wir in den letzten Monaten einen starken Anstieg der Kommunikationskosten festgestellt. Unsere Flat reicht nicht mehr aus. Und uns ist aufgefallen, dass der Download gerade dann ungewöhnlich hoch ist, wenn außer Ihnen und ein paar anderen alle gegangen sind.«

Beinahe wäre es ihm herausgerutscht: »Entspannende Erwachsenenunterhaltung.« Tobias aus der Sportredaktion nannte es so, wenn er nach Redaktionsschluss ueppige-stuten.net und Ähnliches frequentierte.

»Die Verlagsleitung wird so ein Verhalten nicht durchgehen lassen, ganz abgesehen von Hunderten von Euro wird hier wertvolle Arbeitszeit verplempert. Und dabei sollten Sie Vorbild sein, gerade für die jungen Kollegen.«

Die jungen Kollegen! Zwei schlecht bezahlte Volontäre, die in die Messenger ihrer Handys längere Texte hackten als ins Redaktionssystem. Die ihre Facebook-Accounts liebevoller pflegten als Chefredakteur Pfannenroth seine erste Seite, und der war Nachrichtenfetischist.

Tobias vom Sport erwähnen und den Ruf als Kollegenschwein zementieren? Lieber konzentrierte er sich darauf, den Chef möglichst entgeistert anzustarren.

»Fritz, Sie waren mal einer, auf den wir bauen konnten. Sie haben den Deutsche-Bank-Skandal aufgedeckt. *Der Spiegel* hat uns zitiert! Sie waren das Trüffelschwein, jetzt finden Sie noch nicht einmal mehr einen Champignon. Wenn Sie nicht in den nächsten Wochen einen Scoop auf der Platte haben, wird der Aufsichtsrat Blut sehen wollen. Sie sind noch einer von den ganz Teuren, aber keiner mehr von den ganz Guten!«

»War's das?«

»Ja.«

»Na dann.«

Als er aus dem Büro trat, blickte die Sekretärin auf.

»Haben die Trüffelnudeln auf der Karte? Kannst mir welche mitbestellen. Chef zahlt.«

Das Image war gerettet, aber nach coolen Sprüchen war ihm eigentlich nicht zumute.

- 5 -

Am Vormittag war Sebastian Wirt in den ICE gestiegen, Stuttgart – Frankfurt Flughafen, er hatte mal wieder rausgemusst aus dem Laden. Ohne Urlaubsantrag selbstverständlich, deswegen hieß es wohl freies Unternehmertum. Wie immer, wenn er sie zückte, hatte der Schaffner Haltung angenommen: Bahncard 100, die »Schwarze Mamba. Achttausendvierhundert im Jahr kostete der Spaß, jederzeit ohne Fahrkarte erster Klasse reisen zu können. Ein vertretbarer Luxus, fand er, angesichts von vierhundertzwölf Millionen Euro Umsatz, die die Wirt AG im vergangenen Jahr erwirtschaftet hatte. Auspuff-Tauber aus Filderstadt, dessen Laden nicht einmal halb so groß war wie seiner, ließ sich per Chauffeur durch die Gegend kutschieren!

Eine Dreiviertelstunde vor Abflug hatte er eingecheckt: LH 1060 nach Nizza, Economy, kein Gepäck, hundertsechsunddreißig Euro hin und zurück. Gut gemacht, Frau Birkler, dachte er angesichts des Ticketpreises und überlegte, ob sich seine langjährige Sekretärin während seiner Abwesenheit eher die Fingernägel lackierte als zu arbeiten. Er verwarf den Gedanken. »Nüdelchen«, wie er sie ihrer namentlichen Verwandtschaft zu einem Teigwarenhersteller und ihrer Gestalt wegen insgeheim getauft hatte, die arbeitete ähnlich gewissenhaft wie er selbst. Trotzdem, Vertrauen ist gut, Kontrolle ist besser, für diesen Spruch schätzte er Lenin, zwar ein »Kommunischd«, aber auch Realist. Er nahm sich vor, am Abflug-Gate noch die eine oder andere E-Mail abzusetzen, um ihre Reaktionszeit zu testen. Auch innerhalb der Familie war ihm blindes Vertrauen fremd. Regelmäßig verschaffte er sich über seinen Netzwerkadministrator Zugriff zum E-Mail-Account von Theo, T wie Taugenichts, seit zwei Jahren Mitglied der Geschäftsführung. Nicht aufgrund von Kompetenz, die hatte sein jüngerer Bruder lediglich auf dem Gebiet edler Uhren und zeitgenössischer Kunst, sondern weil es Vater vor seinem Tod bestimmt hatte. Theo durfte sich bei so weltbewegenden Themen wie Sponsoring und Betriebssport austoben.

Natürlich hatte er allein entschieden, voll auf autonomes Fahren zu setzen. Erst hatte Theo gemosert, vor allem, weil der große Bruder sein persönliches Prestigeprojekt um drei Jahre verschoben hatte: den Bau des firmeneigenen Kunstmuseums. Doch dann kam der vorläufige Jahresabschluss: dreiundzwanzig Prozent Wachstum im vergangenen Jahr. Theo sah sich bereits wieder in London und Paris auf Expressionisten bieten und hatte prompt begonnen, von »unserer« Strategie zu schwärmen, die sich als goldrichtig erwiesen habe. In der Tat waren die Herren Unternehmerkollegen von Heilbronn bis Karlsruhe blass geworden. Nichts gegen das, was los wäre, wenn er im Herbst auf der IAA die nächste Innovationsstufe zündete – autonomes Fahren für alle, dank Sebastian Wirt. Ein Nachrüstsatz, der aus einem herkömmlichen Auto ein selbstfahrendes machte, für gut fünftausend Euro: Es würde Krieg geben mit den Herren in Wolfsburg, Stuttgart und München, denn die mussten Neuwagen verkaufen. Erst würden sie versuchen, ihn plattzumachen. Und dann würden sie ihn anflehen zu verkaufen. Theo, der Feigling, der würde einknicken, doch zum Glück verfügte er als Erstgeborener über die Mehrheit. Und er würde sie selbstverständlich abblitzen lassen, die Herren Konzernvorstände.

Vom Flughafen Nizza aus nahm er ein Taxi, ein dauerrappelnder Diesel-Peugeot, der ihn über gewundene, von rosaroten Rhododendronbüschen und silbrigen Kiefern gesäumte Sträßchen in die Parfumstadt Grasse brachte. Cagnes-sur-Mer, Roquefort-les-Pins, Magagnosc, das klang nicht nur anders als Leichlingen, Balingen, Pforzheim. Dann die letzte Kurve, schon leuchtete ihm das Haus entgegen.

Er zahlte, stieg aus und blickte auf den eisernen und inzwischen leicht angerosteten Schriftzug auf ockerfarbenen Sandsteinen. »Villa der Hirsche«, der Name hatte ihm auf Anhieb gefallen, als er das Haus gemeinsam mit Christine besichtigte, trug doch das Wappen Baden-Württembergs Hirsche, und nicht zu vergessen die Geweihe im Porsche-Wappen. Noch heute fragte er sich, was diese mit einem zweisprachigen Diplom in Wirtschaftsrecht und herrlichen apfelförmigen Brüsten ausgestattete Bretonin an ihm gefunden hatte. Klar, er war der Juniorchef (und damals noch fünfundzwanzig Kilo leichter), sie Berufsanfängerin bei der Wirt AG mit der Aufgabe, Verträge fürs Frankreichgeschäft zu entwerfen und Mitarbeitern der Niederlassung in Frankreich auf die Finger zu schauen. Erste gemeinsame Reise zur Filiale im Speckgürtel von Paris, Spaziergänge durch die Stadt, ihre Art »ärr Wiert« und später »Söbastion« zu sagen, wie Mireille Matthieu, deren Stimme er noch im Ohr hatte aus der Lieblingssendung seiner Mutter, der Hitparade: »Intär dön Külissen von Paris, ist das Lebön noch einmal so süß.« Dieses Paris hatte Christine für ihn wahr werden lassen: erste romantische Dinners in kleinen Restaurants abseits der großen Boulevards. Der erste Kuss, wirklich und wahrhaftig und kitschig auf dem Pont Neuf, die erste gemeinsame Nacht, gut getarnt im Rahmen des Jahresgesprächs mit den Franzosen, untypisch für einen Schwaben: Übernachtung im Ritz an der Place Vendôme, allerdings Standardzimmer.

Nun die Hinterlassenschaften einer fünfzehnjährigen Ehe: ein vierzehn Jahre alter, pubertierender Kotzbrocken auf bilingualer Privatschule, ein Jahresabo der französischen *Elle*, das Wissen darum, dass man bei Artischocken nur die Spitzen mit den Schneidezähnen abschabt, sowie fünfstellige monatliche Zahlungen auf ein Konto der Banque Paribas. »Ein Ähevörtrag? Nischt mit mir, du grobö deutsche Kartöffel«, hatte sie ihn geneckt, und er Idiot hatte das Thema nicht weiter verfolgt. Und natürlich war da noch die Villa des Cerfs. Klar, wenn halb Frankreich im Juli und August an die Côte d'Azur reiste, durfte Christine Wirt nicht fehlen.

Nein, das war unfair! Dank ihr hatte sich sein Horizont Stück für Stück über Tübingen hinaus erhoben und war in Richtung Davos, Paris und Florenz gewandert. Noch zu Studentenzeiten hatte er es als Gipfel der Dekadenz empfunden und sich in der Miniküche gedanklich nach der tadelnden Mama umgeschaut, wenn er sich zum Frühstück auf sein Brot Nutella *und* Butter schmierte. Heute genoss er große Bordeaux-Weine ohne schlechtes Gewissen, öffnete Austern unfallfrei und hatte sich ein ordentliches Konversationsfranzösisch draufgeschafft, mit grausamem Akzent zwar, aber großem Wortschatz.

Sein zweiter Blick galt der Garage: Schlösser, Tor, Alarmanlage, alles unversehrt. Er atmete auf. Das, was da hinter dem massiven Stahltor lauerte, war ein klassischer Frustkauf gewesen, der erste Lichtblick nach zwei Jahren in einem nicht enden wollenden Tunnel, gepflastert mit amtlichen Zustellungsurkunden und gesäumt von Güteterminen. In letzter Zeit fragte er sich immer häufiger, ob Lenin nicht auf dem Holzweg gewesen war. Was ich nicht weiß, macht mich nicht heiß, war das nicht wahre Lebensklugheit?

»Ich muss Dich sehen, ich will Dich jetzt«, war im Nachrichtenfenster von Christines Handy aufgeleuchtet, angeblich geschrieben von Valérie, ihrer Schwester. Ein bisschen unwahrscheinlich, dass so ein Text, auch noch auf Deutsch, von einer stammte, deren Deutschland-Begeisterung bei ihrem sprechenden Bosch-Kühlschrank anfing und bei Hosenanzügen von Jil Sander endete.

»Sie lernt gerade Deutsch, ist aber noch nicht so weit. Wahrscheinlich will sie mir sagen, dass sie unbedingt mal wieder mit mir chatten möchte.«

Offenbar war Christine nicht so klug, wie er angenommen hatte, denn kluge Menschen erkannten, wenn Lügen keinen Zweck mehr hatten. Und dann auch noch der Personal Trainer, konnte man tiefer sinken? Dieser Tobi oder Torsten hatte Stuttgart Hals über Kopf verlassen müssen, nachdem alle seine Kunden ihn wie einen Leprakranken behandelten. Es gab einfach Dinge, die tat man nicht, nicht so und schon gar nicht in Stuttgart.

Die Strafe für die eigentliche Sünderin bestand in einer Maisonette am Bismarckturm, auch in dieser Hinsicht ließ sich nicht behaupten, sie habe sich hochgeschlafen: hundertfünfzig Quadratmeter gegenüber vierhundert in der Villa. Im November vergangenen Jahres dann die Scheidung, kein gemeinsames Sorgerecht, doch wenigstens hatte er das Aufenthaltsbestimmungsrecht für seinen Sohn zugesprochen bekommen, sie dafür im Gegenzug eine Art Zahlungsbetragsbestimmungsrecht.

911 Carrera 2.7 RS. Geheiligt werde dein Name. Wenn er drin saß, ließ er ihn manchmal auf der Zunge zergehen, Wort für Wort, Zahl für Zahl, Punkt für Punkt. Amen. An einem der grauest möglichen Januartage war ihm der Porsche zugeflogen, über einen entfernten Bekannten, der nebenbei mit Klassikern handelte, ein wärmender Sonnenstrahl fürs Gemüt, dazu noch eine Art Schnäppchen, weil nur sechsstellig. Wie ein perfekter U-Turn hatte es sich angefühlt: Anfang Februar, er wusste, dass Christine, das Ferienhaus mit ihrem Neuen, Anwalt mit Ralph-Lauren-Pulli und zugehöriger Jockeyfigur, in Richtung Chamonix verlassen hatte. Wie lange war da schon etwas gelaufen? Nein! Genau diese Frage nicht. Nie wieder! Stattdessen Klamotten gepackt, ab damit auf die Rückbank des Carrera, die Auffahrt zur A8 Richtung Karlsruhe rauf, Kurs Südwest. An diesem ersten sonnigen Wintertag fuhr er Richtung Lyon weiter über die RN 85, die alte Route Napoléon, vorbei am Grand Canyon du Verdon, wo in schattigen Tälern grauer Schnee entlang der Straße eine natürliche Leitplanke bildete. Wenn er durch die Gassen namenloser Käffer rollte oder Felsen beidseits der Fahrbahn einen schmalen Korridor bildeten, schaltete er einen Gang herunter und genoss

diese Mischung aus Röhren und Scheppern, das den alten luftgekühlten Boxer klingen ließ wie einen VW Käfer im Blutrausch.

Den dunklen Tunnel hatte er hinter sich gelassen, ein für alle Mal. Er kramte den Hausschlüssel aus der Seitentasche des Trachtenjankers aus Leinen, der zur Côte d'Azur passte wie Löwensenf zu Gänseleberpastete, und öffnete die beiden Sicherheitsschlösser. In der gefliesten Diele der Villa sog er die Luft durch die Nase ein in der Hoffnung, einen Hauch von Christines Parfum – irgendwas von Chanel – wahrzunehmen. Was er roch, war der noch nicht ganz verflogene Duft gebratenen Knoblauchs, Erinnerung an ein romantisches Abendessen, das Christine diesem Jacques oder Jean gezaubert hatte. Kochen konnte sie ja, wenn sie wollte!

Er öffnete die Verandatür, und die senkrechte Falte zwischen seinen Augenbrauen schien fast verschwunden zu sein. Die Aussicht war zu jeder Tageszeit dazu angetan, das Hirn zu weiten und die Gefühle zu ordnen. Sein Blick wanderte über den terrassenartig angelegten Garten mit den Zitronen- und Orangenbäumen, weiter über die zersiedelten Hänge bis hin zu den im Sonnenlicht aufblitzenden Flugzeugen, die vom Flughafen Nizza starteten und in elegantem Bogen über den Yachthafen hinweg in Richtung Meer abdrehten. Dahinter die blaue Weite von Le Grand Bleu, jetzt im Frühling aufgrund der niedrig stehenden Sonne eher wie schlecht geputztes Silber, das sich schon in wenigen Stunden in flüssiges Blei verwandelt haben würde.

Es wurde Zeit!

- 6 -

Sebastian Wirt eilte die Treppe hinunter ins Erdgeschoss der Villa, warf den Louis-Vuitton-Weekender, auch so ein Christine-Marken-Ding, aufs Bett. Er öffnete den im Schrank festgeschraubten Tresor, zog das Schlüsselmäppchen heraus, nahm treppauf zwei Stufen auf einmal und schloss die Tür zur Garage auf. Da stand er im Halbdunkel, mit dem Heck in Richtung Tor, allzeit bereit, schwarze Streifen in den Asphalt zu brennen. Weil er bei geöffnetem Seitenfenster das Schnattern und Scharren des Motors genießen wollte, behielt er den Janker an. Er öffnete die Fahrertür und ließ sich auf den schmalen, mit Cord bezogenen Fahrersitz fallen. Mit rechts wollte er den Schlüssel ins Zündschloss stecken, dann fiel es ihm wieder ein, Porsche 911! Zündschloss links vom Lenkrad. Immer!

Die Kontrollleuchten erwachten zum Leben, anders als bei modernen Autos fast zögerlich, so, als würde ein Elektro-Wichtel im Inneren des Armaturenbretts einen Dynamo ankurbeln. Er betätigte den Öffner des Garagentors, drehte den Zündschlüssel, der Sechszylinder-Boxermotor erwachte zum Leben. Im Schritttempo rollte er rückwärts auf die Straße, gerade rechtzeitig. Der Bus Richtung Nizza musste leicht abbremsen und gab Lichthupe, immer noch besser, als etliche Kilometer hinter ihm herzuschleichen. Bis vor fünf Jahren hatte er noch selbst dort drin gesessen, denn der Bus fuhr direkt am Flughafen ab und hielt fünfzig Meter oberhalb der Villa des Cerfs. Das tat er sich nicht mehr an, denn je besser er Französisch verstand, desto öfter hatte er, untermalt von Gekicher, Worte wie »Obelix« und »gros« für fett heraushören können.

Bis Nizza hielt er sich an die Geschwindigkeitsbegrenzung, rollte mit Tempo hundert über die aufgeständerte Stadtautobahn, die durch gesichtslose Stadtviertel führte, wie es sie in jeder größeren Stadt Europas – ob Leipzig oder Lissabon – gab. Mit Schwung und wimmernden Reifen nahm er die Abfahrt »Boulevard George Pompidou« und atmete auf, als er niedertourig und auf leisen Sohlen durch großbürgerliche Stadtviertel in Richtung Hafen rollte. Die Oberdecks der privaten Motoryachten kamen in Sicht. Die größten glichen Lenkwaffenzerstörern der Royal Navy, nicht nur der grauen Farbe und der insgesamt abweisenden Erscheinung wegen, sondern auch, weil sie mit allen Variationen des Union Jack ausgeflaggt waren: Virgin Islands und Caymans, britische Überseeterritorien. So viel zur Steuermoral dieser Investmentbankster. Mit Schwung und erhöhter Drehzahl bog er nach links ab und glaubte zu sehen, dass sich auf Deck Köpfe unter Sonnenhüten reckten. In der Welt der Superyachten und Mercedes-S-Klassen erweckten Farbtupfer wie ein orangefarbener Porsche einen Augenblick lang diejenigen zum Leben, die sich allzu früh für Automatikgetriebe, Fünfsternehotels und Spa-Paradiese entschieden hatten, ein Dasein gespickt mit Assistenzsystemen. Eine Rechts- und eine Linkskurve später hatte er den Hafen hinter sich gelassen, »Monaco 22 KM« stand auf dem Schild mit dem Geradeauspfeil. Heute bloß keine wilde Kurbelei, zumal der 911er nach zupackender Arbeit am Lenkrad verlangte. Auf der Basse Corniche konnte man zwischendurch ordentlich Gas geben, kratzte aber nicht andauernd an irgendeiner Leitplanke.

Christine hatte die zahmere Küstenstraße immer bevorzugt. Achtung, nicht im Christine-Modus denken! Er freute sich darauf, nach der scharfen Linkskurve, die vor ihm lag, die Villa Ephrussi de Rothschild inmitten des hügeligen Parks aufleuchten zu sehen, wie die Villa Hügel der Krupps hoch über dem Baldeneysee, vom schwulen Krupp-Sohn Arndt von Bohlen und Halbach persönlich entworfen und dann von Essen ans Mittelmeer gebeamt: Fassaden in zartem Rosa, zinnoberrotes Dach, Säulen, Putten und allerlei Schnickschnack, ein mediterraner

Garten samt Wasserfall und Grotte. Christine hatte sie gehasst, er selbst schwankte zwischen Bewunderung für eine solche angeborene Leichtigkeit im Umgang mit Geld und Luxus und Abscheu gegenüber Prahlerei und Extravaganz.

Sebastian Wirt gab beherzt Gas, beschleunigte auf hundertdreißig, um vor der Kurve mit Nachdruck auf die Bremse zu gehen. Er wunderte sich über den späten Druckpunkt, trat voll aufs Pedal. Wirkungslos schlug es aufs Bodenblech. Rasend schnell kam die Leitplanke auf ihn zu. Er riss das Lenkrad herum, die natürliche Reaktion. Doch sofort sagte ihm sein Instinkt, dass das ein Fehler gewesen war. Nicht *ein* Fehler. *Der* Fehler. Das stählerne Band wurde zur Sprungschanze, der leichte Wagen hob ab, drehte sich in der Luft und schlug dann mit dem Dach zuerst auf nacktem Fels auf. Das Auto legte eine letzte Rolle fast bis zum Abgrund hin, kam dort zum Liegen. Fast zum Liegen. Denn leicht, ganz leicht, wie ein perfekt austariertes Pendel, so schwankte der Porsche auf und ab, schien langsam zur Ruhe zu kommen. Der Flügelschlag eines Schmetterlings vermag einen Taifun auszulösen, sagte man nicht so? Warum also sollte das Rütteln an einer Tür ein federleichtes Auto mit einem käferförmigen Dach nicht erneut ins Schwingen bringen? In Zeitlupentempo kippte der Blechhaufen über die Kante roter Sandsteinfelsen.

Wie ein überdimensionaler Marienkäfer, von einer Windbö erfasst und zum Absturz gebracht, lag der Porsche in einem Privatgarten zwanzig Meter unterhalb der Küstenstraße. Zikaden knarzten um die Wette, übertönten das sich drehende Rad, das an der Karosserie schabte. Sebastian Wirt stöhnte. Seine Hand suchte die Entriegelung des Sicherheitsgurts. Von weiter vorn, etwa auf Höhe der Tankklappe kam ein leises Klicken, wie das eines Feuerzeugs. Ein Feuerball. In Sekundenbruchteilen sprangen die Flammen auf einen Magnolienbaum über.

- 7 -

Es bedurfte keiner Uhr. Der Redaktionsschluss nahte. Wie Regentropfen als Gewittervorboten auf ein Wellblechdach, so klackerte gegen siebzehn Uhr dreißig eine Hundertschaft Finger immer heftiger auf Computertastaturen. Den ganzen Tag über hatten die Redakteure ihre Freiheit genossen, zu tun und zu lassen, was sie wollten, sofern es ihrem Spezialgebiet diente, jetzt floss das aufgesogene Wissen vom Hirn in die Hände. Fritz malträtierte sein Keyboard mit einer Art Selfmade-Zehnfingersystem. Die Härte des Anschlags entsprach in etwa dem Tatatata von Beethovens Neunter. Inhaltlich hielt sich die Dramatik in Grenzen: Bilanzschieflage bei einem Hygienepapierhersteller.

Endlich. Den Seufzer hatte Wally zum Glück überhört. Auf crashtag.com tat sich etwas: Der Bangkoker Blechhaufen verschwand am unteren Rand des Monitors. Neben dem Logo der Seite in Form eines alten Ferrari mit Totenkopf auf der Flanke pulsierte die gelbe Schrift im schwarzen Icon: »Fresh and hot from France.«

Das erste Galeriebild war unscharf, doch die Form war unverwechselbar: Porsche 911. Vielleicht sogar ein Carrera RS, selten wie ein Sumatratiger und eigentlich nur noch in beheizten, gläsernen Aufbewahrungsschreinen anzutreffen. Neulich bei Polanski, dem Frankfurter Oldtimerpapst, da hatte einer gestanden, aber mit den Rädern auf der Erde und in perfektem Zustand. Zwei Tage später war er weg gewesen. Bonizeit. Da ging es Autohändlern mit Ferrari oder Porsche im Showroom wie Crackdealern: Sie bedienten Süchtige. Appelle von Politikern, die »Boni-Exzesse« zu unterbinden, hatte es mal wieder reichlich gegeben nach der ersten anständigen Finanzkrise der

Zwanzigzwanziger. Die Banken selbst verkündeten die Deckelung von Zahlungen, verschwiegen aber wie üblich, dass sie dafür die Festgehälter ihrer Spitzenleute in entsprechendem Umfang erhöht hatten.

2008 war es gewesen, als Anleger ihr Vermögen und ihren Glauben an das Gute im Banker dauerhaft verloren hatten. Der Crashtest an den Finanzmärkten hatte aber auch Positives gehabt: Aktien fasste niemand mehr an, umso mehr interessierten sich die Leute für Garagengold. Oldtimer wie so ein Lambo oder der Carrera RS hatten jetzt, ein gutes Dutzend Jahre später, ihren Wert verdreifacht.

Der Crashtag-Icon »See More Details« blinkte verführerisch: »Klick! Mich! An! Du willst es doch. Der Porsche, in Frankreich, oh, là, là wie der auf dem Rücken liegt!« Doch da war die andere Stimme, norddeutsch näselnd: »Ich! Schmeiß! Dich! raus!« Fritz hämmerte weiter auf die Tastatur ein.

Das Nachrichtenfenster des Redaktionssystems leuchtete rot: NEWSFLASH.

»Graber, das ist doch dein Ressort: Wirt ist tot.«

Weil sein Computer die etwas schnellere Netzwerkverbindung hatte, tat der Kollege aus der Innenpolitik immer so, als habe er die Nachricht nicht nur gelesen, sondern selbst gemacht.

»Ich kenne jede Menge Wirts.«

»Du meinst Wirte.« Beifall heischend blickte sich der Politik-Kollege um. Keiner lachte, Wally stöhnte leise auf.

Auch sein System begann sich zu aktualisieren. Nach der Headline in Rot folgte die eigentliche Nachricht:

Nizza/afp/dgl Sebastian Wirt, geschäftsführender Gesellschafter der Wirt AG (Stuttgart) ist bei einem Autounfall in der Nähe von Nizza ums Leben gekommen. Er verunglückte mit seinem klassischen Porsche auf der Basse Corniche kurz vor Erreichen der Grenze zum Fürstentum Monaco. Bei hohem Tempo kam das Fahrzeug von der Fahrbahn ab, stürzte einen Abhang hinunter und fing Feuer. Für den Unternehmer kam jede Hilfe zu spät. Sebastian Wirt wurde sechsundfünfzig Jahre alt. Er hinterlässt einen vierzehnjährigen Sohn.

*

Die Bürstendichtungen der Drehtür gaben ein schabendes Geräusch von sich. Er sah Kleinhans aus der Politikredaktion Richtung Bushaltestelle gehen. Kein Alkohol vor achtzehn Uhr, so lautete die eiserne Regel, doch Kleinhans ging immer Punkt achtzehn Uhr dreißig, also Bahn frei für einen Sundowner in der Guten Stute.

Kaum drei Minuten später machte er das Rad an einer weißen, verrotteten Hochzeitskutsche fest, die nachlässig mit Fassadenfarbe überpinselt worden war.

»Hast du kein Zuhause?« Slobos üblicher Begrüßungsspruch, aber Fritz fühlte sich immer ertappt, weil er sofort an seine verwaiste Wohnung dachte. Zumal Gäste in der Guten Stute von einem zahmen Haustier begrüßt wurden. In seiner Stammkneipe für schlechte Tage stand tatsächlich ein ausgestopfter Gaul. Der Bewegungsmelder an der Tür setzte ein Begrüßungswiehern in Gang, das allerdings immer etwas hämisch klang. Fritz faltete sich in einen der an Ketten hängenden Karussellsitze, wie gemacht für zarte Kinderpopos, aber viel zu schmal für haarige Männerhintern.

»Siehst du gar nicht gut aus.«

Wie Slobo das im Halbdunkel erkennen konnte, war ihm ein Rätsel. Er zuckte mit den Schultern.

»Das Übliche?« Slobos Balkanakzent war unüberhörbar.

Fritz nickte wortlos. Er sah sich um. Asgar, genannt Asi – die grüne Grenze zwischen Kampftrinker und Alkoholiker hatte er schon lang überschritten –, schüttete sich einen Sliwowitz ins Bier.

Sein gerötetes Gesicht lag fast vollständig hinter einem Vollbart und einer Volahila-Frisur versteckt. Aus der Seitentasche seines grauen Parka ragte eine zerknitterte Wasserflasche aus Plastik, das typische Utensil jener, denen ihre Umwelt noch nicht völlig egal war und die deshalb ihren Wodka in unverdächtige Gebinde umfüllten. Asi trank das Glas halbleer, setzte es ab, wischte sich mit dem Handrücken über den Mund, unterdrückte einen Rülpser und winkte matt hinüber. Fritz winkte zurück. Hatte er gerade seine eigene Zukunft gesehen? Bitte, bloß kein Selbstmitleid.

Slobo ging auf die achtzig zu, seine Kneipe auf die vierzig, und die Einrichtung war irgendwo dazwischen. Standardausstattung Henninger Brauerei frühe Siebziger. Eiche massiv, dunkel gebeizt. Dekoriert war die Gute Stute mit allem, was die Konkursmasse einer Reitschule hergab: Zaumzeug mit brüchigen Lederriemen, Hufeisen, ein Kindersattel, bunte Turnierkokarden. Alles war überzogen von einer Schicht aus Bratfett, Staub und alter Bundesrepublik. Zwischen den Blüten von Strohblumensträußen hatten Milben oder andere Insekten Fäden gespannt. Ein Segen, dass sich die Kneipe im Souterrain befand! Auch im Hochsommer lag sie in gnädigem Halbdunkel. Slobo hatte den Sommer auf andere Weise ins Haus geholt: Ansichtskarten aus einem halben Jahrhundert Urlaube seiner unzähligen Fans klebten an den Balken, die Stallatmosphäre vorgaukeln sollten. Nur die besten Motive schafften es bis an das Regal über der Theke: überdimensionale Brüste platzten aus einem neonfarbenen Bikini, beachtliche Hinterbacken erdrosselten einen String-Badeanzug, ein Strohhut tragender andalusischer Esel rauchte Zigarre.

Auf der Tiefkühltruhe, in der Slobo seinen Selbstgebrannten bis zur Genießbarkeit herunterkühlte, saß eine Frau, Mitte zwanzig, Kurzhaarfrisur, intellektuelle Brille, hübsch. Slobo tätschelte väterlich-schlüpfrig ihr Knie. Klar, es gab junge Frauen, die sich von ihren Sugar Daddys begrabschen ließen, doch das

Einzige, was Slobo anbieten konnte, waren Sliwowitz und Binding Export aufs Haus.

»Stehst du auf. Bring Asi seine Spezialmischung.«

Sein Gegrabsche schien sie nicht zu stören. Sie lächelte und begann ein Bier zu zapfen. Er schaute ihr wohlwollend auf den Hintern.

»Slobo, hast du noch welche?«

»Fliegenpils? Klar, halbe Kiste. Könnte aber schon abgelaufen sein.«

»Ich geh ins Risiko.«

Der alte Mann schlurfte in Richtung eines Kabuffs unter der Holztreppe. Dort befand sich ein weiterer Kühlschrank.

»Siehst du, zaubert wieder Lachen ins Gesicht.«

Fiege Pils aus Bochum, tiefstes Ruhrgebiet, am Main ungefähr so selten wie weißer Trüffel aus Alba, nur länger haltbar. »Privatbrauerei Moritz Fiege«, schon das Etikett war Heimat pur. Nullfünfer-Hülsen aus den blank gewienerten Kupferkesseln in der Scharnhorst Straße hatten ihm mit vierzehn den ersten Vollrausch eingebracht, die Anzapfung des Rumtopfs in Kumpel Jörgs Keller mit zwölf mal außen vor gelassen.

In einem sentimentalen Moment kurz nach Sophies Abgang hatte er Slobo gegenüber seine Heimat erwähnt, zwei Wochen später hatte es ihm die Tränen in die Augen getrieben, als die erste Flasche auf der Theke stand.

»Slobo, hast mir den Tag gerettet!«

Er langte über den Tresen, tätschelte ihm die Glatze voller Altersflecken, umrahmt von strähnigen weißen Haaren, die bis auf den Kragen hingen.

»Na, sagst du, was ist?«

»Bin kurz vor der roten Karte. Die haben gedroht, mich rauszuschmeißen. Mein Konto sieht plan aus wie dein Schädel, und zu allem Überfluss hat mich ne Tusse mit ihrem SUV auf die Hörner genommen.«

»Junge, das ist wirklich scheiße. Prost.«

Wie immer trug Slobo sein blaues Schlabber-Sweatshirt, derart ausgewaschen, dass die Farbe nur noch zu erahnen war. Er langte nach den Bierdeckeln im Regal über der Zapfanlage.

»Sag mal, Slobo, was hat es mit deinem Tattoo am Unterarm auf sich. Geburtstag vom Enkelchen?«

Eine halbe Minute lang saßen sie einander schweigend gegenüber.

»Mein Geburtstag.«

»Da steht aber 1993 und nicht 1893.«

Er lächelte nun tatsächlich so nachsichtig wie ein Großvater. »Hast schon mal was von Srebrenica gehört?«

»Natürlich. Jugoslawienkrieg. Ein Massaker. Das Massaker. Dieser Serbengeneral Mladic hat lebenslang gekriegt. Muss in den Neunzigern gewesen sein.«

Slobo nickte und tippte auf seinen Unterarm: 23.7.1993. Das dunkle Tattoo hob sich von der weißen, rissigen Altmännerhaut ab, die von blauen Venen durchzogen war.

Er lächelte. »Siehst du mal, bin keine dreißig.«

Nur noch seine Lippen lächelten.

»Mladic, der schien gar nicht dazuzugehören, kein General, eher ein Gentleman in Uniform. Hat kurze, leise Befehle an seine Offiziere gegeben. Dann haben sie uns zusammengetrieben wie die Schafe. Wir wurden auf Lkw verladen. War sehr warm, der Wald roch, als wir nebeneinander auf dem Bauch lagen. Wie Wald eben so riecht. Erdig.«

»Du warst einer von den Leuten? Den Opfern? In Srebrenica?«

Slobo lächelte wieder und zog das Hemd hoch. Zusammen mit seinem Bauchnabel ergaben die beiden runden, ausgezackten Narben von der Größe einer Zweieuromünze eine Art Sternbild. Schusswunden, schlecht vernarbt.

»Zu Hause in Bosnien, da haben wir Sprichwort: Sei ein Schaf, und ein Wolf wird dir die Kehle durchbeißen. Es ist nicht gesund, ein Schaf zu sein. Lass dir das von einem alten Oberhammel gesagt sein.«

»Du meinst, wer ängstlich ist, der verliert – ich werd's mir merken.«

»Slobo, zeig uns alles«, rief es von hinten.

Das Mädchen auf der Kühltruhe grinste und tat so, als ließe sie einen Slip um den Finger kreisen. Slobo grinste zurück und ließ die Hüften so lange kreisen, bis das Shirt seinen Bauch verbarg. Sie klatschte, beugte sich wieder über ihr Smartphone und tippte beidhändig und rasend schnell etwas ein.

»Wunderbares Mädchen, die Vanessa. Weiß sowieso, dass der Alte harmlos ist. Sie ist großzügig, ich darf sie mal umarmen, ihr Haar riecht so wunderbar frisch, dafür bezahl ich gut und bin flexibel, wenn sie wegen Klausuren keine Zeit hat.«

Fritz nahm den letzten Schluck aus Fiege, der zweiten. Zeit zum Aufbruch, Warmduscher! Peinlich, sich wegen solcher Minisorgen so hängen zu lassen. Er legte Geld auf den Tresen.

»Sag mal Slobo, du hattest doch letztes Mal noch diesen Hund, Elena, glaub ich?«

»Weggegeben. Hat nicht gepasst. War ein Jack Russel. So ein Hund braucht Auslauf. Und ich mag einfach keine Waldspaziergänge. Lass dich mal wieder sehen, dein Bier ist wirklich bald schlecht.«

Slobo hob die Hand und salutierte leger.

- 8 -

F. Graber. Was für eine bescheuerte Vorgabe der Hausverwaltung: nur schwarze Schrift auf weißem Grund, keine Vor-, keine Spitznamen. Klar, weil ja jeder, der in einem Mehrfamilienhaus die Treppe hinaufging, Namensschilder auf Einheitlichkeit überprüfte. Wie immer mühte er sich mit dem Wohnungsschlüssel ab. Den, der nicht klemmte, hatte noch immer Sophie. Dass sie vorbeikommen würde, war auszuschließen, dass sie sich unberechtigt Zutritt verschaffen wollte, um ihre geliebte Art-déco-Zuckerdose mitzunehmen, unwahrscheinlich. Die wartete als Geisel auf dem Gewürzregal, resigniert, verstaubt, keine Sophie würde anrücken, um sie zu befreien.

Ihr Schlüsselbund, das waren mehr als dreißig Schlüssel gewesen, zum einen, weil sie Dinge gern abschloss, zum anderen, weil sie sich nicht traute, einen Schlüssel wegzuschmeißen, in ständiger Furcht, es könnte ein wichtiger sein. Welcher der für eine Zweieinhalbzimmerwohnung, Howaldstraße 12 im Frankfurter Ostend war, wusste sie nach einundzwanzig Monaten und neun Tagen garantiert nicht mehr.

»Hallo Fritz, hattest du einen schönen Tag?«, säuselte es aus dem Wohnzimmer. Er zuckte zusammen. Zum x-ten Mal nahm er sich vor, den Begrüßungsmodus zu ändern.

»Danke, Elsa. Die wollen mich rausschmeißen.«

»Ich stehe bereit.«

Elsa, die unentwegt Verbindlich-Freundliche. Ob er sie angurrte oder anbrüllte, Elsa blieb die Ausgeglichenheit in Person. Das elektronische Sprach-Assistenz-System war ungefähr die praktischste Erfindung seit dem Radio, zumindest in der Theorie. Beide erlaubten es, mehrere Dinge gleichzeitig zu tun. Zwiebeln schneiden, während Elsa im Musikmodus lief, und sie zwischenzeitlich bitten, ein Rezept für gebratene Zwiebelringe herauszusuchen. Oder den Namen des ersten UN-Generalsekretärs zu recherchieren. Laut Bedienungsanleitung konnte sie sogar mit einer beheizten Klobrille kommunizieren. Peinlich war ihr nichts. Ein geflüstertes »Was heißt Analsex auf Türkisch?« beantwortete sie sozusagen geraden Blickes und mit klarer Stimme entweder mit »Ich habe die Frage nicht verstanden« oder gefühlt doppelt so laut mit »anal seks«. In Altbauten, die mittels Rigipswänden zu Singlebutzen parzelliert worden waren, hatte Tastatureingabe eindeutige Vorteile.

»Was produziert die Wirt AG?«

»Die Wirt AG ist ein Automobilzulieferer mit Sitz in Stuttgart-Vaihingen und gehört zu den weltweiten Top drei unter den Sensorenherstellern.«

»Was für Sensoren stellt die Wirt AG her?«

»Kannst du bitte die Frage wiederholen?«

»Was für eine Art von Sensoren stellt die Wirt AG her?«

»Ich habe die Frage ...«

»Vergiss es«, flüsterte er, um keine Fortsetzung der Konversation zu provozieren. Der Rechner war inzwischen einsatzklar. Im Fenster des Messengers leuchtete das grüne Häkchen neben »Titus«, er war also online.

»Hey Titus, alles gut?«

»Durchaus.«

Ganz klar, er war unter Zeitdruck. Da half nur Schleimen.

»Sensoren – für den genialsten Programmierer östlich von Silicon Valley kein Fremdwort, oder?«

»Mich dünkt, er fraget aus gewichtgem Grunde.«

Ein Nerd, der schrieb wie Goethe. Echt nerdig. Und der lange Schatten einer Mutter, ehemalige Deutsch- und Lateinlehrerin.

»Wirt. Schwäbischer Autozulieferadel. Der Chef ist tot. Autounfall mit seinem alten Porsche 911.«

»Sehet und staunet: https://de.wikipedia.org/wiki/Autonomes_Fahren/Sensoren«

»Das schaffen sogar IT-Legastheniker wie ich. Zeit zu sprechen?«

»Noch konveniert es. Doch fasse Er sich kurz.«

Fritz fummelte gerade am Lautstärkeregler des Headsets, da ging schon der Sprachanruf ein. Videokonferenzen verabscheute Titus. Die klassische Panik des Computerfreaks: bloß kein Einfallstor für Hacker schaffen! Zusätzlich pappte auf der Kamera seines Laptops das effektivste Mittel gegen Cyberspionage, ein alter Aufkleber mit einem Minion, genau wie der, den Titus fürs Profilbild verwendete.

»Ich gewähre dir zehn Minuten. Es gibt nämlich nicht nur so Freeloader wie dich. Es hat Volk, welches mich für meine Dienste auch fürstlich entlohnet.«

»Wirt verdient sich eine goldene Nase mit Sensoren. Ein Porsche wie der, in dem der Chef heute verunfallt ist, kostet locker eine Million. Was ist so wichtig an den Dingern?«

»Da kann Er mich auch fragen, warum Autos Räder haben – ohne Sensoren findet autonomes Fahren nicht statt. Leute wie dich würde das vielleicht sogar freuen …«

»Heißt konkret?«

»Sensoren sind Aug' und Ohr des zeitgenössischen, selbst fahrenden Gefährts. Siebzig Stück stecken mittlerweile locker in der Benzen Prachtkalesche, der S-Klasse, angefangen vom Parksensor, wohlerprobt und zumeist Ultraschall, bis hin zu Radar und Kameras, immer auf der Lauer, dass die Frau Großmama nicht unters Fuhrwerk gerät.«

»Und Wirt? Auf deren Website steht, dass sie Technologieführer bei Lidar sind.«

»Lidar, *Light detection and ranging*. Funktioniert wie Radar, aber nicht mit elektromagnetischen, sondern mit Lichtwellen. Im Grunde ist das ein Laserscanner. Der tastet ständig den Bereich vor dem fahrenden Auto ab und soll Hindernisse und den Straßenverlauf erkennen.«

»Soll?«

»Das Problem ist die Datenmenge, die verarbeitet werden muss. Das gilt zwar auch für deinen Dokumentenscanner, aber der hat keine Räder. Du hast das fahrende Auto, und du hast das Hindernis, das geht oder rollt oder was auch immer. Bislang erkennen die Sensoren keinen Unterschied zwischen einer Oma und einem Radfahrer. Sollte sich jedoch ändern in nächster Zeit, und dann ist Level fünf nah.«

»Level fünf?«

»Die höchste Stufe des autonomen Fahrens: das Roboterauto. Da wollen sie hin, vor allem Uber, Waymo und wie sie alle heißen. Du orderst einen Wagen über deine Sprachsäule. Apropos: Funktioniert Elsa noch? Ich hätte drauf wetten können, dass du meine Konfiguration in spätestens vierzehn Tagen schredderst.

»Sie hört brav aufs Wort, hat aber meistens keinen Plan.«

»Einfach mal was Schlaues fragen.«

Titus kicherte wie ein kleines Mädchen. »Also, Level fünf heißt, du bestellst einen Wagen, und der kommt angefahren, ohne Fahrer, steht pünktlich vor der Tür und bringt dich zum Flughafen.«

»Welches Level haben die Autonomen, die jetzt durch die Gegend eiern?«

»Level drei, mit Ach und Krach. Bedeutet, dass der Fahrer nicht mehr alles machen muss. Auf der Autobahn klappt der Spurwechsel, Bremsen und Abstand halten läuft auch, Einparken sowieso, aber Fahrten von Punkt zu Punkt, ohne dass du eingreifst, vergiss es. Und bloß keine Überraschungen, also Autofahrer wie du, die anderen gern mal die Vorfahrt nehmen. Dann scheppert's unweigerlich.«

In seinem Kopf schepperte es noch immer etwas, doch besser nicht den Fahrradunfall erwähnen, sonst wäre die Vorlesung »Autonomes Fahren« abrupt beendet.

»Was fehlt, damit Level fünf funktioniert? Besseres Lidar und noch schnellere Computer?«

»Herr Graber, Respekt! Genau, Rechnerleistung ohne Ende, aber auch eine Software, die das, was die Sensoren erkennen, in Sekundenbruchteilen bewerten kann. Willst ja wegen der Oma bremsen und nicht wegen eines Laternenpfahls. Das Programm gibt dann den Befehl an den sogenannten Aktor weiter, beispielsweise ein Elektromotor, der quasi auf die Bremse tritt.«

»Okay, Sensor ist das Auge, Software das Gehirn und Aktor der Bremsfuß.«

»Passt. Das war's aber jetzt für heute. Die Firewall für die Pillendreher verlangt Zuwendung.«

Zu Titus' Topkunden gehörte ein Pharmakonzern, dessen Vorstand unter massiven Panikattacken in Sachen IT-Sicherheit litt. Eine Art elektronisches Blubbern beendete das Telefonat.

Fritz gab nochmals wirt-automotive.com ein. Sinn für Ironie war dem Leben nicht abzusprechen. Da baute einer wie Sebastian Wirt ein Herzstück für Roboterautos und fuhr sich ganz klassisch per Hand tot. Langsam baute sich die Seite auf. Die Homepage wurde komplett von einem Schwarzweißbild mit schwarzem Trauerrand ausgefüllt. Sebastian Wirt sah gar nicht wie Hightech aus, eher wie der nette Konditormeister, dem die eigenen Kreationen zu gut schmecken. Fritz ging zum Kühlschrank. Das dauerte eine Weile, denn zwischen Wohnzimmer und Küche lagen knapp zehn Meter Flur, so breit wie eine Strandmatte. Die Bowlingbahn, so hatte eine Freundin ihn getauft. Mit einem Glas Rotwein, einer Tüte Nachos und der obligatorischen Tafel Traube-Nuss kehrte er zurück. Noch einmal ging er auf die Wirt-Website. Dann hob er sein Glas.

»Auf Ihr Wohl, Sebastian Wirt, der Chef oben fährt bestimmt nen Porsche.«

Er wechselte zu crashtag.com. Der Teaser zum Porschewrack fasste Autotyp, Unfallort mit Geokoordinaten und den Unfallhergang zusammen. Die Bilder stammten von einem Handy, aufgenommen von oberhalb eines Gartens. Fünf Meter im Umkreis des Wagens war das Gras vollkommen verkohlt, dahinter verdorrt, die Kommentare im Blog noch trockener:

»Geniales Auto, schlechter Fahrer, fatales Ergebnis.«

»Ein paar reiche Erben mehr auf der Welt.«

»Zeit, ins Bett zu gehen«, säuselte es. Verführerisches Angebot, kam aber leider nur von Elsa, die Punkt Mitternacht gute Nacht wünschte und auf Standby ging. Kluges Mädchen. Gerade wollte er die Seite schließen, da fiel ihm ein Kommentar auf Französisch ins Auge. Zwischen einer Herde von Vokalen, Nasalen und Accents lugte ein schwarzes Konsonantenschaf hervor: Polanski. Fritz plumpste zurück auf den Stuhl:

»Polanski, c'est un criminel.« Dafür reichte Schulfranzösisch. Den weiteren Text in den Online-Übersetzer kopieren? Dann käme wahrscheinlich heraus, dass Klaus Polanski bei der Kripo arbeitete. Nein, ein Franzose musste her. Abgesehen von G. Simenon im Bücherregal war da nur einer: G. Depardieu. Depardieu, Gregoire, Weinhändler in Sachsenhausen, der seine Namensähnlichkeit mit dem französischen Staatsschauspieler von Gestalt eines Weinfasses gnadenlos zu Werbezwecken ausschlachtete. Gregoire war verantwortlich für das immer gut gefüllte Regal mit preisgünstigen, aber guten Weinen, das in der Bowlingbahn über der Tür hing und fast bis zur Decke reichte. Altbaudecke, wohlgemerkt, also 3,70 Meter, machte hundertfünfzig Flaschen, die erfahrungsgemäß für sechs Monate reichten. Ab neun war *Vins Depardieu* geöffnet, Zeit genug, um vor der Arbeit vorbeizufahren. Letzte Amtshandlungen: die beiden Blogeinträge in Französisch in ein Word-Dokument kopieren, auf Print drücken, Elsa den Kugellautsprecher tätscheln, ein Aspirin, dann ab in die Heia. Kurz vor dem Einschlafen leuchtete das Datum auf, im Kopf, hinter der Stirn, strahlend wie eine Diskokugel: 24.3. Oder war es der 23.4.?

»Elsa: Wie lautet das Geburtsdatum von Steve McQueen?«

Nur Augenblicke später blitzte unternehmungslustig ein grünes Diodenäuglein. »Steve McQueen, US-amerikanischer Schauspieler. Er zählte in den 1960er und 1970er Jahren zu den renommiertesten Filmschauspielern. Er war in zahlreichen Action-Filmen wie *Bullitt* und *The Getaway* zu sehen und drehte als Produzent den Spielfilm *Le Mans* über das berühmte Autorennen. McQueen fuhr leidenschaftlich gern Auto und Motorrad und nahm an zahlreichen Rennveranstaltungen teil.«

»Elsa, wie lautet das Geburtsdatum?«

»Steve McQueen wurde geboren am 24. März 1930 in Beach Grove, Indiana. Er starb am 7. November 1980 in Juarez, Mexiko.«

»Danke, Elsa.«

Geburtstag vergessen, hoffentlich war er nicht sauer!

- 9 -

Das Fax fiepte geradezu euphorisch, kein Wunder bei der Zahl, die auf dem Ausdruck stand. Klaus Polanski rieb sich die Hände, allerdings nur vor dem geistigen Auge. Vor dreißig Jahren, als er ins Geschäft eingestiegen war, hätte er sich noch zu derart plumpen Gesten hinreißen lassen. Gerade neun Uhr durch und schon ein fetter Auftrag! Geistig erfrischt vom Morgengebet hatte sich der Mann in Katar zum Kauf des ziegelsteinförmigen Geländewagens aus den Achtzigern entschlossen.

»Serge, mach die Zollpapiere für den grünen Hummer fertig!« Sein Gegenüber nickte und schnürte in Richtung Tür. Der Preis war unverschämt gewesen, doch seinem Kunden war das egal. Er feixte in eine der zwei Zentimeter dicken Glasscheiben, die sein Büro vollständig umschlossen, ihm vollen Durchblick auf den Showroom gewährten, sich aber abtönen ließen, falls Diskretion angesagt war. Eine Folie aus Flüssigkristallen, die zwischen zwei Glasscheiben geklebt wurde, machte es möglich.

Nicht schlecht für einen fünfundfünfzig Jahre alten Studienabbrecher der Jurisprudenz, der sich hochgearbeitet hatte von einem Kiesplatz auf der Hanauer Landstraße.

Er kniff sich in die Wange und zog daran. All die Kunden-Partys, sie machten sich so langsam bemerkbar. Seine Nase berührte fast das Glas. Sie war von Äderchen durchzogen. Er schob sich die Sonnenbrille ins Haar. Kaum jemand kannte ihn ohne seine Ray Ban, die klassische mit dem Messinggestell, eigentlich nur tragbar mit vier Streifen an einem blauen Ärmel. Zur Sicherheit besaß er fünf Brillen. Früher hatte er sie gebraucht, um seinem Gegenüber nichts von seinen Absichten zu verraten. Heute halfen sie, Tränensäcke so groß wie Weinbrandbohnen zu verbergen.

Serge steckte den Kopf durch den Türspalt. »Chef, noch mal wegen dem Hummer: Welchen Betrag schreibe ich in die Zollrechnung?«

»Das, was so ein Hummer mit Motorschaden eben kostet.«

»Motorschaden?«

Polanski schob die Brille in Richtung Nasenspitze. Sein Blick ruhte auf Serge wie auf einem Erstklässler, für den zwei plus zwei fünf war.

Sekundenbruchteile später tippte sich Serge an die Stirn. »Natürlich, klar, so dreißig Prozent unter Liste, würde ich schätzen.«

Polanski drückte die Brille mit dem Zeigefinger zurück und zuckte mit den Achseln. Er dachte an die zwanzigtausend Dollar Anzahlung, die zu Hause im Safe lagen – und das war längst nicht alles: Der Einfuhrzoll in die Emirate lag bei fünf Prozent. Für fünfzigtausend Euro hatte er den Wagen gekauft. Der Araber hatte neunzigtausend Dollar bezahlt. Machte viertausendfünfhundert Dollar für die Behörden – Was aber ergab sich, wenn gemäß Zollpapieren das Auto fast ein Wrack war und gerade noch dreißigtausend gebracht hatte? Eintausendfünfhundert für die Araber, die hatten's ja, und weitere dreitausend Dollar Gewinn für einen unbedeutenden deutschen Autohändler. Das alles dank einer kleinen Prosadichtung des guten Serge für die Zöllner. Seine eigene Unterschrift würde nicht auf den Dokumenten zu sehen sein, sicher ist sicher. Welch ein Kreativpotenzial doch der Autohandel barg! Mochte der TÜV mittlerweile eine Datenbank führen, um Tachomanipulationen zu erschweren, was sprach dagegen, diesen zu tauschen? Welcher private Käufer konnte widerstehen, in den Vertrag einen niedrigeren Kaufpreis zu schreiben, wenn er dafür einen Satz Alufelgen bekam? Oder, die Königsdisziplin: Was brauche ich, um aus einem Porsche 911 Standard die superseltene Version S zu kreieren? Wissen Sie's, Polanski? Klar, ein schrottreifes S-Fahrgestell, einen begnadeten Karosseriebauer, einen Profilackierer. Haben Sie nicht noch was vergessen? Ach ja, einen mit allen Wassern gewaschenen Anwalt. Nur zur Sicherheit. Sehr gut, Polanski, Eins, Setzen!

Er öffnete die Schreibtischschublade und kramte nach einer CD, *der* CD. Dabei fiel ihm eine seiner Visitenkarten aus alten Tagen in die Hand: »Dr. rer. oec. Klaus Polanski«. Wie unsicher er doch gewesen war! Bei den Abitreffen hatte er schweigend neben Bankern, Juristen und Marketingdirektoren gestanden. Und nie hatte die Frage lang auf sich warten lassen, die er so sehr fürchtete: »Und …«, gedehnt wie das »Fertig« des Leichtathletiklehrers, »… was machst *du* so beruflich, Klausi?«

»Import-Export und Fahrzeughandel.« Schweigen. Wenn Stille ein Auto war, dann war das eine Stretch-Limo.

An der Wand war noch der Schatten eines Wechselrahmens zu sehen. Die Dissertationsurkunde der Universität Sofia, er hatte ankreuzen können: BWL oder VWL, der Preis blieb derselbe. Damals hatte er sich für Letzteres entschieden. Heute standen auf seiner Visitenkarte keine Titel mehr, sondern nur noch fünf Buchstaben: Owner.

Er lächelte, legte die Karte zurück an ihren Platz und drückte auf den Knopf einer kleinen verchromten Fernbedienung, die im Licht der Halogenstrahler glitzerte wie ein Schmuckstück. Er legte die CD in seinen Laptop ein und verband ihn mit dem Soundsystem. Ein kurzes Surren, dann legte das Orchester in voller Lautstärke los.

Freddy Mercury schmetterte, Montserrat trällerte, er heulte. Nicht gerade wie ein Schlosshund, zumindest aber kullerte eine Träne langsam die Wange hinab. Mit der Fingerspitze betupfte er die Stelle und leckte. Ja wirklich, Salz, hervorgelockt durch »Barcelona«. Kenner würden seinen Musikgeschmack als belanglos bezeichnen. Sie hatten recht: Hymnen und Balladen, Van Halen und Grönemeyer, Springsteen und eben Freddy Mercury, the sexiest Überbiss ever. Freddy, die kleine Schlampe, im Lederrock mit Staubsauger durch das Video von »I want to break free«

tänzelnd, um vor ihm niederzuknien. War es nicht völlig egal, was Kritiker meinten? Er dachte an die einstigen Überflieger, die Banker in ihrer Zweigstelle, wie sie ihn anbettelten, seine Gelder bei ihnen zu parken. Als sich die letzten Geigen ausgeschluchzt hatten, wischte er sich mit dem Handrücken die Augenwinkel trocken, drückte die Brille fest an die Stirn und ging zur Tür.

- 10 -

Das Hoftor bollerte ins Schloss und hallte hinter der Schläfe nach. Rotwein und Recherche nach Mitternacht – zwei Stunden Schlaf zusätzlich, das wäre schlauer gewesen. Die alte GMT Master zeigte fast neun, zuzüglich der drei Minuten, die man bei der Uhr immer draufrechnen musste. Die Datumsanzeige gehörte repariert, sie stand auf dem Sechsunddreißigsten des Monats, und das seit Jahren. Eine Rolex, auch so ein Relikt aus den goldenen Zeiten des Finanzjournalismus der späten Neunziger, als Redaktionspraktikanten die Karriereleiter fast so schnell emporjagten wie die Kurse am Neuen Markt.

Er stieg aufs Rad, beschleunigte und fuhr langsamer als sonst am Morgenstau vorbei. Noch zwickte die Hüfte. Stadteinwärts war die Hanauer Landstraße ein einziger Bandwurm aus automobilem Einheitsbrei: grau, anthrazitgrau, schwarzgrau, grau kam eben von Grauen. Im rechten Augenwinkel zog ein übergroßes P vorbei. Polanskis City Outlet. Doch die Stippvisite musste noch warten. *Polanski, c'est un criminel!* Was ihn dazu machte, würde sich dank Gregoire bald herausstellen. Am Portikus, der neuzeitlichen Kopie von der klassizistischen Kopie eines griechischen Tempels, ragte das stählerne Tragwerk der Flößerbrücke wie ein aufgeklappter Zeichenzirkel in den Himmel eines grauen Apriltags. Träge floss der Main dahin, heute in Nato-Oliv. Am anderen Ufer tauchten die Gründerzeithäuser Sachsenhausens auf, dem Stadtteil, wo Frühstücksbrötchen handgemacht und Kindergärten aufgeräumt waren, genau wie die Dame des Hauses, die selbstverständlich noch im Biolädchen auf der Wallstraße einkaufte, statt online bei Rewe zu ordern.

»Bleib stehen, du Drecksack!« Er riss an den Bremshebeln und fiel fast über den Lenker. Eine Art Rübezahl, allerdings mit Designer-Holzfällerhemd, wedelte beschwichtigend mit der Hand und deutete in Richtung Ampel. Eine orangefarbene, hüfthohe Thunfischdose rollte auf die dreispurige Straße. Die schmalen, schwarzen Ringe entlang dem Dosenfalz, das waren die Reifen. Fritz zuckte zusammen, als direkt hinter ihm Bremsen mehrerer Autos quietschten. Der Einkaufsroboter schnürte unbeeindruckt weiter in Richtung Mittelstreifen. Dann wahre Aktionskunst, als der azurblaue Lieferwagen die Tonne erfasste. Es klang aber eher, als hätte jemand einen Bierkasten fallen lassen. Die Klappe zwischen den beiden Rädern sprang auf, Bio-Blumenkohl, Bio-Müsli, ob glutenfrei, ließ sich auf die Entfernung nicht erkennen, Radieschen und ein Bündel Fair-Bananen verteilten sich auf der Kreuzung. Die Linie 16 rumpelte in Richtung Textorstraße und zermatschte den Blumenkohl und eine Dose Buttermilch. Vor zwei Jahren hatte Amazon in Frankfurt seinen ersten Supermarkt dort eröffnet, wo früher ein Aldi gewesen war. Menschen, die des Einkaufserlebnisses wegen nicht online shoppten, gleichzeitig aber keine Lust hatten zu schleppen, steuerten übers Handy den RFID-Chip einer der rollenden Tonnen an, die vor dem Laden warteten. Wie brave Dackel folgten sie Frauchen oder Herrchen durch den Supermarkt und dann nach Hause. Laut Testberichten litt allerdings jede dreißigste Amazon-Büchse unter Tollwut. Diese hier nicht mehr.

Gregoires Weindepot war unübersehbar dank der mannshohen aufblasbaren Weinflasche, die vor der eingeschossigen Lagerhalle stand. In einer ansonsten reinen Wohngegend bestand sie nur noch, weil auf dem Grundstück angeblich Altlasten gefunden worden waren. Gregoire tat einen Teufel, das Gerücht zu zerstreuen. Auf der rechten Seite, hinter den Kundenparkplätzen und versteckt hinter dichtem Buschwerk standen drei Tiefsee-Tauchboote mit Bullaugen. Glascontainer, für jede Flaschenfarbe einer. An einem schien ein schäbig gekleideter Mann zu kleben. Sein rechter Arm war fast vollständig in der Öffnung des Behälters verschwunden. Er zog eine volle Rotweinflasche hervor, hielt sie auf Armeslänge von sich und nickte mit Kennermiene. Mit den Zähnen zog er den Korken ab, setzte die Flasche an den Hals und trank mit gierigen Schlucken.

Gregoire stand hinter einer aus alten Weinkisten zusammengezimmerten Theke.

»Salut, Fritz. Lang nicht gesehen.«

»Greg, wo ist die DS?«

»Frag nicht, Hölle ist, wo die Deutschen den Wein machen und die Franzosen die Autos. Die hydraulische Federung ist platt.«

Gregoire fuhr die Kombiversion der legendären Citroën DS aus den Sechzigern, das zukunftsweisendste Design, das die französische Automobilindustrie jemals zustande bekommen hatte.

»Am Glascontainer läuft gerade eine kleine Degustation.«

»Dann kennst du jetzt Erich, unseren Haus-Clochard. Heute müsste er den 2017 Mouton Rothschild verkostet haben.«

»Wie bitte?«

»*Vive l'illusion!* Siehst du die Stelen vor jeder unserer Weinpaletten? Darauf kleben wir immer eine Flasche fest. Es gibt ja Leute, die Wein nach dem Etikett kaufen. Wenn die Flasche erst senkrecht lagert, ist das der Anfang vom Ende.«

»Warum?«

»Der Korken trocknet aus. Finanziell betrachtet ist der Laden sowieso mehr ein Hobby. Da trinke ich die guten Flaschen lieber selbst und fülle sie mit dem billigsten Landwein wieder auf. Wenn der trüb wird, müssen wir die Flaschen tauschen. Die alten landen im Container.«

»Erich trinkt also gerade *Misère en bouteille*, schmeckt aber einen Mouton Rothschild.«

Gregoire nickte. Sein Mund, dessen fleischige Unterlippe in Erwartung des nächsten Glases immer leicht nach unten hing, verzog sich zu einem Lächeln. »Diesen Monat hatte er schon einen Château Pétrus, einen Premier Cru Classé aus dem Médoc und zum Dessert einen alten Sauternes. Manchmal serviere ich ihm einen Rest von einem Camembert dazu. Solltest mal hören, wie er den Wein im Mund kreisen lässt. Ein Profi! Was kann ich dir Gutes tun?«

»Dafür ist es etwas zu früh. Kannst du mir diesen Text übersetzen?«

Gregoire nahm das A4-Blatt und entfaltete es. »In Französisch hat der Schreiber jedenfalls geschwänzt. Grammatikfehler ohne Ende.«

»Von der Arbeit bin ich Härten gewöhnt. Kannst du sinngemäß übersetzen?«

»Er schreibt: *Pech für den Deutschen. Die Blutorange war schon vor dem Unfall eine Leiche. Polanski, dieser Kriminelle. Der skrupelloseste Organhändler, den ich kenne. Zwei Spender werden eins.* Verstehst du, was er meint?«

»Nicht genau. Die Blutorange bezieht sich auf die Originalfarbe des Porsche, Organe, damit meint er wahrscheinlich Innereien, Motor, Getriebe, Achsen und so weiter. Was schreibt der andere?«

»*Hab einen Porsche-Motor bei dem Boche gekauft. Original, stand in der Anzeige. Glatt gelogen. Die Motornummern waren herausgeschliffen, wahrscheinlich geklaut.* Tut mir leid, euer alter Ehrenname ist bei uns immer noch ziemlich populär.«

»Klaus Polanski scheint ihn zu verdienen. Kennst ihn bestimmt, früher hatte er nur einen Showroom auf der Hanauer Landstraße, letztes Jahr hat er sich dann diesen Autotempel in Fechenheim hingestellt – die ‚Carthedral'. Bei Polanski stehen die Mouton Rothschild aus Blech. Danke, Greg, hast mir sehr geholfen, jetzt muss ich zur Arbeit. Meld dich, wenn die DS fertig ist. Darauf trinken wir einen.«

Die Glastüren glitten zischend beiseite. Fritz stieg aufs Rad und rollte bergab Richtung City. Ein Schatten schoss zwischen zwei Autos hervor, mehr torkelnd als laufend. Im letzten Moment wich er aus. Erich, sturzbetrunken, brüllte Unverständliches hinter ihm her.

- 11 -

Von Sachsenhausen südlich des Mains bis ins Gallusviertel ganz im Westen der City, mit dem Fahrrad dauerte das weniger als eine Viertelstunde. Einer von vielen Gründen, Frankfurt zu lieben. Am Güterplatz bog er in die Frankenallee ab, eine der wenigen Straßen der Stadt, die wirklich die Bezeichnung »Allee« verdienten. Ahorn- und Kastanienbäume säumten eine Grünanlage, die zwischen den Fahrbahnen verlief. Fahles Sonnenlicht fiel durch die frischen Blätter, ein erster Vorgeschmack auf Frühling. Die wärmende Sonne, der knirschende Schotter des Spazierwegs unter den Fahrradreifen, das war der kleine Luxus auf dem Weg ins Büro. Besonders auf einem mit Rennkomponenten veredelten Raleigh in der Farbe von französischem Kräuterstreichkäse. Von fleißigen englischen Arbeitern zusammengeschweißt in einer Zeit, als Beatles und Minirock für Massenhysterie sorgten und aus der Automarke British Leyland »British Elend« wurde. Dazu ein gut eingesessener Ledersattel, und fertig waren alle Komponenten für genussvolles Radeln. Aus einem vergammelten Rahmen ein schönes und vor allem schnelles Stadtbike zu machen, auch der Bericht zum Nachbauen lag schon fix und fertig in der Datei »Freedom« auf dem Rechner, dazu einer über John Travolta und den Dreh von *Saturday Night Fever*. Sein Magazin über all das, was Männer interessierte, abgesehen von Frauen, wann es wohl endlich damit klappen würde? Vielleicht einfach kündigen und loslegen? Oder lieber »Sie waren mal unser Trüffelschwein«-Stockmann die Initiative überlassen? Dann könnte er gleich bis zur Rente warten. »Das Leben ist zu kurz, um den Traum eines anderen zu leben«, hatte Hugh Hefner gesagt, der Philosoph im Hasenstall. Autos, Fahrräder, Kunst, Wein, Bücher, okay, vielleicht doch ein bisschen über Frauen, all das wäre drin in »Steve«.

Das Portal der Verlagsgesellschaft *Frankfurter Wochenblatt* kam in Sicht. Aus den Ritzen zwischen den Bodenplatten spross das Unkraut. Diese Kollegen hatten es wenigstens hinter sich! Sichere Jobs, die wohnten hier nicht mehr, im angestammten Viertel der Druckereien und Verlage.

Er summte »I will survive«, während er das Fahrrad ankettete. Im Sprint ging es die Treppen hinauf.

»Moin, Leute, wie ist die Nachrichtenlage?«

Die Kollegen blickten erstaunt auf. Diese Stimme, um diese Uhrzeit und mit diesem Elan, das kannten nur noch die Älteren. Seine Finger trommelten auf der Schreibtischplatte, bis der Rechner oben war.

Eingabe: Klaus Polanski, Frankfurt, Oldtimer. Bester Google-Treffer war ein verschwommenes Bild vom Christopher Street Day im Bären-Stübchen, einer Institution im Frankfurter Schwulenviertel. Ein schwuler Autohändler, klar, die gab es ungefähr so häufig wie vegane Bauarbeiter.

Danach immerhin ein Artikel aus dem Lokalen der *Frankfurter Rundschau* über einen Hehlereiprozess:

»... Als Entlastungszeuge sagte der stadtbekannte Frankfurter Autohändler Klaus P. aus. Er kenne Stefan C. als jederzeit korrekten Geschäftsmann. Dass dieser mit aus Estland eingeführten, gestohlenen Harley-Davidson-Motorrädern handele, könne er sich beim besten Willen nicht vorstellen. Mit einem Urteil wird im Lauf der Woche gerechnet.«

Netter Umgang, den Klaus P. da pflegte. Stefan C., Präsident des Offenbacher Hells-Angels-Chapter, hatte seinen Amtssitz inzwischen in die JVA Preungesheim verlegt. Schwere Körperverletzung mit Todesfolge. In der Meinungsverschiedenheit mit dem Frankfurter Chapter war es um die Zuständigkeit für den Straßenstrich am Kaiserlei gegangen, der Stadtgrenze zwischen Frankfurt und Offenbach. Stefan C. hatte persönlich die Verhandlungen geführt, also den Baseballschläger.

Es folgte belangloses Zeug über die Eröffnung der Carthedral. Vor einer Sponsorenwand posierte Polanski für die Fotografen von *Frankfurt's Finest*, einem Gratismagazin. Ein stolzer Polanski und jede Menge üppiger Brüste, fein modelliert und in viel zu jugendliche Blusen gepresst, enge Sakkos und Hosenbeine, schmal wie Auspuffrohre.

Dann ein Ansatzpunkt: die Telefonnummer von KP-Cars, Inhaber Klaus Polanski, zwar älter als zehn Jahre, doch besser als nichts. Er nahm den Hörer ab und wählte.

»Ja? Trautwein.« Eine alte, brüchige Stimme.

Fritz stellte sich kurz vor und erkundigte sich nach KP-Cars.

»Klaus Polanski? Kenne ich zur Genüge, diesen feinen Herrn.« Da hatte offenbar jemand Redebedarf.

»Wann haben Sie ihn kennengelernt?«

»Das muss zwanzig Jahre her sein. Da kam das Würstchen an, Entschuldigung, ich rege mich immer noch auf. Damals ging es uns im Autohandel gar nicht gut. Deutschland war ja der kranke Mann Europas. Junger Mann, hab ich gesagt, jeder fängt mal an, und wir hier auf der Hanauer halten zusammen. Wir machen es so: Sie müssen keine monatliche Pacht für den Kiesplatz zahlen, sondern geben mir einfach zehn Prozent von den Verkaufserlösen. Nächstes Jahr sehen wir dann weiter. Und wissen Sie, was er gemacht hat? Wenn er einen Wagen verkauft hat, gab es zwei Kaufverträge: einen für den echten Deal und einen, bei dem der VK kaum über dem EK lag. Den hat er mir vor die Nase gehalten.«

»Sie haben also keinen Pfennig gesehen.«

»Genau. Wissen Sie, als ich so alt war wie er, das waren noch andere Zeiten. Die Amis waren im Rhein-Main-Gebiet stationiert. Einmal ist der Elvis hier gewesen, der war GI in Friedberg. Fast hätte er mir einen Mercedes 190 SL abgekauft. Den Wagen hab ich mir beiseite gestellt. Geb ich nicht mehr her.«

Warum er den Wagen wohl behalten hatte? Glaubte er, dass Elvis noch lebte – warum auch nicht, die Hälfte des Internets tat das – und würde irgendwann vorbeikommen, um nach dem Wagen zu fragen? Fritz bedankte sich artig und legte auf.

Eins war jedenfalls klar: Wer so einen wie Polanski zum Freund hatte, brauchte keine Feinde.

Er lehnte sich zurück. Zeit für eine aktive Pause: das Kleinanzeigenportal. Dort wurden sie manchmal noch angeschwemmt, die Ahnungslosen, die ihre Autos früher in der *Frankfurter Rundschau* annonciert hatten oder in *Das Inserat,* diesem eBay für Analogies. Sie hießen Heinz und Rita, Jürgen und Doris, hatten sich von der Ausgleichszahlung zum Vorruhestand einen Neuwagen gegönnt, so einen, wie ihn der Hausarzt fuhr, vielleicht ein Mercedes W124 Coupé, des Internisten Liebling Mitte der Neunziger. Der nahm den 300er Sechszylinder, packte Allrad obendrauf, dazu Leder und alle erdenklichen Knöpfe.

Heinz dagegen hatte wochenlang Prospekte gewälzt und sich dann für den sparsamen 230 CE mit vier Zylindern entschieden, sich zum elektrischen Stahlschiebedach durchgerungen, weil Rita doch so gern ein Cabrio gehabt hätte. Metallic, das war Pflicht, Silber am besten, das verdreckte nicht so schnell. Von der Youngtimer-Bewegung, für die schon mittelalte Gebrauchtwagen Kultobjekte waren, hatte Heinz noch nichts mitbekommen.

Um diese Autos billig zu kaufen, bedurfte es Zeit, Toleranz gegenüber Massivholz-Schrankwänden und kaffeeresistente Magenwände.

»Wissen Sie, man weiß ja gar nicht, wie das weitergeht mit all den Umweltplaketten. Bekommen würden wir die nicht, aber wir müssen doch den Theobald-Josef, unseren Enkel, mittwochs nach Frankfurt reinfahren, zum Geigenunterricht.«

»Woher stammt die Delle auf dem Dach?«

»Meine Frau ist so was von sentimental. Den Kinderskistock wollte sie unbedingt behalten, ich hab den dann in der Garage auf dem Regal eingelagert. Hab nicht gemerkt, dass das Garagendach undicht war. Der Karton war durch, Beachballschläger, die Kasperlepuppe und noch nicht mal das Krokodil haben dem Blech etwas anhaben können, nur eben der dämliche Skistock.«

Die Heinze und Ritas und ihre Benze und BMW, die galt es zu finden. Leute, die nichts verschenken wollten und darum VB 1.450 Euro in die Anzeige schrieben, deren Autos man aber nur schweigend umrunden musste, um Sätze zu hören wie »Der Preis ist nicht in Stein gemeißelt«.

Man bot fünfhundert Euro, ließ sich auf siebenhundert raufhandeln, dann war der Deal perfekt. Alle waren glücklich. Heinz, weil er hart verhandelt und ein Problem gelöst hatte, Fritz, weil der Wagen bei Youngtimer-Fans das Sieben- bis Achtfache bringen würde – vor allem dann, wenn ihn Mahmud Schraubergott auf der Bühne gehabt hatte. Für ihn selbst kam so ein Wagen nicht infrage. Die Achtziger waren gerade noch akzeptabel, aber in den eigentlichen Traumautos hatten Männer gesessen mit schulterlangem, dauergewelltem Haar und Kotletten so lang wie die längste Praline der Welt. Angehimmelt von Frauen in Overalls mit psychedelischen Mustern mit Reißverschluss vorn und offen bis zum Bauchnabel. Freie Frauen, selbstbewusste Frauen, mit denen man die Nächte hindurch über Politik diskutieren konnte, keine Modelshows absorbierenden Zara-Tussis.

Drei Tische weiter krächzte Wolters Radio, eine gelbe Ente aus Hartplastik. Drehte man ihr den Hals um, veränderte sich die Frequenz, die Lautstärke ließ sich mit dem Bürzel regeln. Nach der Mittagspause, wenn es mit dem Schreiben richtig losging, hatte sie zu schweigen, das war der redaktionsinterne Deal. Doch noch war Recherchezeit. Was dazu zählte, war Definitionssache, Autosuche im Kleinanzeigenportal fiel vermutlich nicht darunter. Seine Sucheinstellungen waren immer dieselben: Baujahr bis 1989, Preis ab dreitausend. Vierhundertsechsundfünfzig Treffer waren es diesmal, machte dreiundzwanzig Seiten, das ließ sich in einer halben Stunde schaffen. Er screente die Überschriften. Überall, wo »Rarität«,

»Schnäppchen« oder gar »Ringeltaube« stand, war das Auto genau das Gegenteil davon. Der typische Fall: Irgendwo auf einem Hinterhof vegetierte eine alte Mercedes-S-Klasse vor sich hin, Standardmotorisierung 280S oder 280SE, Standardlackierung, weiß oder dunkelblau, mit dürrer Buchhalterausstattung. Nachdem vielleicht ein Metzgermeister dem Wagen die ersten zweihundertfünfzigtausend Kilometer und einen leichten Reparaturstau zugemutet hatte, war er irgendwo in der Verwandtschaft gelandet, die Folgebesitzer hatten ihn dann peu à peu zugerichtet wie ein Löwenrudel den hinkenden Kaffernbüffel. Der Rest war ein Fressen für die Hyänen. Mehr oder weniger kriminelle Verwerter entschieden, ob sich der Büffel mithilfe von Spachtelmasse, Motordicht, einer halbwegs professionellen Lackierkabine und eines vollkorrupten TÜV-Prüfers noch in einen S-Klassen-Zombie verwandeln ließ, in Kleinanzeigendeutsch lässig mit »daily driver« umschrieben. Am Ende der Nahrungskette standen Export-Geier, die aus der Ukraine oder Rumänien angereist waren, um das Wrack vollständig auszuweiden.

Auf den ersten zehn Seiten gerade mal ein Angebot mit Potential. Ein 1965er Ford Mustang, bekannt durch Steve McQueen alias Frank Bullitt, Godfather of Car Guys rund um den Globus. Dieser Mustang war nicht der begehrte Fastback und schon gar nicht eins jener bärenstarken Sondermodelle, die auf der Kinoleinwand Räuber und Gendarm mit ebenbürtigen Gangsterautos spielten. Doch die Miniaturausgabe eines Traums ist immer noch besser als gar keiner. Darum würde sich ein einsamer Wolf finden, der mit einem schwächlichen Sechszylinder unter der Haube nach Feierabend durch die Reihenhaussiedlung in Frankfurt Riedberg cruisen wollte.

Nach sechs weiteren Seiten mit automobilem Graubrot stutzte er. Diese Silhouette würde er auch nachts und ohne Lesebrille erkennen: »Ferrari Dino 346 GT4, guter Zustand« lautete die Überschrift. Die Bilder zeigten das schönste Automobil, das Enzo Ferrari jemals auf die Räder gestellt hatte.

»Das Auto ist in einem guten Zustand, wurde aber in den letzten Jahren kaum gefahren. Es hat einen Riss im Fahrersitz und Dellen an Kotflügel und hinterer Stoßstangenecke.«

Der Text passte zu einem Opel Kadett, aber nicht zu einem Wagen, der von Oldtimerinvestoren mehr gehypt wurde als das iPhone XV bei den Teenies! Genauso unpassend war der Preis: fünfundneunzigtausend Euro. Der Praktikant eines Ferrari-Händlers hatte Bilder und Beschreibungen zweier Autos vertauscht, dafür sprach die Modellbezeichnung, denn die gab es nicht. Ferrari hatte in den frühen Sechzigern eine Skulptur auf Rädern geschaffen, den 206 bzw. 246 GT. Die Nachfolge war ein Gerät, das besser geeignet war, Türen am Zufallen zu hindern. Der Dino 208 oder 308 GT4, klare Kante, gerade Fläche, aber erotisch wie ein Magermodel. Noch eine Dreiviertelstunde bis zur Mittagspause. Er tippte die Nummer ein, um sie nachher gleich parat zu haben, und machte sich ans Sichten von Agenturmeldungen.

- 12 -

»Anschalten«, bellte der Mann. Er saß an einem Schreibtisch, dessen Grundfläche dem einer Studentenbude entsprach.

»Herzlich willkommen bei News-TV Börse Aktuell.« Das hörte er, bevor das Bild des Flachbildschirms über der Bürotür aufflammte. Die Moderatorin war jung, blond und blickte entschlossen drein wie eine, die in der ersten Reihe einem Fachvortrag über Quantenphysik zuhört und verheimlichen will, dass sie nur Bahnhof versteht.

»Gesprächsthema Nummer eins im S-Dax war heute die Wirt AG. Da schalten wir doch gleich rüber zu William Meier an der Frankfurter Börse.« Sie drehte sich zum Bildschirm hin, auf der ein quirliger, kleiner Mann mit Achtzigerjahre-Bürstenschnitt zu sehen war. »Ja, Teresa, kann man wohl sagen, siebzehn Prozent Minus gestern und heute schon wieder tiefrot.«

Die Blonde nickte eifrig. »Fürchten die Anleger das Führungsvakuum nach dem überraschenden Tod von Vorstandschef Sebastian Wirt?«

»Es scheint so, Teresa, es scheint so. Angeblich ist die Wirt-Familie schon fieberhaft auf der Suche nach einer Lösung durch einen erfahrenen externen Manager. Von Insidern ist zu hören, dass der verstorbene Sebastian Wirt offenbar Vorsorge getroffen hat. Sein Nachfolger soll keinesfalls aus dem Familienkreis stammen. Auch ein Verkauf der Gruppe soll darum eine Option sein.«

»Bei Plan B, wer käme als Käufer infrage, William?«

»So ziemlich die gesamte Automobilindustrie, Teresa. Wirt verfügt über Schlüsseltechnologien fürs autonome Fahren. Nahezu jeder Autokonzern kauft bei Wirt seine Sensoren.«

»Und trotzdem bricht die Aktie ein, William.«

»Der Fluch eines inhabergeführten Unternehmens, Teresa. Denken Sie an Apple. Nach dem Tod von Steve Jobs ging es erst mal bergab, und das lag nicht an den Produkten. Auch Börsianer brauchen Visionen.«

»Sebastian Wirt, der deutsche Steve Jobs sozusagen.« Sie kicherte, während auf dem Bildschirm hinter ihr ein Schwarzweißbild mit Trauerrand auftauchte. »Haben Sie einen Tipp, wer das Rennen machen könnte?«

»Wir wissen ja, im Ländle ist die Wirtschaft eng verwoben, Teresa. Darum würde ich auf eine innerschwäbische Lösung tippen. Wer auch immer es sein wird, ein Investor kann sich freuen. Billiger als jetzt ist schwäbisches Hightech in der Autobranche wohl nie mehr zu bekommen.«

»Danke, William. Liebe Zuschauer, wir halten Sie auf dem Laufenden – und jetzt verdienen wir mal ein bisschen Geld. Bis gleich, nach der Werbung.«

»Ausschalten!«

»Bitte wiederholen Sie Ihre Eingabe«, antwortete der Fernseher. Der Mann am Schreibtisch seufzte, öffnete die Schublade und kramte nach der Fernbedienung. Im Westen, angestrahlt von der tief stehenden Sonne, leuchtete der weiße Kubus des Wirt-Stammwerks. Er kniff die Augen zu und sah, dass die Unternehmensflaggen auf Halbmast hingen. »Tut mir leid, Sebastian, war nichts Persönliches«, sagte er halblaut, hob ein imaginäres Glas und lächelte.

- 13 -

Von der Redaktion aus war der Imbiss nur zwei Straßenecken entfernt: Bob's, gleich neben Josy's Eissalon und schräg gegenüber von Gerda's Backstube. Auf weißen Kunststofftischen priesen mit Edding geschriebene und in Klarsichthüllen eingeschweißte Speisekarten kulinarische Genüsse an: »Heute besonders zu empfehlen: Rindswurst mit knusprigem Landbrot – 3,20 Euro«. Darunter für erlesenere Gaumen: »Nudelpfanne Szechuan an Mikrowellenstrahlung für 4,80 Euro, Softdrink inklusive«. Er aß selten auswärts zu Mittag, zumal ihm niemand einfiel, mit dem er Pause hätte machen wollen, außer Wally vielleicht, aber die hatte einen massiven Bio-Tick. Den anderen verraten, dass Bob, der – Überraschung – Robert hieß, den besten Espresso nördlich des Alpenhauptkamms herstellte? Wozu? Mit Liebe presste er ihn von Hand aus einer alten Faema, optisch amerikanischer Straßenkreuzer, akustisch eher Cruise Missile. Vom vielen Polieren glimmte schon die Messinglegierung unterm Chrom hervor. Bob wollte grüßen, fuhr sich aber stattdessen durch das schulterlange, zu einem Zopf zusammengebundene Haar und nickte ansatzweise. Er quittierte das Victory-Zeichen für doppelten Espresso mit erhobenem Zeigefinger. Fritz setzte sich auf einen der vier schmutzig-weißen Stapelstühle und zog das Handy aus der Jackentasche.

»Müller am Apparat.« Eine Männerstimme. Sie klang nach älterem Herrn und war leicht hessisch eingefärbt.

»Sie haben in den Kleinanzeigen einen Ferrari inseriert, den würde ich mir gern mal ansehen. Ist der noch da?«

Herr Müller bejahte.

»Ist er fahrbereit?«

»Bevor die Batterie leer war, sprang er sofort an. Die lade ich noch.«

»Hat er mal einen Unfall gehabt?«

»Sicher bin ich mir nicht, die Spaltmaße sind jedenfalls sauber.«

Saubere Spaltmaße an der Karosserie, der Mann redete wie ein Kfz-Profi.

»Sind Sie Händler?«

»Nein, junger Mann, ich kenne mich mit Autos eigentlich gar nicht aus. Ich verkaufe den Wagen für einen Verwandten, der im Ausland lebt.«

Klang alles nicht sehr glaubwürdig, doch eine ganze Reihe schlechter Gespräche hatte schon zu guten Autos geführt – und umgekehrt.

»Wo befindet sich der Wagen?«

»Kennen Sie den Osthafen? Da steht das gute Stück in einer Halle.«

»Wie alt ist das gute Stück denn?«

»Hatte ich das nicht reingeschrieben, 1972, oder war es 1977? Hab's aus dem Brief abgeschrieben.«

1972, das war Skulptur und Sechser mit Superzahl, 1977 Türkeil und drei Richtige.

»Könnte ich mir den Wagen heute Abend anschauen kommen?«

»Samstagvormittag wäre besser, sagen wir um zehn? Es ist die Schmickstraße, gleich bei dem alten Backsteinbau.«

Sie verabredeten sich für elf Uhr. Fritz legte auf. Noch zwanzig Stunden bis zur Ziehung.

An der Bar tat sich Ungewöhnliches: Bob lächelte, volle Breitseite, in Richtung Tür. Die Neue! Was wollte die hier? Topfigur, die konservierte man mit Mitte dreißig bestimmt nicht mit Rindswurst-Pommes.

»Hallo, Fritz, ich darf doch du sagen?«

Fast schon beleidigend, die Frage, als wäre er ein alter Sack.

»Kein Problem. Wie bist du auf Bob's gekommen? Hat Wally gepetzt?«

»Mühseligste Puzzlerecherche – Internet, dieses Ding, wo man ganz viel findet, auch den Laden mit den besten Espressos im Gallus.«

Espressi. Wer das nicht wusste, sollte besser Nescafé trinken. Sie setzte sich – ungefragt.

»Vielleicht kannst du mir einen Tipp geben: Seit gut zwei Monaten bin ich bei der NFZ, und ich schätze, der Chefredakteur hat nicht mehr als zehn Worte mit mir gewechselt. In drei Wochen endet meine Probezeit. Da wüsste ich schon gerne, ob ich wieder dem Arbeitsmarkt zur Verfügung stehe. Sagt man doch so?«

»Sind alle deine Artikel gedruckt worden?«

Sie nickte.

»Wurde viel umgestellt?«

»Die eine oder andere Headline.«

»Lächelt er dich ab und zu an?«

»Einmal hat er mich angeschaut, glaub ich.«

»Dann bleibst du. Wenn Pfannenroth lächelt, dann ist es das Mitleid des Henkers.«

»Seid ihr irgendwie verwandt?«

Dabei lächelte sie nicht. Sie grinste, nippte genießerisch an ihrem Espresso und schaute ihn aus blauen Augen herausfordernd an. Schräg hinter ihr an der Bar hob Bob den Daumen und zog anerkennend die Mundwinkel runter. Themenwechsel, aber welches?

»Wo wohnst du eigentlich? Also, nicht falsch verstehen, bist ja frisch hergezogen, da wollte ich bloß wissen …«

Hatte er gerade gestottert? Da war es wieder, dieses Grinsen.

»Was soll ich da falsch verstehen? Frankfurt Griesheim, oder können sich Journalisten heutzutage mehr leisten?«

»Ostend, wenn der Mietvertrag noch auf D-Mark lautet ...«

»Die D-Mark steht sicher auch in deinem Arbeitsvertrag – Pardon.«

Ein Lichtblick: Jetzt war sie es, die ein klein wenig rot wurde.

»Ja, das waren noch Zeiten, live vom Reichsparteitag und so.«

Sie lachte. Tief und angenehm. Dann erhob sie sich. »Da war mein Opa auch, die schwarze Uniform stand ihm echt gut. Ich muss wieder, mich ein bisschen ignorieren lassen.«

Bob kam herangeschnürt und wischte den Tisch ab, was er sonst nie tat. »Und? Wer ist die Fackel?«

»Kollegin. Jetzt übertreib mal nicht.«

»Acht von zehn Punkten, aber ganz locker!«

Fritz zuckte mit den Achseln und stand auf.

- 14 -

Das Fenster reichte unten bis zum mintfarbenen Teppichboden und oben bis in den Himmel. Weit unten zu Glorias Füßen, die in braunen Stiefeletten im Wert von zwei Wochen Cluburlaub steckten, floss träge der Main, Ton in Ton mit ihren Schuhen. Die Spiegelfassaden der Hochhäuser, zwei Dutzend vielleicht, absorbierten heute eher Licht, als dass sie es reflektierten. Mit Frankfurts »Skyline«, auf die die Locals so mächtig stolz zu sein schienen, verhielt es sich im Vergleich zu der von Hongkong oder Bangkok wie mit einem Start-up zu Amazon. Am wohlsten fühlte sie sich noch im Bahnhofsviertel. Die Gerüche der chinesischen oder indischen Imbisse erinnerte sie an zu Hause. Doch jetzt saß sie hier, bei künstlichem Zederndufts im sechsunddreißigsten Stock, wo dank verschwenderischem Einsatz von Gigabyte Aufzüge intelligent und Lichtsteuerungen mitdenkend waren. Die Außenverglasung war schlauer als mancher, der hinter dem Glas auf einem der Designer-Stahlrohrstühle saß. Alles andere als ein vollständig digitalisiertes Gebäude wäre indiskutabel gewesen für eine Beratungsfirma, die sich auf die Vermittlung von Unternehmenskäufen im IT-Bereich spezialisiert hatte.

Sie ging die Gewinn- und Verlustrechnung durch. Ein Softwarehaus irgendwo in der Nähe von Heidelberg. Hundertzwanzig Mitarbeiter, viel zu klein, sie hatte das Mandat nur angenommen, weil Heidelberg sie an ihre Europareise nach dem Schulabschluss erinnerte. Ein Geschenk, Dads Geschenk. Zum ersten Mal länger als eine Woche weg von zu Hause. In Heidelberg hatte sie sich verliebt. Konzentration, Gloria! Gerade mal zehn Prozent Umsatzrendite, lächerlich für die Branche.

Im Handy-Display leuchtete die +66 für Thailand auf, dazu die beiden wohlvertrauten, verhassten Initialen. Sie überlegte kurz, ob sie das Handy einfach umdrehen sollte. Dann zog sie den Diamantclip vom Ohr und knallte ihn auf den Tisch.

»Dad, was gibt's?«

Mit der freien rechten Hand malte sie wilde Kringel auf die Schreibtischunterlage.

»Das weiß ich nicht. Und nenn mich nicht *Gai*. Ich bin kein Hühnchen. G-l-o-r-i-a. Das habe ich dir schon hundert Mal gesagt. – Ich weiß, dass Sebastian Wirt tot ist. Woher weißt du schon wieder die ganzen Details? – Das muss aber ein gut informierter Bekannter sein! – Wie wir weiter vorgehen? Ich schaue mir die Aktionärsstruktur an und besorge mir Informationen, wer seinen Anteil erbt. Wir sind schnell, und wir haben Cash. Bis die anderen Interessenten ihre Aufsichtsräte einberufen haben, bringen wir den Deal unter Dach und Fach. – Ja, ich bekomme das hin. Allein!«

Auf den hohen Wangenknochen unterhalb der mandelförmigen Augen hatten sich rote Flecken gebildet. Wäre er nur übers Festnetz durchgekommen, hätte sie wenigstens theatralisch den Hörer auf die Gabel knallen können. So aber riss sie nur das Blatt der Schreibtischunterlage ab, zerknüllte es und feuerte es in den Papierkorb. Sie wählte die Nummer der Teamassistenz.

»Bestellen Sie mir einen gemischten Salat. Seit wann nehme ich Filetstreifen? Nur Salat. Wie immer!« Sie riss sich zusammen. Ihre Assistentin konnte nichts dafür.

»Vielen Dank, Jocelyn. Sie sind ein Schatz.«

Wirts Tod rührte sie an, ein bisschen so wie das Verschwinden ihres heißgeliebten Süßigkeitenstands in Bangkok. Jahrhunderte schien das her zu sein. Der niemals abschwellende Lärm, die abgasgeschwängerte Silom Road, von Palmen gesäumt, die wie durch ein Wunder noch nicht erstickt waren, genau wie die Bettler, die im Rinnstein lagen und tagaus, tagein Kohlenmonoxid inhalierten, das Abendlicht so weich und leuchtend wie Thai-Seide, die Morgenstunden, wenn noch vor Arbeitsbeginn dicht gedrängt Sekretärinnen in schwarzen Billigkleidchen Buddhaschreine um baldigen Kindersegen anbeteten. Ein Steinwurf entfernt brodelte auf offener Gasflamme Zuckersirup in einem Wok, verwandelte sich binnen Sekunden in eine zähe Masse, gespickt mit Bananenscheiben. Immer kredenzte ihr der alte Mann, der mit seinem hölzernen Kochlöffel die Masse rührte, einen kleinen Becher mit Saft aus frisch gepresstem Zuckerrohr, nachdem er sie im Dialekt Nordthailands mit altmodischem Kosenamen begrüßte hatte. Der Sirup war ihr Zaubertrank gewesen. Er hatte die Angst vor dem Nachhausegehen gelindert. Doch eines Tages, sie musste vierzehn gewesen sein, ein strahlendes junges Mädchen auf bestem Weg, eine Schönheit zu werden, war der Stand verschwunden gewesen, ohne Vorankündigung. Mit ihm verschwand das Gefühl, unverwundbar zu sein.

Wirt, den hatte sie gemocht, trotz seiner unappetitlichen Leibesfülle und der fettig glänzenden Haut. Apfel in den Mund, fertig ist das Spanferkel, hatte die Managerin in ihr gedacht, als zur Begrüßung seine teigige Hand die ihre umschlang. Doch vom ersten Moment an hatte sie gespürt, dass auch er ein Verletzter war. Bereits bei der Vorspeise war ihr klar, dass er nicht verkaufen würde, wenigstens nicht freiwillig. Trotzdem war es eins jener Treffen gewesen, die im weiteren Verlauf so gar nichts Gezwungenes gehabt hatten. Er hatte offen von seiner gescheiterten Ehe erzählt, etwas, womit sie nicht dienen konnte. Jeder Mann legte bei ihr sofort die Flirtplatte auf, unabhängig davon, ob er wusste, dass sie Single war. Mit Wirt war es am Ende um Autos gegangen. Er hatte ihr von seinem klassischen Porsche vorgeschwärmt wie von einem Rassepferd. Nun war der Porsche zu seinem Sarg geworden. Sie hoffte inständig, dass er nicht mehr bei Bewusstsein gewesen war, als der Wagen in Flammen aufgegangen war.

Bloß keine Sentimentalitäten! Sie nahm die ausgedruckten Meldungen zur Hand, auch die aus den deutschen Medien. Und atmete auf. Der Name Golden Harvest Global Investors tauchte nirgendwo auf.

»Jocelyn, vergessen Sie den Salat. In fünf Minuten trifft sich das Investment-Team Deutschland im Konferenzraum *Charles*.«

Ihre Absätze versanken im Teppichboden. Fast fühlte es sich wie Schlittschuhlaufen an, als sie den langen Gang in Richtung des Allerheiligsten schritt. Bei Golden Harvest konnte sie es sich erlauben, etwas anderes zu tragen als Ballerinas. Zum ersten Mal in ihrer beruflichen Laufbahn. Denn eine Grundregel ihres in die Hirnrinde eintätowierten Karrierehandbuchs lautete: niemals größer sein als der Vorgesetzte. Und das in jedweder Hinsicht. Die derzeitige stellvertretende Geschäftsführerin ließ gerne andere glänzen, vor allem, wenn es Männer waren.

Was den Einsatz ihres Körpers betraf, so hatte Gloria ein klares Konzept: Sex ohne Liebe ja, Sex ohne Spaß nein, Sex in der Firma niemals. Zum Glück war es diesbezüglich nur in den seltensten Fällen zu Entscheidungskonflikten gekommen. Ihr Bekanntenkreis bestand aus Männern, die allesamt einer Reklame für Edelwhiskeys entsprungen zu sein schienen. Sie waren groß und weitgehend bauchfrei, trugen Anzüge vom Schneider, benutzten wohlriechende Cremes und Rasierwasser und waren in der Lage, sich mit einer Frau von Glorias Kaliber einen Abend lang über mehr zu unterhalten als über das Soundsystem ihres Aston Martin. Obwohl, am Ende taten sie das immer noch am liebsten. Lass sie reden, provoziere charmant und verfolge deinen Plan, diese Karrierestrategie hatte ihr einen rasanten Aufstieg beschert: Von ihrem ersten Job als Trainee in der Devisenhandelsabteilung der Deutschen Bank war sie direkt bei Golden Harvest gelandet. Die meisten ihrer Kollegen waren mindestens zehn Jahre älter als sie, gleichaltrige Kolleginnen schenkten zumeist Kaffee aus oder buchten Flüge, allerdings nicht die eigenen. Bei Golden Harvest hatte man die Einstellung dieses Jungspunds, der zudem von einer stinknormalen

Geschäftsbank kam, mit Verwunderung und Missbilligung zur Kenntnis genommen – was sich allerdings schnell legte, als sie Glorias Arbeitsstil kennenlernten. Die Herren Ferrari- und Aston-Martin-Fahrer spürten: Selbst in feinster Umhüllung blieb Stahl nun einmal, was er war. Ihr schwarzes Haar, das sie schulterlang trug, verdeckte teilweise ihre Wangen. Das dreiecksförmige Gesicht mit den hohen Wangenknochen etwas noch Geheimnisvolleres. Portugal? Asien? Der Balkan? Ihre gerade und kräftige Nase machte es fast unmöglich, ihre Herkunft zu bestimmen. Ihr Gesicht war das ideale Modell für eine klassische Skulptur. Allerdings nur auf der rechten Hälfte. Glitt bei einer schnellen Drehung der Vorhang der Haare zur Seite, zuckten Betrachter für einen Moment zusammen: Die feine, drei Zentimeter lange Narbe, geformt wie ein Fragezeichen ohne Punkt, zog sich vom Wangenknochen hinauf fast bis zum Augenwinkel. Merkwürdigerweise erwähnte niemand, der sie beschrieb, den offensichtlichen Makel eines ansonsten makellosen Gesichts. Dabei schien gerade dieser die entscheidende Asymmetrie zu verleihen, die aus hübschen Menschen Schönheiten machte. Wie es zu der Verletzung gekommen war? Zu fragen wagte das niemand, oder man wollte es nicht, um nicht durch eine banale Erklärung seiner Träumereien beraubt zu werden. Die meisten vermuteten ein Eifersuchtsdrama, an denen Krummdolche beteiligt gewesen waren, oder eine Dschungelexpedition mit Raubtierkontakt. Sie fragten sich, wie die Raubkatze danach ausgesehen hatte.

Für achtundneunzig Prozent der männlichen Bevölkerung wäre Gloria das Idealbild einer Frau gewesen – wenn auch nicht der Frau, die man nach einem langen Arbeitstag im eigenen Einfamilienhaus antreffen wollte. Eine solche Schönheit bedeutete Arbeit, verhieß Unbequemlichkeit, brachte Unsicherheit. Sie selbst sah das genauso. Männer waren emotional uninteressant, wirtschaftlich überflüssig, sexuell überschätzt, die Ausnahmen konnte sie an einer Hand abzählen. Also nichts, worauf man mehr Zeit verwenden sollte als nötig.

Sie passierte den Sitzungssaal *Victoria* ausgelegt auf vierzig Personen und getäfelt mit Palisander, *Albert* (vierundzwanzig Plätze) war in Mahagoni eingekleidet, *Edward* (fünfzehn) in Teak. Der kleinste war der für sechs Personen ausgelegte *Charles*. Der Kronprinz hat den kleinsten, haha, am Anfang war das der Running Gag im Office gewesen. Direkt nach dem Brexit waren sie umgezogen. Für das Geld, das der Abbau der Säle im viktorianischen Gebäude und ihr Wiederaufbau im Harvest-Tower an der Taunusanlage verschlungen hatte, wären die Jobs von zehn Analysten auf Jahre hinaus sicher gewesen. Doch Analysten waren austauschbar, die Palisander-Täfelung aus der Zeit von Queen Victoria unersetzlich.

Von wegen CO_2-neutrale Investments, was für herrlich unkorrekte Zeiten das doch damals gewesen waren. Sie umrundete den Tisch und stellte sich ans Kopfende.

»Guten Tag, meine Herren. Sicher haben Sie mitbekommen, dass sich für uns eine Investitionsgelegenheit ergeben könnte. Ausnahmsweise einmal nicht durch unsere Strategie, sondern durch einen traurigen Zufall, aber das ist jetzt egal.«

Die Gespräche verstummten, die Männer blickten sie erwartungsvoll an.

- 15 -

»Eine Pressemitteilung wird Polanski nicht rausgeben. Also, fahr hin und frag ihn.«

Das hatte sie zu ihm gesagt, Marie, das Greenhorn, zu Fritz, dem alten Hasen. Ein gemeinsamer Espresso, und schon machte sie die Ansagen. Vor einer halben Stunde war das gewesen, und nun saß er auf dem Rad wie ein Praktikant. Was mischte die sich eigentlich ein? Mit ihr hatte er doch gar nicht gesprochen:

»Wally, auf crashtag.com steht, Polanski hätte dem armen Sebastian Wirt Schrott verkauft. Kennst du Polanski persönlich?«

»Anscheinend das erste Mal, dass dieses Crashtag zu etwas nütze ist.«

»Wally, bitte!«

»Okay, Polanski: Ich war auf der Eröffnung von seiner Carthedral. Da lief vielleicht ein Volk rum! Wenn du mich fragst, Klaus Polanski würde seiner Oma sämtliche Ersparnisse fürs Altersheim abluchsen, ohne mit der Wimper zu zucken, für Raub oder irgendwas Gewalttätiges scheint er mir aber zu feige oder zu schlau oder beides.«

Da schon hatte die Neue dazwischengeplappert: »Ist dieses crashtag.com überhaupt eine zuverlässige Quelle?«

Diese Marie wollte ihm seinen Job erklären – dummerweise hatte sie recht. Zwei Posts auf einer zwielichtigen Website, ziemlich dünne Faktenlage für eine Story.

Er hatte eine Viertelstunde gewartet und war wortlos aufgestanden.

Das City-Outlet des Autohändlers lag auf seinem Nachhauseweg. Die Ampel Ecke Anlagenring / Hanauer Landstraße stand auf Rot. Am meisten nervten die Autonomen. Es gab sie ungefähr so oft wie öffentliche Telefonzellen, trotzdem hatte die Stadt eigene Fahrstreifen zugeteilt, ganz zu schweigen davon, dass sie zehn Sekunden früher Grün bekamen. Die Ansage war klar: Autofahrer, du hast in der Stadt nichts zu suchen! Neben ihm hielt ein Radfahrer. Mittelblauer Anzug, an den Ellbogen leicht speckig, schwarze Schuhe mit Flechtmuster und Gummisohle, optimistisches Gesicht mit einem Hauch von Schuppenflechte. Das rosafarbene Hemd harmonierte perfekt mit dem altmodischen Fahrradhelm.

»Cool!« Fritz tippte sich an den Kopf. Der andere lächelte, verkniffen und stolz.

»Tour de France 1997, Team Telekom. Jan Ullrich, Udo Bölts.«

»Klar. Quäl dich, du Sau, hat Udo den Ulle angebrüllt. Der fuhr ja ums Gelbe Trikot.«

Die Ampel sprang auf Grün, der Radsportfan bog ab mitsamt seinem Plastikgeschwür, Zeichen unverbrüchlicher Liebe zu Udo und Ulle. Das mannshohe P kam in Sicht. Hundert Meter vor der Einfahrt schloss er das Fahrrad an, denn Fahrradfahrer gleich armer Schlucker, garantiert war Polanski einer, der in diesen Kategorien dachte. Er hatte Glück. Der Mann im schwarzen Polohemd, der in einem Glaskubus saß, war die stark gealterte Ausgabe jenes Mannes, der auf dem Foto im Internet lächelte wie Shirkan der Tiger, kurz bevor er ansetzte, Mogli den Kopf abzubeißen.

»Klassikerkauf ist Vertrauenssache: Klaus Polanski«, stand unter dem Bild. Der Autohändler erhob sich und glitt herbei, wie ein Stubentiger beim Surren des Dosenöffners. Anders als viele seiner Berufskollegen, die ein Faible für Hemden mit Slogans wie »NASA Training Team« oder »Daytona Hell Boy« und Jeans mit hellen, dicken Nähten hatten, trug er Designerjeans und Markenpolo, beides in Schwarz, jener Farbe, durch die schlaue Menschen aus Geschmacksunsicherheit Coolness machten. Der Hosenbund auf Höhe von Polanskis Bauchnabel, das war dann nicht ganz so cool.

Rechts vom Eingang standen fünf Autos: zwei Maserati aus den Sechzigerjahren, zwei Ferrari, einer davon ein Testarossa in Weiß wie der von Crockett in Miami Vice. Daneben ein silberner Aston Martin, wie frisch einem alten James-Bond-Film entsprungen.

Polanski hatte sich die Sonnenbrille ins Haar geschoben und zeigte eine Breitseite frisch geweißter Zähne. Mit jedem Schritt, den er sich näherte, verschwanden ein paar davon. Der Verkaufsprofi hatte erkannt: Dieser Kunde war nicht der erhoffte Umsatzbringer, sondern höchstens Probefahrttourist.

»Guten Tag, wie kann ich Ihnen helfen?«

»Ich interessiere mich für einen klassischen Porsche.«

»Aha. Welches Modell?« Inzwischen waren Polanskis Lippen noch zwei Striche.

»Einen alten 911er, so einen mit Chromstoßstangen.«

»Ein F-Modell also. Die fangen bei hundertzwanzigtausend Euro an. Ich sag's Ihnen gleich: Im Internet finden Sie billigere, aber wir handeln nur mit Autos in Topzustand.«

»Das habe ich gehört, und darum bin ich zu Ihnen gekommen. Ich möchte nicht selbst reparieren. Ordentlich Dampf sollte er auch haben. Zweihundertzwanzig müssten schon gehen.«

»Dann brauchen Sie einen 911S, und da sind wir bei einer Viertelmillion.« Polanski sagte das abschließend.

»Vor einiger Zeit hatten Sie mal so einen mit diesem komischen Spoiler, der wie ein Entenbürzel aussieht. In Rot, hat mir ein Freund erzählt.«

Der Händler schob seine Sonnenbrille auf die Nasenspitze und schaute über die Gläser hinweg. Seine Augen zeigten keinerlei Regung. Die fast transparenten Wimpern verliehen ihnen etwas Schweinchenhaftes.

»Ein Carrera RS? Hatte ich schon ewig nicht mehr im Portfolio.«

»Portfolio« – für solche Ausdrücke würden ihn seine Bankerkunden lieben.

»So vor drei Monaten soll hier im Showroom einer gestanden haben.«

Polanskis Augen waren Schießscharten.

»Da haben Sie mich bestimmt verwechselt. Es gibt Kollegen, die verkaufen *Recreations*. Die trimmen einen normalen Elfer auf Carrera RS. Wollen Sie sich nun den 911S ansehen oder nicht?«

Nichts schien den Autohändler aus der Ruhe zu bringen.

»Ich glaube, ich überlege noch einmal wegen dem Porsche.«

Polanski nickte. »Das ist ja eine Überraschung«, sagte sein süffisantes Lächeln, während er auf die Tür wies.

»Diese alten Autos scheinen ja nicht sehr sicher zu sein. Haben Sie das gehört von Sebastian Wirt, diesem Unternehmer? Der hatte mit seinem 911er einen Unfall in Frankreich – tot. Verbrannt, glaube ich.«

Polanskis Hand wanderte an die Stirn, wo die Brille aber nicht mehr war. Er fand sie auf der Nasenspitze und schob sie zurück. Seine Augen waren nicht mehr auszumachen. Er fuhr sich durchs Haar und rieb sich anschließend das glatt rasierte Kinn. »Ich weiß nicht, wovon Sie sprechen. Bogdan!«

Aus dem hinteren Teil des Verkaufsraums tauchte ein schwarzhaariger Mann auf, breite Schultern, eleganter grauer Anzug, der unmissverständlich mit der einen Hand wedelte und mit der anderen die Tür nach draußen öffnete.

*

»Bogdan!« Mit der Geste eines Anhalters deutete Polanski in Richtung des ungebetenen Gastes, der gerade aus dem Sichtfeld verschwunden war. Bogdan nickte, fasste prüfend unter seine linke Achsel und verließ ebenfalls den Showroom. Polanski eilte zurück in sein Büro. Auf die Schreibtischunterlage hatte er untereinander die Nummern geschrieben. Jede Woche schickten sie eine SMS mit der neuen Nummer eines Wegwerfhandys. Nur im Notfall zu verwenden! War das einer? Er entschied sich dafür und wählte die Nummer. Sofort sprang die Mailbox an.

»Es ist Freitag, der 16. April, sechzehn Uhr fünfundzwanzig. Ich sollte Sie benachrichtigen, wenn sich etwas Verdächtiges tut. Vor zehn Minuten war ein Mann hier. Um die fünfzig Jahre alt, schlank, grau meliertes dunkles Haar, etwa eins fünfundachtzig groß. Definitiv kein Polizist, er trug einen dunklen Anzug. Hat sich als Interessent für einen 911S ausgegeben. Vielleicht ein Privatdetektiv? Jedenfalls hat er merkwürdige Fragen zum Carrera RS gestellt und sogar Wirt erwähnt. Wie lauten Ihre Instruktionen?«

Sie würden per SMS antworten, danach wechselte sofort die Nummer. Ohne Verbindungsaufnahme wurde die SIM-Karte nur monatlich getauscht.

Es klopfte. Bogdan stand im Türrahmen und zuckte mit den Schultern. »Ist auf dem Fahrrad weg. Keine Chance jetzt im Stau.«

»Welche Richtung?«

»Die Hanauer stadtauswärts. Glaube, dass er in die Howaldstraße eingebogen ist.«

Er sah an Bogdan vorbei nach draußen. Es hatte angefangen zu regnen. Das sah nach einem gemütlichen Freitagabend auf dem Sofa aus.

- 16 -

»Fritz, bitte wach auf. Es ist acht Uhr am Samstag, den 17. April, heute Vormittag ist das Wetter gut. Erst am Nachmittag ist mit leichten Schauern zu rechnen.« Als wenn Elsas Weckruf nötig gewesen wäre. Seit sieben war er wach, obwohl er bis zwei alle verfügbaren Informationen über den Ferrari Dino recherchiert hatte. Vielleicht war es auch der Versuch, das Haar in der Suppe zu finden, um den Wagen nicht kaufen zu müssen. Fünfundneunzigtausend Euro, das war die perfekte Summe, um ein Häuschen anzuzahlen, allerdings nur dann, wenn man abends wusste, wo ein warmes Essen nichts kostete außer ein dankbares Lächeln. Die Digitaluhr hatte vier gezeigt, als er darauf gekommen war, wer ihm Geld leihen würde.

Nach zwei auf dem Toaster reanimierten Brötchen und einem Pott Filterkaffee holte er das Rad aus dem Keller und radelte in Richtung Osten.

Er bog nach rechts ab ins Industriegebiet, wo Straßennamen noch nach schwarzen Fingernägeln klangen: Benz, Daimler, Diesel.

Dann bog er ein in die Schmickstraße. Am Straßenrand parkten Lkw in allen Farben, mit Kennzeichen und Containeraufliegern, die Fernweh weckten: Grün leuchtete Evergreen aus Taiwan, rot auf grauem Grund die Buchstaben der chinesischen OOCL, dazwischen seltener Maersk-Blau oder Hapag-Lloyd-Orange. Auf Straßenlaternen und Verkehrsschildern lag dick der Staub. Er erreichte ein geschottertes Grundstück, auf der eine einzelne Wellblechhalle stand. Wie dieser Herr Müller gesagt hatte. Die Bleche glänzten im strahlenden Sonnenschein, die Halle war offenbar gerade erst errichtet worden. Er klopfte vorsichtig an das Blechtor, es donnerte, als würde gleich der ganze Laden zusammenbrechen.

Ein Torflügel öffnete sich, heraus trat ein etwa sechzig Jahre alter Mann mit schütterem Haar. »Sind Sie der Herr wegen dem Auto?«

Hessischer Dialekt, eindeutig der Gesprächspartner vom Telefon. Müllers Nasenflügel glichen einem weitverzweigten Delta aus geplatzten Äderchen. Aus einer Tasche der ausgebeulten Cordhose lugte, teilweise verdeckt von einer Vliesjacke, ein Fahrzeugbrief hervor.

»Ja, wir hatten gestern Mittag telefoniert. Kann ich den Wagen anschauen?«

»Können Sie sich so ein Auto überhaupt leisten?«, fragte er, misstrauisch wie der Vater einer Vierzehnjährigen, die ihren ersten Freund nach Hause mitbringt. Fritz folgte seinem Blick in Richtung Fahrrad.

Fritz zog ein Bündel Scheine hervor, die Cashreserve, wohlverwahrt für ebendiesen Fall der Fälle in einer Schachtel Kräuterlinge im Zweisternekühlfach.

»Für fünf Prozent Anzahlung sollte es reichen, der Rest bei Abholung.«

Der andere grunzte und winkte ihn herein.

Nur wenig Licht fiel durch den Spalt des fensterlosen Raumes. Mehr brauchte es nicht. Mit einer Hand strich er über den Kotflügel. Fuhr mit dem Zeigefinger die gekrümmte Linie nach. Endete an der Kante, die den Übergang zum Scheinwerfer markierte. Er lächelte. Zweihundertsechsundvierzig-geetee, flüsterte er. Er umrundete das Auto, war erstaunt über die Farbe, ein Ton zwischen Gelb und Grün, völlig untypisch für einen Ferrari. Inzwischen hatte der Verkäufer das Licht eingeschaltet, eine batteriebetriebene Funzel. Der Lack war an vielen Stellen stumpf, der Chrom der Stoßstangenecken matt und pickelig, eine hatte eine Beule. Alles Argumente für einen niedrigeren Preis. Auch die Innenausstattung war längst nicht perfekt. Der Lederbezug des Fahrersitzes wies einen Riss auf, unschön, aber von jedem

Sattler leicht zu reparieren. 246 GT. Zum Spottpreis! Fehlte vielleicht der Motor? Fehlten die Papiere? War das Ding ein Fake aus Glasfaser über einem Käfermotor?

»Können wir ihn kurz laufen lassen?« Mehr ein Flehen als eine Frage.

»Habe extra die Batterie aufgeladen.«

Der Weißhaarige reichte ihm über das Autodach hinweg die Schlüssel. Fritz fädelte sich hinters Lenkrad, blieb für einen Moment regungslos sitzen und blickte auf die Ansammlung von Instrumenten vor sich. Andächtig schob er den Schlüssel, in Größe und Wertigkeit eher passend für ein Fahrrad, ins Zündschloss. Die Lämpchen für Leerlauf und Zündung glimmten auf, das Blinkrelais klickte regelmäßig wie ein Metronom.

Nix springendes Pferd, der Anlasser meckerte wie eine Ziege. Dann erwachte Dino Ferraris Wunderwerk hinter seinem Rücken zum Leben. Zunächst jaulend, untermalt von Zahnradmahlen in den Tiefen der Motorhöhle, dann immer mehr in ein Röhren übergehend, sobald er leicht aufs Gas ging. Müller hatten den Fahrzeugbrief auf den Beifahrersitz gelegt. Er schien echt zu sein.

»Ich möchte den Wagen nehmen.«

Kein Verhandeln, völlig gegen seine Natur. Der andere nickte.

»Die fünf Prozent Anzahlung sofort, Rest bei Übergabe.«

Er bückte sich, zog zwei zerknitterte Blätter aus irgendeiner Tasche.

»Der Kaufvertrag. Gekauft wie besehen. Privatverkauf et cetera pp. Ich verkaufe den Wagen ausdrücklich als Restaurationsobjekt.« Der Mann hielt ihm einen ölverschmierten Plastikkugelschreiber hin. Fritz legte den Wisch auf dem Dach des Dino ab und unterschrieb. Der andere tat es ihm gleich. Fritz griff nach den Scheinen, fast glitten sie ihm aus der Hand, und zählte ab. Ein paar grüne Krümel rieselten aufs ockerfarbene Blech hinunter. Senf-Dill-Sauce, fehlte bloß noch der Räucherlachs. Sorgfältig faltete er den Kaufvertrag zusammen und steckte ihn in den Leinenblouson. Er schüttelte Herrn Müller die Hand und trat nach draußen. Tack, tack, tack, die ersten schweren Tropfen schlugen aufs Blech. Elsa und ihre Wettervorhersagen. Aber hatte es beim D-Day nicht auch geregnet?

- 17 -

»Sanft anrecherchieren.« Marie schüttelte den Kopf und nahm noch einen schnellen Schluck Kaffee. So beschrieb der Altmeister seine Strategie bei der Polanski-Story. Alt ja, aber Meister? Unfassbar old school war das und vor allem gefährlicher Blödsinn! Kein Wunder, dass der auf der Abschussliste stand. Sie kannte genug clevere Onliner, die schnell und trotzdem akkurat recherchierten. So eine Geschichte konnte weg sein, bevor Fritz seinen Espresso ausgetrunken hatte. Hielt der sich eigentlich für die Reinkarnation von Bob Woodward, dem Watergate-Enthüller? Frontalangriff war angesagt! Also hatte sie in einem Autoportal nach Angeboten von Polanski gesucht. Zufällig war ein Z8 dabei gewesen, den kannte sie, vor allem wegen James Bond. Pierce Brosnan, der verkörperte Bond ungefähr genauso glaubhaft wie Bond Girls den Feminismus. *Die Welt ist nicht genug*, das Beste daran war der BMW Z8, einfach lecker, ein Roadster, genau, wie er sein musste, selbst wenn einem Autos eigentlich schnuppe waren.

Auf arrogant machen, das konnte sie. Also warum nicht Mary-Anne Leitner aus London mimen, wohlgeratener Spross einer länderübergreifenden Vereinigung zweier Investmentbanker. Ihre Privat-E-Mail-Adresse lautete auf mleitner, also warum nicht. Gestern um halb sechs hatte sie sich kopfschüttelnd umgeschaut, während sie den Kontaktbutton klickte. Freitag am späten Nachmittag, da glich die Zentralredaktion eher dem Hauptfriedhof. Motto: So wichtig kann kein Börsencrash sein, dass unser traditionelles Familiengrillen ausfällt. Immerhin, montags um acht fing die Welt wieder an, sich zu drehen. Ganz anders der Luxus-Autohandel. Kaum fünfzehn Minuten waren vergangen, und das Exposé des Wagens hing in ihrer privaten Inbox.

Außen schwarz, innen braunes Leder, das Auto auf den Fotos erinnerte sie an ein Jagdgewehr. Ihr Wunsch nach einem kurzfristigen Termin wurde in bestem Verkäufer-Geschwurbel bestätigt: »Verehrte Frau Leitner, wir freuen uns, Ihnen am morgigen Samstag um elf Uhr dreißig eine deutsche Sportwagen-Ikone allumfassend präsentieren zu dürfen.«

Aus reiner Routine warf sie noch einen Blick in die E-Mails. Shit.

»Verehrte Frau Leitner, bitte seien Sie so freundlich, uns Ihre Ankunftszeit und die Flugnummer durchzugeben. Ein Kollege erwartet Sie direkt vor der Ankunftshalle.«

Den Shuttle vom Flughafen abzulehnen wäre verdächtig für eine Frau aus der Welt der Chauffeurlimousinen und Doormen. Sie recherchierte eine Flugverbindung, prüfte, ob sie eigentlich nicht schon in der Luft war – LH925, das passte –, und drückte auf Senden. Sie sprang auf, rannte ins Schlafzimmer und riss den Kleiderschrank auf: schwarzer Blazer, Jeans, Stiefeletten, schnell ins Bad, wo die Badematte exakt den gesamten Boden bedeckte. Sie legte dezentes Make-up à la Business-Tussi auf. Seit ihrem Studienpraktikum bei Morgan Stanley wusste sie, wie dick so eine den Lidstrich maximal zog. Eine halbe Stunde nach Eingang der Mail saß sie in der S-Bahn, mitsamt Trolley, gefüllt mit schmutziger Wäsche und einem Stabmixer, etwas Besseres hatte sie auf die Schnelle nicht gefunden, Hauptsache das Gewicht des Koffers stimmte. Zwanzig Minuten nach Landung des Flugs aus London stolzierte sie aus der Ankunftshalle. Blieb kurz stehen. Fuhr sich durchs Haar. Frankfurt, elf Uhr dreißig Ortszeit – die Frisur sitzt. Ein schmal gebauter Mann kam schnurstracks auf sie zu. Mediterraner Typ, Dreitagebart, sauber konturiert, fast schon übertrieben gepflegt, so, als grenze er sich bewusst von einem früheren sozialen Status ab. Er begrüßte sie in schnurrendem Englisch, nahm ihr den Trolley ab und verstaute ihn in den unendlichen Weiten des Kofferraums eines Rolls Royce. Alle, vom

Taxifahrer mit Bildzeitung bis zum Flugkapitän mit Rollköfferchen, starrten der Frau hinterher, die mit einer fließenden Bewegung in den Fond der Limousine glitt. Mr. Karimi, wie er sich mit devotem Kopfnicken vorstellte, drückte sanft die Tür zu und nahm nach Umrundung des Luxusliners im Cockpit Platz. Mit Aufmerksamkeit konnte sie bestens umgehen, aber jetzt und hier auf der Rückbank von den Ausmaßen eines Dreiersofas fühlte sie sich wie Oma Hilde, die beim Rätselspaß von *TV klar* die Luxuskreuzfahrt abgesahnt hatte. Entlang des Mains rauschte der Rolls weiter in Richtung Osten, bald füllten die Hochhäuser den Rückspiegel aus. Ob dieser Karimi nur ausgiebig den Verkehr oder die scharfe Braut auf dem Rücksitz beobachtete, schwer zu sagen. Rechts und links der Straße Bauten aus der Jahrhundertwende, überzogen mit Ruß aus den Abgasen unzähliger Autos und Lkw, die allmorgendlich in die Stadt rollten und sie am Abend in Richtung von Schlafstädten mit Namen wie Maintal-Dörnigheim oder Gründau Lieblos wieder verließen. Ain't got no kicks on A66.

Sie bogen nach links ab, Orber Straße. Roy Orbison, so versuchte sie sich den Namen zu merken. In ihrem letzten Chat würde sie die Welt wissen lassen, wo sie vergewaltigt, ermordet und zerstückelt wurde. Die Gegend sah aus, wie sie sich Nachkriegs-Frankfurt vorstellte: Wohnhäuser, an denen der Putz großflächig abplatzte, mit grauen Gardinen hinter Einscheibenglas. Einfahrten zu Werkstattgebäuden, viel morsches Holz, überdacht mit rostigem Wellblech. Das Einzige, was sie an ihr Weiterleben glauben ließ, waren Schilder, die von Zeit zu Zeit am Straßenrand auftauchten: »Polanskis Car-thedral«. Mäßiges Wortspiel, vor allem mit Bindestrich, konstatierte die Journalistin in ihr, die es in den nächsten zwei Stunden zu vergessen galt.

Sie blickte auf. Kies knirschte unter den Reifen des schweren Wagens. Sie waren von der Trümmerstraße auf eine Zufahrt abgebogen, die selbst an einem trüben Tag zu leuchten schien.

Walt Disney, du hättest es geliebt! Zu beiden Seiten beleuchteten Kopien altmodischer Straßenlaternen, Pont Neuf oder Pall Mall, sinnlos einen konturlosen Apriltag. In den Fassungen steckten Energiesparleuchten, und, als Steigerung von Stilfreiheit säumten Palmen den Weg. Marie bekam eine Gänsehaut, als die harten Wedel an den Flanken des Rolls schabten. Der Wagen hielt vor einem gepflasterten Platz, über den eine dunkelgrüne Markise gespannt war. Der Schönling eilte ums Auto, öffnete die Tür und bot ihr seine Hand. Sie übersah die Geste, stieg aus und wandte sich dem Mann zu, der am Eingang des Gebäudes wartete. Grauer Haarkranz, passend zum Anzug, sonnengebräunte Haut, schwarzes Polohemd, insgesamt keine unangenehme Erscheinung. So eine Art König Juan Carlos in klein, ein Vierteljahrhundert jünger, aber mindestens so staatstragend. Klaus Polanski oder: die Kunst, an sich selbst hochzuschauen. Einen Augenblick lang war sie versucht, einen Knicks zu machen. Seine Stimme klang erstaunlich hoch, als er sie mit »Klaus Polanski, welcome to my Car-thedral« und einem angedeuteten Diener begrüßte. Ja, ich hab's kapiert, diese Namenskreation stammt von dir! Zugegeben, das riesige Gebäude mit seiner originalgetreu restaurierten Fassade aus rotem und gelbem Backstein machte Laternen, Palmen und Kies vergessen.

»Sie können ruhig Deutsch sprechen. Ich bin Mary-Anne.«

»Verzeihen Sie mir den Irrtum, Klaus, Klaus Polanski.«

Mit der Geste des Schlossherrn lud er sie ein, näher zu treten. Die Fingerspitzen zwischen ihren Schulterblättern schob er sie sanft durch den Torbogen. Dahinter wand sich eine Freitreppe spiralförmig nach oben. Polanski deutete nach unten, »Olivenholz«, sagte er. Sie schob die Unterlippe vor, machte hinreichend große Augen, er lächelte zufrieden. Sie erreichten eine Art Plattform, groß wie ein halber Tennisplatz und umgeben von einer gläsernen Brüstung. Man musste keine Autonärrin sein, um sich vorstellen zu können, wie der Ausblick auf große Jungs wirkte: ein Louis-Vuitton-Flagship-Store, nur für Autos, kombiniert mit der technischen Anmutung von Qs Forschungslabor. Polanski breitete die Arme aus wie ein Großgrundbesitzer: Mein Kind, das alles wird einmal dir gehören! Fürs Erste würde ihr der knackige Schwarze mit den braunen Lederapplikationen reichen, der am anderen Ende der Halle kauerte. Zwei Mechaniker in silbergrauen Overalls legten letzte Hand an den BMW. Ein leises Zischen drang hoch zur Aussichtsplattform, als einer den Reifendruck prüfte. Dann schoben sie den Wagen aus seiner Box auf einen zentralen Fahrweg aus rotem Backstein. Wie Verkäuferinnen bei Tiffanys trugen die beiden weiße Baumwollhandschuhe. »Mögen Sie einen Champagner?«, fragte Polanski.

»Warum nicht? Rücken Sie ein bisschen näher, ich möchte ein Foto von uns und Ihrem Palast machen. Meine Freundinnen werden es lieben.«

Sie zückte ihr Handy. Fritz würde Augen machen!

»Mary – so ein Doppelname klingt immer so förmlich –, was genau machen Sie beruflich?«

»M&A. Wir beraten Unternehmen, die sich bei anderen Firmen einkaufen wollen. Oder aber Unternehmer, die aussteigen möchten.«

»Spannend, da haben Sie sicherlich tiefen Einblick in die Interna. Ich bin ja nur kleiner Mittelständler …«

»Untertreiben Sie da nicht ein bisschen? Was hier parkt, ist locker dreißig Millionen wert.«

»Kann sein, aber die Autos gehören sowieso der Bank. Man verdient ja kaum noch Geld in diesem Geschäft, seit es Online-Börsen gibt.«

»Gehört dieser nette kleine Showroom auch Ihnen?«

Sie imitierte seine ausladende Geste von vorhin.

Er machte einen Kussmund und legte den Kopf schief. »Manchmal muss man Glück haben im Leben. Wollte keiner anfassen die Halle wegen möglicher Altlasten.«

»Aber Sie sind Unternehmer, Sie haben es gewagt«, rief sie ekstatisch und strahlte ihn an. Sie kam sich mies vor, als sie die Freude in seinen Augen sah.

»Sie übertreiben, aber manchmal muss man tatsächlich sein Herz in beide Hände nehmen, wenn Sie wissen, was ich meine …«

Sie nickte eifrig.

»Wollen wir?«

Sie erhoben sich gleichzeitig.

»Dürfte ich kurz noch? Wenn man Cabrio fährt, steckt man besser die Haare hoch.«

»Natürlich. Sehen Sie den Gang, es ist die letzte Rauchglastür. Das ist unser Damen-WC. Wir kümmern uns schon mal um den Z8.«

»Damen-WC.« Er sprach das Wort aus, als sei eine Frauentoilette im Autohaus ungefähr so spektakulär wie ein weißer Tiger im Streichelzoo.

Sie drehte sich um. Die Sitzecke war leer. Die erste Tür war verschlossen, sie klopfte an der zweiten und drückte die Klinke. Das Büro war klein, durch den großen schwarzen Schreibtisch und die dunklen Schränke wirkte es fast wie eine Höhle. Ruhig atmen, Marie! Auf dem Schreibtisch lagen kreuz und quer verteilt Papiere. Die Summen, die darauf standen, waren schwindelerregend. Eines der Blätter stach ihr ins Auge.

Die Schrift erinnerte an kleine Würmchen, dazwischen immer wieder lateinische Buchstaben, weil es in der Sprache dieses fremden Landes offenbar kein Äquivalent zu Ferrari und Porsche gab. Sie zog ihr Handy hervor. Der Bildschirm blieb schwarz. Sie fluchte leise. Der Fingerabdrucksensor funktionierte nur, wenn er wollte. Schon lange hatte sie ihn deaktivieren wollen. Sie leckte sich leicht über die Fingerspitze. Das Display leuchtete auf. Sie drückte aufs Kamerasymbol. Die Rechnungsadresse war verdeckt von einem Lieferschein für Kopierpapier. Sie schob ihn beiseite. Ein Schlüssel drehte sich im Schloss, gedämpft, vielleicht das erste Büro, vielleicht auch direkt neben ihr. Sie steckte das Handy wieder ein und horchte an der Tür. Auf dem Gang schien alles ruhig. Sie schob sich durch den Türspalt nach draußen und zog die Tür vorsichtig zu. Im selben Moment trat Polanski aus der ersten Tür heraus. Er zog die Augenbrauen zusammen.

»Haben Sie sich verlaufen, Frau Leitner?«

»Das Trauma meiner Kindheit. Auf oder zu, Mutter hat mir das eingetrichtert. Ein Dazwischen war für sie ein Zeichen von Entscheidungsschwäche. Darum muss ich Türen, die angelehnt sind, immer zuziehen.«

»Aha.« Polanski blickte ihr direkt in die Augen.

»Können wir loslegen? Ich bin sehr gespannt auf den knackigen Schwarzen.«

»Gehen Sie ruhig schon vor, ich muss kurz telefonieren.«

Sie schob sich an ihm vorbei. Es tat gut, die dunkle Enge des Flurs zu verlassen und auf der breiten Holztreppe nach unten zu schreiten.

Als sie durch den Rundbogen aus Backstein nach draußen trat, stand das Auto bereits auf einer kreisrunden, hochglanzpolierten Stahlplatte.

Typisch Autonarren, vor allem typisch Männer, dachte sie, und dazu noch eine schwerwiegende Missachtung der Verkaufspsychologie. Jeder Frau, zumindest in einem Kleid oder Kostüm, würde es unangenehm sein, zum Einsteigen in ein Auto eine verspiegelte Fläche zu betreten. Außer man war Journalistin. Besonders die Wirtschafts- und Politikredaktionen strotzten noch immer vor Machos, einschließlich des ihr näher bekannten Exemplars. Drei Schritte über eine Spiegelplatte waren für sie ungefähr so beschämend wie ein auf dem Schlüsselbein sichtbarer BH-Träger.

Im Fahrersitz fühlte sie sich geborgen wie ein Hamster in einem Baseballhandschuh. Polanski trat neben die Fahrertür. Von der aggressiven Stimmung von eben war nichts mehr zu spüren. Wie besagten Hamster am Nackenfell hielt er ihr mit zwei Fingern den Schlüssel hin. Ihre offene Hand forderte ihn auf, den aluminiumverzierten Brocken fallen zu lassen. Der Achtzylinder sprang auf Anhieb an und grollte dezent. Sie lächelte Polanski an und klopfte aufmunternd auf den Beifahrersitz. Er verdrehte die Augen wie eine Vierzehnjährige, die beim Abschlussball aufgefordert wird, und tänzelte um die Motorhaube. Sie trat kurz aufs Gas, er hüpfte erschreckt zur Seite, wedelte tadelnd mit dem Zeigefinger und öffnete die Beifahrertür. Es war mild, Regen schien nicht in Sicht, das Verdeck konnte unten bleiben.

Im Rückspiegel lief gerade ein Kameradschaftstreffen des Thomanerchors: Die grauen Männer standen, das war sicher nicht Teil der Inszenierung, der Größe nach aufgereiht. Die Musik kam von vorn unter der Haube. Unter den Reifen murmelte der Kies aufmunternd, als sie den Wagen in Richtung Straße lenkte. Der Knabenchor hinter ihr hatte sich aufgelöst. Ein seitlich gelegenes Tor wurde geöffnet. Herausgeschoben wurde etwas, das Ähnlichkeit mit einem Auto hatte. Die Front zusammengefaltet wie eine Ziehharmonika. Die grauen Männer rollten einen Transportanhänger vor den Wagen und begannen, den verunfallten Wagen mithilfe einer Winde hinaufzuziehen. Polanski bemerkte ihren konzentrierten Blick und wandte den Kopf nach hinten.

»Schöner Sound«, etwas Besseres fiel ihr nicht ein, aber Polanski schien beruhigt. Bevor sie in den »Baumarkt-Boulevard« einbogen, sah sie noch, dass der Anhänger auf der Orber Straße in die Gegenrichtung fuhr und sich rasch entfernte. Jetzt legte Polanski los.

»Der Wagen hat einem bekannten Schauspieler gehört, der kaum Zeit hatte, ihn zu fahren.«

»Welcher Schauspieler?«

Vorsicht, Marie! Du bist Investmentbankerin, keine Journalistin.

»Der Name fällt mir nicht mehr ein, ich sehe nicht sehr viel fern.«

Sie trat aufs Gaspedal, der BMW machte einen Satz nach vorn. Polanski rieb Daumen und Zeigefinger aneinander.

»Ein Hunderter, wenn Sie erwischt werden.« Er zeigte auf ein großes A samt dynamisch gestaltetem Zustimmungshaken in optimistischem Grün, das alle paar hundert Meter auf die Straße gepinselt worden war. Die Spur für Autonome. Sie wechselte zurück auf die Fahrbahn für »Eigenfahrer«, die ebenfalls gekennzeichnet war: rote Lenkräder über der gesamten Fahrbahnbreite. Pfui, Ewiggestriger. Nach rechts hin zwängte der zwei Meter breite, rot gestrichene Fahrradweg die Straße ein.

»Fährt sich großartig, nicht wahr? Ich habe noch keinen erlebt, dem ein Z8 nicht wenigstens ein Lächeln ins Gesicht gezaubert hätte.«

Marie nickte. »Was halten Sie eigentlich von einem klassischen Porsche?«

»Komisch, im Moment fragt jeder danach. Wunderbare Autos, wenn Sie einen guten Mechaniker an der Hand haben.«

»Und, haben Sie?«

»Was? Alte Porsche? Natürlich, extrem liquide Ware. Die Leute meinen, mit einem Porsche könnten sie nichts falsch machen. Wenn die wüssten, was so alles zusammengedengelt wird.«

»Interessant, aber haben Sie eine eigene Werkstatt?«

Polanski schwieg für einen Moment. »Nein, das ist zu aufwendig bei den vielen Marken, die wir im Angebot haben.«

Sie blickte auf die Uhr. »In zwei Stunden geht mein Flieger. Dann schaffe ich es bis sechzehn Uhr. Videokonferenz mit den großen Bossen in New York.«

»Wir fahren Sie gern zum Flughafen, heute allerdings scheint keine Maschine mehr zum London City-Airport zu gehen. Zumindest nicht laut Buchungsportal.«

Sie blieb ruhig. »Ja, leider, am Wochenende gehen fast nur die Billigflieger nach Stansted. Darum habe ich mehr Zeit eingeplant. Wie viel wollen Sie eigentlich für den Wagen haben?«

»Er kostet dreihundertzwanzig, aber finden Sie es in London nicht ziemlich anstrengend, mit einem Linkslenker unterwegs zu sein?« Juan Carlos klang inzwischen mehr wie die spanische Inquisition.

»Vielleicht haben Sie recht, ich werde mir Ihr Angebot durch den Kopf gehen lassen und melde mich umgehend.«

Die Palmen kamen in Sicht, das Motorengeräusch übertönte ihren Seufzer. Feine Tropfen benetzten die Windschutzscheibe. Polanski beeilte sich, das Verdeck des BMW zu schließen, schweigsam und nachdenklich.

Sie bedankte sich artig und bat ihn, ihr ein Taxi zu rufen. Von Flughafentransfer war nicht mehr die Rede.

»Die Dame braucht ein Taxi«, rief er im Befehlston einem der grauen Männer zu, die sie anstarrten. War sie übersensibel, oder lag Sarkasmus in seiner Stimme? Sie lächelte wie nach einem Bewerbungsgespräch und atmete tief durch, als das Taxi über den Kies herangerollt kam. Sie fasste sich durchs Haar und fluchte innerlich. Cabrio fahren, Haare hochstecken. Sie hoffte, dass Glatzköpfe auf so etwas nicht achteten.

- 18 -

Fritz rutschte auf dem roten Schalensitz herum, bis er die perfekte Sitzposition gefunden hatte. Alles musste passen. Nennt es D-Day, Momentum oder die Gunst der Stunde, heute würde sie fallen, die Acht-Minuten-Marke! Nürburgring, Nordschleife. Königin aller Rennstrecken. Seinem Ziel hatte er alles untergeordnet: dünne Sneakers statt ausgelatschter Birkenstocks, Mineralwasser statt Campari-O zum Aperitif, körperbetontes Sweatshirt statt Strickjacke. Lediglich das Adrenalin konnte ihm einen Strich durch die Rechnung machen. Seit er heute Vormittag den Kaufvertrag unterschrieben hatte, fühlte er sich wie nach seiner ersten Titelstory.

Er lud den Wagen hoch. Ein Baby-Benz aus den Achtzigern in Renntrimm. Einfaches Handling, und doch mordsmäßig schnell. Das kleine Lederlenkrad lag sicher in der Hand. Surrend lud die Playstation das Rennsportspiel. Zu Beginn lief es gut. Kurz vorm »Schwedenkreuz« hatte er bereits vier Autos überholt. Wehrseifen, Karussell, Brünnchen – laut eingeblendeter Stoppuhr lag er auf allen Streckenabschnitten genau im Plan, als er den letzten erreichte, die Döttinger Höhe. Fast kam er von der Fahrbahn ab, als eine Mischung aus Kreischen und Bollern aus dem Lautsprecher drang. Formatfüllend tauchte im virtuellen Rückspiegel ein schwarzes Haifischmaul auf. Er führte, den Zweitplatzierten hatte er schon eine ganze Weile hinter sich gelassen. Das Zähne fletschende Blechmonster, war das die Folge eines Spielupdates? Es setzte zum Überholen an. Auf den ersten Blick erkannte er den Wagen: Dodge Charger, Bösewicht der berühmtesten Verfolgungsjagd der Filmgeschichte: Steve McQueen als Lieutenant Bullitt im grünen Fastback-Mustang, gejagt vom Schwarzen Mann in Gestalt eines Charger. Merkwürdiger Programmierfehler. Der Dodge war bereits direkt neben ihm. Sanft, aber unerbittlich zog der Wagen nach rechts. Fritz lenkte dagegen, ohne Wirkung. Er versuchte zu bremsen, keine Reaktion, zweihundertzwanzig zeigte der virtuelle Tacho. Mit Höchstgeschwindigkeit raste er auf das mattsilberne Band der Leitplanken zu, schlug mit dem üblichen, unrealistisch dezenten Scheppersound dort ein. Die Absperrung wirkte wie eine Startrampe, der Mercedes hob bereits mit Schräglage ab, vollendete im Flug die Schraube, setzte zur zweiten 360-Grad-Drehung an und fräste sich in den Eifelaner Tannenwald wie ein Mähdrescher durchs Weizenfeld. Die Kameraperspektive sprang um. In Nahaufnahme war die Fahrertür des auf dem Dach liegenden Fahrzeugs zu sehen. Die Tür öffnete sich, kopfüber hing dort eine Gestalt. Sie trug einen Rennanzug. Aus dem Motorraum des Mercedes stieg Rauch auf. Der Fahrer, ein grob animierter Doppelgänger des Friedrich Graber, versuchte sich aus den Gurten zu befreien. Ohne Erfolg. Die Kamera zoomte heran, Flammen leckten unter der Motorhaube hervor. Das Gesicht verzerrte sich vor Schmerz, durch den Lautsprecher waren Schreie zu hören. Das Auto brannte lichterloh, der sterbende Mann verschwand gänzlich im Rauch. Auf dem Bildschirm erschien ein Fenster, schwarzer Hintergrund, weiße Druckschrift, billig, wie in uralten Videoproduktionen: »Passen auf, Fritz!«, las er. Dann verdunkelte sich der Bildschirm. Fritz atmete tief durch.

»Lernt erst mal Deutsch«, murmelte er, während er in die Küche ging. Er setzte Teewasser auf, füllte den Tee ins Sieb, der Becher glitt ihm aus der Hand und zerschellte auf den Fliesen. Er sammelte die Scherben zusammen und setzte sich an den Computer. Der Einzige, der ihm jetzt helfen konnte, war offline. Der hätte so was geschrieben wie: »Räsoniere er doch zuvorderst über den Casus!« Also, der Fernseher war ins WLAN-Netz eingebunden, bei der Playstation war er sich nicht sicher. Beide schaltete er aus. Reichte das? Auf dem Laptop versuchte er, den Virenscanner zu starten. Der meldete irgendwas von veralteter Version und siebenundzwanzig Updates. Seufzend drückte er auf Start, ging in die Küche und zog sich eine Flasche Roten auf. Auch anno 44 in der Normandie war nicht alles ideal gelaufen.

- 19 -

Titus seufzte. Eingehender Anruf, zunächst verfärbte sich sein Bildschirm schwarz, dann erschien ein Foto, wieder irgend so eine Rostlaube – Ferrari? – statt eines Porträtbilds. Fritz, wer sonst. Vollkommen klar, was jetzt kommen würde.

»Irgendwie kann ich mich nicht mit dem WLAN verbinden. Der fragt mich dauernd nach einem Update. Verstehst du das, auf einmal war der Mauszeiger weg. Ich hab nichts gemacht.«

Sonntagmorgens um elf, noch vor dem Frühstück, das war zu viel. Er drückte auf Ignorieren.

Außerdem tat sich im Garten Spannendes: Mitten auf dem Rasen stand Nachbar Zimmermann mit einem Tablet-Computer in der Hand und einem zufriedenen Lächeln im Gesicht. Das konnte Titus durch die Schlitze der Aluminiumjalousie deutlich sehen. Vom Gartenfenster des Souterrains aus hatte er einen perfekten Überblick über das Gartengrundstück, allerdings stark abgedunkelt durch Tönungsfolie und aus der Perspektive des Gollum, seiner Lieblingsfigur bei Tolkien. Mit sämtlichem Bonusmaterial nahm die Herr-der-Ringe-Trilogie in 3D das gesamte M:-Laufwerk seines Servers ein. Der stand im Souterrain der Berliner Straße 44 in Bad Homburg. Mama hatte die Wohnung jahrelang nicht mehr vermietet. Ein schweres Gewitter, ein Rückstau im Abwasserkanal, ein nicht genehmigtes Kellerapartment, dazu ein Mieter mit einer leistungsfähigen Rechtsschutzversicherung, fertig war das finanzielle Drama. Und eine Steilvorlage für eine familieninterne Lösung. Titus hatte sie aufgenommen.

Er entschied sich für den Tower-PC mit Gehäuse in Knallrot. Das Fensterchen mit den Bluetooth-Einstellungen ging auf. Ganz oben auf der Liste der verfügbaren Geräte stand »Robocut«. Zimmermann hatte sich mit seinem Tablet vor dem Gerät aufgebaut, breitbeinig wie ein Elitesoldat. Vor ihm kauerte ein babyblauer Riesenkäfer auf Rädern. Seine beiden Diodenaugen glitzerten unternehmungslustig. Mechanisch sah das Ding vertrauenerweckend aus. Von der Firewall des Robotermähers konnte man das nicht behaupten. Sie war gegen Eindringlinge von außen ungefähr so wirkungsvoll wie ein Jägerzaun gegen eine Kaninchenplage. Vor allem dann, wenn der Besitzer es beim voreingestellten Passwort beließ, also 0000 oder 9999.

Der Messenger begann sich zu rühren: »Titus, kann man eine Playstation hacken?«

Fritz und Computer, zwei Welten, die sich nur dann berührten, wenn seine Hände Tastatur und Maus anfassten.

Er lud sich das Ferrari-Bild herunter, öffnete es in Photoshop, fügte seinen persönlichen Gruß hinzu, loggte sich bei Fritz ein, tippte etwas in die Registry ein und drückte auf Enter.

Das Gute an der Konfiguration des Apartments war, dass er nie zu heizen brauchte. Schlecht war, dass das Klimagerät von März bis Oktober auf vollen Touren lief. Sonst würde der Server binnen einer Stunde abrauchen. Die Folge war eine chronische Entzündung der Nasennebenhöhlen, mühsam zu bändigen mithilfe täglicher Salzwasserspülungen. Das Server-Rack reichte fast bis zur Decke. Ein Switch verteilte die ankommenden 100 MBit auf acht Rechner. Das, was man eben so brauchte, um für alle erdenklichen Szenarien gerüstet zu sein. Eigentlich waren es nur vier Maschinen, aus Sicherheitsgründen hatte er die Festplatten gespiegelt. Zwischen sieben und neun Uhr morgens, wenn er im Tiefschlaf lag, liefen die Backups in die Cloud. Einschlafen konnte Titus am besten, wenn er sich auf die unzähligen roten und grünen Dioden konzentrierte. Dazu die Geruchsnuancen ausdünstender Kabel, hier war die Kommandozentrale der digitalen Welt, und nur einer beherrschte sie. Mama hatte sich gegen den Einbau eines Dieselaggregats auf dem Flachdach gewehrt, dann aber Einsicht gezeigt. So würde auch im Falle eines Atomschlags ihr Fernseher weiterlaufen. Und seine Daten blieben der Nachwelt erhalten.

Neue Nachricht von Fritz: »Titus, bei mir fährt ein Ferrari durch den Bildschirm, mit einem Banner! Auf dem steht: Sicherheit ist relativ.«

»Was hältst du hiervon?«

Er erstellte ein neues Banner, gleichzeitig beobachtete er weiter seinen Nachbarn. Wolfgang, wie er sich vorgestellt hatte, war Fahrdienstleister bei der Deutschen Bahn. Ein paar Tage nach seinem Einzug war er mit zwei Bierflaschen im Souterrain aufgetaucht, um beim Sohn seiner Vermieterin gut Wetter zu machen. Kaum war er eingetreten, wirkte er etwas verwirrt.

»Und wo wohnen Sie, Titus?«

Sicher, das Hochbett war zur Hälfte vom Serverschrank verdeckt. Doch die acht Paar Nikes in allen Variationen von Dunkelgrau und die Kleiderstange mit karierten Hemden und Jeans sprachen eine eindeutige Sprache. Direkt nach dem Robocut folgte »MPF_2017«, das WLAN von Familie Hürth vis-à-vis. Das hatte er vergangenes Jahr gekapert. Danach war es ein Leichtes bis ins Auto der Familie gewesen. An einem frischen Sommermorgen im Juli stieg Herr Hürth in seinen Kombi und war nach zehn Sekunden wieder draußen. Die Standheizung lief volle Pulle, Sitz- und Lenkradheizung machten das Ganze noch etwas kuscheliger. Nach zehn Minuten war der Spuk zu Ende gegangen. Titus hatte die Verbindung gekappt.

Wieder meldete sich Fritz. »Sehr witzig Titus: Der Hacker bist du!«

»Hacken kann man das nicht einmal nennen. Wenn ich mich recht erinnere, lautet dein Passwort sophiefritz. Das sind elf Buchstaben. Und selbst wenn ich es nicht kennen würde, mit Brute Force knacke ich so was in weniger als einer Minute.«

»Brute Force?«

»Primitiver geht's nicht. Eine Software probiert mit Warp-5-Geschwindigkeit sämtliche Passwortkombinationen durch. Ich nehme an, die Playstation läuft im Online-Modus.«

»Die Updates kommen automatisch. Also online?«

»Grundregel Nummer eins, man kann alles hacken. Natürlich auch eine Playstation.«

Fritz beschrieb sein Erlebnis in der Rennsimulation.

»Fritz, die Playstation ist zum ersten Mal vor über zehn Jahren gehackt worden. Gib auf Google Geo Hot ein, dann weißt du Bescheid. Auf YouTube findest du haufenweise Tutorials, wie du deinen Rennwagen für die Simulation von zweihundert auf zwanzigtausend PS tunen kannst. Eine neue Szene ins Spiel zu rendern braucht viel Rechenkapazität, Raketenwissenschaft ist das aber nicht.«

Titus sah, wie Zimmermann weiter auf dem Bildschirm des Tablets herumdrückte. Die Menüführung war simpel, selbst er schien klarzukommen. Der Mäher setzte sich brummend in Bewegung und begann, ruhig wie ein Langstreckenschwimmer seine Bahnen zu ziehen. Laut Bedienungsanleitung reichte eine ungefähre Skizze der zu mähenden Fläche, für die Präzisionsarbeit waren ein Infrarotsensor und eine Kamera zuständig.

Titus' Bildschirm sah jetzt ein bisschen aus wie ein Billardtisch. Auf einer grünen Fläche bewegte sich ein roter Punkt langsam vorwärts, beschrieb eine enge Kurve, um sich dann auf den Rückweg zu machen. Klickte man am linken Rand auf das Ausschneidewerkzeug, ließen sich per Stylus oder Maus die Bereiche markieren, die der Mäher aussparte. Wolfgang Zimmermann hatte unter anderem ein kleines Feld eingekreist. Vergangenen Herbst hatte er eine Woche Urlaub damit zugebracht, die roten und weißen Tulpenzwiebeln anhand einer genauen Skizze einzupflanzen. Rot und weiß, mit einem Adler in der Mitte, das war der Plan des Eintracht-Fans und Dauerkartenbesitzers gewesen.

Titus' Hand vollführte eine sparsame und doch blitzschnelle Handbewegung, die Kugel auf dem Bildschirm vollführte eine 45-Grad-Kurve, während Zimmermann gerade an einem japanischen Fächerahorn herumschnippelte. Irgendetwas schien er zu spüren, wie das Wild die angelegte Doppelflinte. Er sah hoch, als der Mäher gerade die Flügelspitzen des Adlers erreichte. Zimmermann starrte auf sein Notebook, dann auf den Mäher, der begonnen hatte, die linke Brust des Vogels zu rupfen. Zimmermann rannte los, was ziemlich albern aussah, da er sich mit beiden Händen am Notebook festklammerte. Er erreichte den Robocut und hämmerte auf den Notaus-Knopf. Er starrte auf die rot-weiße Fläche, die nun von einer grünen Schneise durchzogen war.

Fritz schon wieder, diesmal rief er an.

»Gibt's noch was? Kühlschrank kaputt? Katze entlaufen?«

»Mir ist etwas eingefallen: Nehmen wir an, jemand könnte eine Straftat begangen haben. Wäre es dann nicht erlaubt, ihn zu hacken? Sagen wir zur Beweissicherung?«

»Ich bin nicht von der Kripo, aber eins ist klar, für so was landet man für zwei Jahre im Knast. Rein hypothetisch, hat derjenige eine Domain und eine E-Mail-Adresse? Kennst du seine Handynummer?

»www.worldofcars.de, polanski@worldofcars.de, Handynummer habe ich noch nicht.«

»Der schon wieder! Und was willst du wissen?«

»So viel wie möglich. E-Mails, PDFs, Chats wegen Autoverkäufen, was halt geht und verdächtig aussieht.«

»Rein theoretisch hätte ich da etwas im Angebot. Der Spector, ein sogenannter Key Logger. Zeichnet sämtliche Aktivitäten auf, und du kannst sie dir als Filmchen ansehen.«

»Meinst du …«

»Ich denke mal drüber nach, melde mich.«

Jemand bollerte gegen seine Tür.

»Muss Schluss machen, Besuch.«

»Ich weiß, dass du das warst, du geisteskranke Kellerassel.«

Zimmermann schien enerviert. Seelenruhig nahm Titus einen Schluck schwarzen Kaffee aus seiner Darth-Vader-Tasse und setzte seine Kopfhörer auf. Depeche Mode war in solchen Fällen immer die Lösung.

- 20 -

Fritz hasste es, wichtige Anrufe montags zu tätigen, doch dieser duldete keinen Aufschub, auch wenn das Ergebnis ihm die komplette Woche versauen könnte. Auf der Arbeit ging nicht, denn zum einen sollte Sören »the Flatrate« Stockmann kein Futter für einen Rausschmiss bekommen, zum Zweiten war Mutti morgens am ehesten ansprechbar. Ab Mittag ging es nur zwischen Tür und Angel. Wassergymnastik, Kaffeekränzchen oder Seniorenkino einschließlich Kaffee und Kuchen belegten eine rüstige Rentnerin regelmäßig mit Beschlag. Er tippte 0234 für Bochum, drückte gleich auf Abbrechen. *»Früttz, bist du dat? Ich versteh nix. Ruf doch nich immer vom Handy an!«* Details entschieden heute über Sieg und Niederlage. Er pustete den Staub vom Schnurlosgerät und wählte die Nummer, die er seit einem knappen halben Jahrhundert auswendig kannte. Zur Sicherheit setzte er sich an den Küchentisch. Wie einsteigen? Irgendetwas, das in Richtung Klopf-klopf-Schenkelchen ging, erhöhte die Erfolgschancen um ein Vielfaches. Alle anderen Erklärungsversuche, warum er kurzfristig fünfundsechzigtausend Euro haben müsse, wären ungefähr so erfolgversprechend wie ein Kreditgesuch bei seiner Hausbank. Die eigene Mutter belügen, das ging eigentlich nicht, doch kulleräugige Scheinwerfer machten aus einem Dino 246 noch lang kein Baby, selbst wenn er Flüssigkeiten verlor. Einfach die Wahrheit sagen?

»Fritz, du weißt doch, dat Haus«, würde sie antworten und anfangen, von ihrem Notgroschen und der Dachreparatur zu jammern. Mit dem konnte sie inzwischen einen ganzen Häuserblock neu eindecken lassen. Er schätzte sie auf eine Viertelmillion Cash, nebst Mehrfamilienhaus und Naturalien, ihre »Brillis« vor allem. Er sah sie auf einem Antikmarkt am Stand stehen, die

Mundwinkel zu einer Sichel herunterziehen und ein paar Brillant-Ohrclips in Augenschein nehmen. Dann wusste er, wem er seine Verhandlungserfolge bei Autos zu verdanken hatte.

Jetzt also Geselle gegen Meisterin! Er hatte nur einen Versuch, die Verhandlungsstrategie musste sitzen. Nach dem achten Klingeln ging sie ran, gar nicht mal schlecht angesichts zweier künstlicher Hüftgelenke. Er kam sofort auf den Punkt: »Hattest du nicht mal erwähnt, du wolltest investieren?«

»Das lohnt doch nicht bei den Minizinsen. Und dein Aktientipp letztens, na ja.«

Äußerst schwacher Anfang, dass die Deutsche und die Commerzbank selbst nach ihrer Fusion noch derart schlecht dastehen würden, hatten sogar die Analysten nicht vorhergesehen ...

»Die Deutsche-Commerz-Aktie kommt wieder, hundertprozentig«, murmelte er und schob hinterher: »Im Moment sind sowieso eher Sachwerte im Kommen.«

»Weiß ich selber. Mein Junge, jetzt Butter bei die Fische. Was willst du?«

Es sprudelte aus ihm heraus: »Ein Traum von einem Auto. Dino 246 GT, klassisches Pininfarina-Design aus den Sechzigern, Form kann man ungefähr vergleichen mit …«

»Ja, weiß ich doch. Tony Curtis in *Die Zwei*, der hatte so einen. Meine Lieblingsserie, du musst damals so acht gewesen sein. Papa war auf Zeche, ich aufm Sofa. Viel Zeit zum Fernsehen. Den Curtis fand ich immer besser als diesen aufgeblasenen Roger Moore. Tolles Auto, nur, erzähle mir bitte nichts von sinnvoller Investition. Junge, ich kenn dich ja nun ein paar Jährchen. Wenn man das tut, was man liebt, dann liegt man meistens richtig. Also, wie viel brauchst du?«

»So fünfundsechzig …«

Pause.

»Tausend? Und wie viel hast du?«

»So fünfunddreißig, wenn ich alles rechne.«

Längere Pause, tiefes Atmen.

»Gut. Ich gebe dir siebzig. Völlig auf blauen Dunst. Wenn du den Wagen verkaufst, bekomme ich die Hälfte vom Verkaufspreis, und die stecke ich in eine Eigentumswohnung, in der du wohnen kannst! Und du suchst dir gefälligst bald mal wieder ein nettes Mädchen. Die Sophie …«

Die alte Leier. Wie bekloppt er gewesen sei, das tolle Mädel laufen zu lassen. Mutter ignorierte, dass sie gelaufen war, und zwar zu einem, der die Formensprache von Campingstühlen und Kühltaschen »neu erfand«.

»Nächste Woche fährt Tante Ursula mit ihrem Frauenkulturverein nach Frankfurt in die Manet-Ausstellung. Der gebe ich einen Umschlag mit. Wenn sie fragt: Das sind alte Artikel von dir, die ich ausgeschnitten habe.«

Das war Mutterliebe. Sie zapfte ihren Antiquitäten-Geheimfonds an, von dem nur Eingeweihte wussten. Zu denen zählte das Finanzamt nicht.

»Mutti, du bist ein Traum!« Er legte auf, kniete ab und machte die Boris-Becker-Faust. So was von Achtziger, aber so was von angebracht. Dann stieg er in sein Redaktionsoutfit, ein dunkelblauer Einreiher, geschätzt frühe Nullerjahre, und nahm die Fahrradklammern vom Haken.

- 21 -

Fritz hatte sich getraut zu fragen, und Marie hatte sofort ja gesagt. Jetzt saßen sie bei Bob's, und die Kollegin sog genüsslich den Rauch ihrer Selbstgedrehten ein.

»Du scheinst den Laden zu mögen? Friedrich Graber, der Bankerbüttel, hat eine proletarische Ader?«

»Hab mir noch keine Gedanken darüber gemacht, aber kann schon sein.«

»Mir gefällt er auch, erstens, weil ich hier rauchen darf, und zweitens, weil es mich an Berlin erinnert.«

»Du magst Berlin? Fast warst du mir ans Herz gewachsen.«

Sie lächelte eher gelangweilt. »War dort für ein Jahr auf der Journalistenschule. Wir hatten viel Spaß, spannende Clubs, nette Leute – und umgekehrt.«

»Nette Leute, das wäre mir neu. Fängt schon an, wenn du in den Bus vom Flughafen steigst. Die Übellaunigkeit der Busfahrer überträgt sich auf Fahrgäste schneller als die Windpocken. Als ich letztes Mal dort war, blökt so ein echter Berliner, klein, rot gesoffene Wangen, Funktionsjackenträger, eine junge Mutter an, die gerade mit Kinderwagen einsteigen will. ‚Sehn' Se nich, dass hier voll is! Nehm' Se den nächsten.‘«

»Ist mir gar nicht so aufgefallen. Bin allerdings auch mehr Fahrrad gefahren. Aber jedes Mal, wenn ich das Wort Karriere in den Mund genommen habe, bekam ich ‚Jetzt entspann dich mal‘ zu hören.«

»Und jetzt bist du in der Hauptstadt der Unentspannten gelandet.«

»Frankfurt ist schon ziemlich karrieremäßig. Letztens hatte ich ein Date, um sieben getroffen, bisschen was getrunken, bisschen was gegessen, zweiundzwanzig Uhr, er ab auf die Arbeit. Zack und weg. Banker, was sonst. Believe it or not.«

Er hasste englische Halbsätze.

»Wie hast du ihn kennengelernt, den Banker?«

»Tinder, Radius bis zum Ostend, da fällt dann auch die Europäische Zentralbank mit rein. Du wohnst doch dort, dein Profil hab ich noch nicht gesehen.«

Wieder dieses Grinsen.

Er blickte über ihren Lockenkopf hinweg zur Bar, wo Bob so tat, als wienerte er Gläser, während er sie beobachtete.

»Ich weiß, was du jetzt denkst. Schneller Fick und so. Aber glaub mir, Tinder ist viel seriöser, als alle denken. Die meisten dort sind hardcoremäßig auf Beziehungen aus. Gerade hier in Frankfurt. Vor einem Date wollen die glatt deinen CV haben.«

»Wird dir in Berlin nicht passieren.«

»Auf gar keinen Fall! Da hat ja auch keiner Vorhänge in der Wohnung. Keiner. *Willst du dich morgen mit mir von der Sonne wecken lassen?* Ich konnte es nicht mehr hören. Keine Vorhänge, keine Rollläden. Von der Sonne wecken lassen. Und immer ein paar Projekte am Laufen, *Kunst und so, weeßte.* Wenn du sagst, du arbeitest, ist dir das fast peinlich.«

»Du bist also eher nicht auf was Festes aus. Privat, meine ich.«

Ihr Schweigen wurde vom Rauschen der Espressomaschine übertönt.

»Erzähl ein bisschen mehr über Polanski! Warum ist so einer dem Altmeister eine Story wert?«

»Keine Story, jetzt noch nicht. Im Moment recherchiere ich butterweich an. Polanski ist auf dem Weg, mit dem Autohandel steinreich zu werden. Möglicherweise auch deshalb, weil er illegal mit Ersatzteilen handelt.«

»Gebrauchte Autoteile, mit so was wird man doch nicht reich?«

»Sagt dir Porsche Targa etwas?«

Sie nickte. »Ist, glaube ich, ein Porsche mit einer Art vergrößertem Schiebedach.«

»Exakt. Groß wie ein Badehandtuch und übrigens genauso wasserdicht. Zehntausend Euro, in ordentlichem Zustand. Top-Exemplare gehen höher. Profis sagen, Porsche wegschmeißen, Targadächer horten, die lassen sich auch leichter lagern.«

Sie hob die Augenbrauen. »Okay, man wird steinreich mit Autoteilen.«

»Insbesondere bei den Exoten. Uns Normalos mit Brot-und-Butter-Autos rettet inzwischen der 3D-Drucker. Du brauchst nur die Maße des Originalteils. Die Qualitätsunterschiede sind allerdings gigantisch.«

»Und du glaubst, Polanski hat in den Porsche von diesem Wirt minderwertige Teile eingebaut?«

»Weiß ich noch nicht. Das Wrack steht in Südfrankreich, und einen Flug spendiert mir die Geschäftsführung mit Sicherheit nicht.«

»Deine Story braucht mehr Fleisch. Er muss doch eine Werkstatt haben, in der die Drecksarbeit gemacht wird.«

»Vielleicht ein guter Ansatz.«

Wortlos hielt sie ihm ihr Handy hin. Mit der flachen Hand schützte er seine Augen vor der Helligkeit.

»Polanski wollte unbedingt ein Foto von uns beiden. Wir sind jetzt Homies.«

Sie hob die Hand, Zeige- und Mittelfinger überkreuz, und lächelte.

Er verschränkte die Hände vor der Brust. »Du warst bei Polanski? Spinnst du eigentlich? Du kannst nicht einfach in meine Recherche reingrätschen!«

»Hör dir doch erst mal an, was ich rausgefunden habe.«

»Interessiert mich nicht.«

»Die Tellerlippe kannst du wirklich einziehen. Du bist keine zwölf mehr, und ich habe nicht deine Matchbox-Autos geklaut. Also hör mir zu.«

Fritz schwieg. Sie berichtete weiter.

»Das mit der Investmentbankerin haben sie mir voll abgenommen. Die haben extra einen Rolls Royce zum Flughafen geschickt, um mich abzuholen! Dann bin ich mit Polanski zusammen einen BMW Z8 Probe gefahren. Dabei habe ich ihn ausgefragt. Polanski behauptet, er habe keine Werkstatt. Aus einem Tor in der Carthedral haben die aber ein Autowrack herausgerollt und auf einen Anhänger gehievt. Es sah nicht so aus, als würden sie den Wagen auf eine weite Reise schicken. Sie haben ihn noch nicht einmal richtig festgezurrt.«

»In welche Richtung sind sie gefahren?«

»Diese Roy-Orbison-Straße runter, jedenfalls weg von der Hanauer.«

»Orber Straße, da gibt es zig Hallen und Werkstattgebäude. Können wir vergessen.«

Er hatte »wir« gesagt. Ein Lichtblick.

»Jemand muss sich auf die Lauer legen. Warten, bis wieder so ein Transport stattfindet. Wenn ich mich recht erinnere, warst du mal Investigativreporter.«

»Was heißt ‚warst'?«

»Wann hattest du denn deinen letzten Scoop? Hier bekommst du vielleicht einen, und zwar auf dem Silbertablett: Krimineller Autohändler führt den Tod von Sebastian Wirt herbei. Und wer weiß, wer noch in einem rollenden Sarg made by Polanski herumfährt.«

»Ich überleg es mir. Aber, Marie, versprich mir eins: Mach das nie wieder! Nie wieder Recherchen hinter meinem Rücken.«

Fast klang es wie Flehen.

Wirst mir noch dankbar sein! Sie dachte es nur, während sie nickte und ihn anblickte wie ein Golden Retriever, der auf den Teppich gepinkelt hat.

»Irgendwann das Gefühl bekommen, Polanski könne misstrauisch geworden sein?«

Sie spürte, wie ihr das Blut in die Wangen schoss. »Keine Spur. Für den bin ich Mary-Anne, die deutsche Investmentbankerin aus London.«

»Die zufällig denselben Nachnamen hat wie eine Journalistin bei der NFZ …«

»Und selbst wenn, was ist das Problem?«

Zum Glück hakte er nicht weiter nach.

Sie gingen zur Theke.

»Wer zahlt?« Bob warf sich das Poliertuch für die Faema über die Schulter.

»Getrennt.«

Bob hob eine Augenbraue, sagte aber nichts.

- 22 -

Die Dämmerung ließ bereits die Farben verblassen, als er die Redaktion verließ. Die Luft war mild, helle Kinderstimmen auf dem Spielplatz und dumpfe Beats aus geöffneten Autofenstern, die ersten Takte eines Soundtracks mit Namen Sommer. Mutters Finanzhilfe von heute Morgen und eine Büro-Kabbelei mit Marie, von Wally mit »Ach, das junge Glück« kommentiert – schlechte Laune, die war für heute aus. Er fuhr freihändig, rollte am El Grande vorbei, der wie ein kariöser Zahn das Gebiss der Skyline verunstaltete. Jetzt war es noch okay, bei Dunkelheit allerdings mied man besser die Bauruine, die einmal Frankfurts teuerster Wohnturm hatte werden sollen. Bewohnt war das Hochhaus inzwischen, wenn auch nicht von der Klientel, auf die der Pleite gegangene Projektentwickler geschielt hatte. Wer genau hinsah, erkannte in hundert Metern Höhe Seile vor den leeren Fensteröffnungen. Wäsche hing darüber zum Trocknen, Schlafsäcke zum Auslüften. Nachts pulsierten in vielen Stockwerken orangefarbene Lichter im Rhythmus eines Atemzugs, und der Duft von Dope umwehte den Hochhausturm.

Er umfasste den Lenker, schaltete hoch und fuhr weiter in Richtung Messe. Und wie jedes Mal zuckte er zusammen, als er in die Senckenberganlage einbog. Das riesige Maul grinste von oben durch die Bäume herunter, gespickt war es mit einer Klaviatur zehn Zentimeter langer Reißzähne. Der zugehörige Kopf von der Größe eines Müllcontainers war in leuchtendes Orange getaucht. Er schwebte in Höhe der Straßenlaternen. Was Kinder an Dinos fanden, blieb Fritz unerklärlich. So ein Tyrannosaurus Rex im Angriffsmodus hatte selbst aus Gießharz das Zeug dazu, eine ganze Grünanlage in Angst und Schrecken zu versetzen.

Unter einem zwanzig Meter langen Diplodocus kettete er das Fahrrad an und betrat das Naturkundemuseum, ein Gründerzeitbau aus rotem Sandstein. »Heute geschlossene Gesellschaft« stand auf dem Schild, das von einem mannshohen Velociraptor gehalten wurde.

Der Anmeldetresen füllte fast die gesamte Breite des Foyers aus. Die Eingangshalle des Senckenbergmuseums ähnelte heute einer Tauchschule. Unter jedem Namensschild – es waren locker zweihundert übrig – lag eine Maske mit Gummiriemen: eine VR-Brille. Virtual Reality, noch so eins dieser ganz großen Dinger, neben Autonomem Fahren, Künstlicher Intelligenz und der Blockchain. Alle redeten darüber, kaum einer verstand etwas. Er selbst inklusive. Doch bekanntlich ersparte der Abendempfang dem Journalisten das Fertiggericht.

Den Durchgang zum Hauptraum des Museums bewachten zwei Baby-Dinos, der eine seiner Hörner wegen als Triceratops zu identifizieren, der andere ein Stegosaurus mit aufgestellten Rückenplatten. Beide mit High Heels in Oliv. Als er den gut fünfzehn Meter hohen Saal betrat, stockte ihm fast der Atem: Grün und violett glühten die Knochen von T-Rex und einem Pflanzenfresser, über ihnen schwebte ein Flugsaurier mit zehn Meter breiten Schwingen in fluoreszierendem Gelb. Unter dem Hüftknochen eines Brontosaurus stand ein Konzertflügel, an dem ein Mann im Smoking und mit Dinomaske saß und Barmusik klimperte. Ein Dutzend Schwestern der Dinobabys vom Eingang verteilten im Saal Drinks und Kanapees. Immer mehr Gäste trafen ein, die meisten Frauen hatten sich die VR-Brillen wie Handtaschen über den Unterarm gehängt, fast alle Männer trugen sie um den Hals, was ihnen etwas Abenteuerliches gab, irgendwo zwischen Wüstenfuchs Rommel und Polarforscher Amundsen.

»Junger Mann, wo geht's denn hier zu den Expressionisten?«

Die Stimme hinter ihm kam ihm sehr bekannt vor. Er drehte sich um und musste grinsen. Marie mit VR-Brille vor den Augen tastete mit ausgestreckten Armen in der Luft herum.

»Äh, gehen Sie einfach links. Wenn Sie etwas mit Schuppen fühlen, dann sind das die Reptiloiden.«

Sie schob die Brille auf die Stirn und griff sich vom Tablett eines jungen Hundssauriers ein Glas Rotwein ab.

»Lassen die neuerdings jeden hier rein? Früher brauchte es für den AmCham-Empfang auf der Visitenkarte wenigstens den Ressortleiter.«

»Tja, früher, je älter man wird, desto mehr gewinnt die Vergangenheit an Bedeutung – heute bin ich Wallys Stellvertreterin. Sie wollte nicht, hat irgendwas von frostfreien Monaten und Tomatensetzlingen erzählt.«

»Spätestens im April zieht sie in ihren Kleingarten um. Ab Mai droht dir eine Einladung. Rotwein kannst du vergessen, ihr selbst gekelterter Äppelwoi ist angesagt. Bei frisch Zugereisten kennt sie manchmal Gnade, vielleicht darfst du sauer gespritzt trinken, also mit Sprudel gestreckt.«

»Der Fünfliterkanister steht direkt neben dem Essigreiniger. Hab mich noch nicht rangetraut.«

»Du schreibst also für Wallys lokalen Wirtschaftsteil?«

»Fünfzig Zeilen plus Foto vom Gewinner des Stanford-Stipendiums. Wenigstens wir tun noch etwas für die deutsch-amerikanische Freundschaft.«

»Chardonnay aus dem Nappa Valley war schon immer mein Freund. Hab mir außerdem vorgenommen, den AmCham-Boss für ein Interview zu verhaften.«

Der Saal verdunkelte sich, die Saurier-Skelette wirkten jetzt noch bedrohlicher.

Der Gastgeber trat ans Rednerpult, eine in die Jahre gekommene Ausgabe von Barbies Ken: breite Schultern, Scheitel wie in den Schädel gemeißelt. Er trug einen dunkelblauen Anzug mit roter Krawatte. Im Licht des Spots, der auf ihn gerichtet war, glitzerte die Amerikaflagge an seinem Revers. Grammatikalisch perfekt, nur mit leichtem Akzent begrüßte er die Anwesenden und kündigte den Laudator an.

»Ladies and Gentlemen, bitte begrüßen Sie mit mir einen Mann, der von jeher nicht nur ein Freund Amerikas gewesen ist, sondern wie kaum ein Zweiter für die deutsch-amerikanische Freundschaft steht: Professor Dr. Viktor Herrmann. Sie kennen ihn sowieso, ich mache es also kurz. Seine berufliche Laufbahn begann er als Entwicklungsingenieur bei Mercedes, sieben Jahre später saß er im Board, mit neununddreißig war er damit das jüngste Vorstandsmitglied eines deutschen Automobilkonzerns. Es folgte ein Intermezzo in den Staaten, er übernahm den Posten des Vertriebsvorstands bei Ford. Doch dann erreichte ihn der Ruf der Eigentümerfamilie aus Stuttgart: Seit nunmehr achtzehn Jahren lenkt er als CEO die Geschicke der Vereinigten Fahrzeugwerke AG. Und auch privat ist Viktor Car Guy durch und durch. Während andere ihre Oldtimer hinter verschlossenen Türen polieren, kämpft er mit seinen auf dem Nürburgring und anderswo um Bestzeiten. A warm welcome to my dear friend Viktor! «

Er applaudierte theatralisch. Der Mann, der die Bühne betrat, unterschied sich nur durch seinen Anzug nennenswert von den Exponaten. Der massige Kopf saß auf einem zwei Meter großen Körper, das harte Licht eines Strahlers ließ die Kieferknochen noch kantiger erscheinen, als sie ohnehin schon waren. Violettes Licht machte aus dem Stoppelschnitt eine Punkerfrisur. Es folgte die typische Männerumarmung mit heftigem Rückenklopfen.

»Gregory, vielen Dank. Bevor du mir gleich einen Preis für mein Lebenswerk überreichst, sei versichert, dass ich vorher GM, Ford und den anderen noch mal kräftig in den Hintern trete.«

Der andere hob die Fäuste und deutete Boxhiebe an.

Herrmann hob abwehrend die Hände. »Nicht meine Gewichtsklasse! Meine Damen und Herren, und nun möchte ich

Sie bitten, alle die Virtual-Reality-Brillen aufzusetzen, die Ihnen am Eingang aufgezwungen wurden.«

Inzwischen war der Saal voll, schätzungsweise vierhundert Menschen, alle folgten Herrmanns Aufforderung. Auch Fritz schob sich die Brille auf die Augen.

Er befand sich immer noch im Museumssaal. Sekundenbruchteile später war er umgeben von Baumriesen und gigantischen Farnen. Dem Diplodocus, gerade noch Skelett, wuchs eine olivfarbene Haut. Die Menge schrie auf, als sich sein Hals zu bewegen begann, wie ein Kranausleger herumschwenkte und Fritz in Smalltalk-Entfernung anglotzte. Dann ein Grollen, so, als sei ein ganzes Löwenrudel zum Revierkampf angetreten. Die Erde begann zu beben, als der T-Rex vom Podest herunterstieg und durch die Menge pflügte. Immer unkontrollierter klangen die Angstschreie.

»Keine Sorge, meine Damen und Herren, ich hatte schon Kanapees«, rülpste der Tyranno. Seine Stimme hatte entfernte Ähnlichkeit mit der von Viktor Herrmann.

Vereinzelte Lacher, die Lage entspannte sich. Der Dino stampfte in die Richtung, wo das Rednerpult gestanden hatte.

»Beeindruckend, nicht wahr? Mit virtuell hat diese Realität fast schon nichts mehr zu tun. Und nun möchte ich Ihnen den jungen Mann vorstellen, der diese Realität geschaffen hat: Denis Yilmaz, das Digital Talent of the year. Er sieht appetitlich aus, und sehr zart! Applaus für Denis.«

Herrmann lachte dröhnend über den eigenen Witz, während er mit einer Klaue auf den jungen Mann herunterzeigte, der unter den Halswirbeln des Diplodocus hervorgetreten war. Der Urwald verschwand, aus lebenden Riesenechsen wurden wieder Skelette. Auch der T-Rex schrumpfte und nahm Menschengestalt an. Herrmann schüttelte dem jungen Mann die Hand. Er hatte lockiges dunkles Haar, einen Siebzigerjahre-Schnurrbart – Super Mario, nur ohne Blaumann, sondern mit schwarzem T-Shirt und Jeans. Er schien sich unwohl zu fühlen, als Herrmann ihm die Urkunde übergab und ihm dabei mit seiner Pranke auf die Schulter hieb.

Der VFW-Chef wandte sich wieder den Gästen zu. »Hier und heute stehen wir mitten in der Kreidezeit. Und ich komme mir selbst vor wie ein Dino, wenn ich sehe, was in naher Zukunft alles passieren wird. Stellen Sie sich vor, Sie könnten sich, wann immer und wo immer Sie wollen, in eine andere Welt hineinversetzen. Sie möchten mit Christoph Kolumbus Amerika entdecken, segeln Sie los! Vielleicht interessieren Sie sich mehr für das, was noch vor uns liegt. Ein Flug zum Mars, das wäre doch spannend. Ich könnte Ihnen stundenlang von den Möglichkeiten vorschwärmen, die Virtual Reality uns allen bietet, aber das hier ist kein Fachsymposium. Im Vorraum, bei dem Diorama, wo der Python das Wildschwein verschlingt, stehen Rechner mit Monsterfestplatten, da ruckelt nix, und sie können all das, wozu virtuelle Realität jetzt bereits in der Lage ist, mithilfe Ihrer VR-Brillen ausprobieren.

Zum Schluss darf ich Ihnen noch eins verraten. Denis weiß schon, bei welchem Unternehmen er seine Masterarbeit schreiben wird ...

Aber erst mal geht es für ihn in zwei Monaten ins sonnige Kalifornien. Stanford, wow, dort hat Steve Jobs kurz vor seinem Tod gesprochen. *Stay hungry*, hat er gesagt, und darum dürfen Sie nun Ihre Brillen absetzen und sich dem Buffet widmen.« Herrmann lachte, er war einer der wenigen.

Mit einer Mischung aus Widerwillen und Erleichterung kehrte Fritz in die Realität zurück. Marie stand bereits mit der Kamera in der Hand vor Herrmann und Denis und stellte die beiden fürs Foto auf. Dann fasste Herrmann Marie am Ellbogen und schob sie in Richtung eines Stehtisches. Die beiden amüsierten sich prächtig, selbst das Computergenie schien lächeln zu können.

Fritz schlenderte mit seinem Weinglas zu den dreien hinüber.

Marie wedelte mit dem Zeigefinger. »Hätten Sie sich nicht etwas Niedlicheres als Ihren Avatar aussuchen können, etwa so was zum Beispiel?«

Sie nickte in Richtung der Stegosaurus-Hostess, die sich gerade mit einem Tablett voll Desserts näherte.

Herrmann schüttelte den Kopf. »Steht mir nicht. Außerdem versaut man sich als Pflanzenfresser in meinem Job den Ruf. Merke: Der Aufsichtsrat will immer Blut sehen.«

Marie drehte sich um. »Darf ich Ihnen unsere Edelfeder vorstellen? Fritz Graber, unbestechlich, überparteilich, unterbezahlt!«

Fritz schüttelte beiden Männern die Hand.

»Guten Abend, Herr Herrmann, Gratulation zu der großartigen Show!«

»Ah, Herr Graber, sehr erfreut. Da war doch diese Analyse über die VFW AG vergangenes Jahr in Ihrer Zeitung. *Nichts Neues, nirgends*, lautete die Überschrift. Ein bisschen sarkastisch für meinen Geschmack, aber im Kern zutreffend – damals.«

»Das Letzte, woran ich mich erinnere, waren Diodenleisten auf den Leichtmetallfelgen an den 2022er-Modellen. Welche bahnbrechende Neuerung kommt jetzt? Ein Rückspiegel mit Selfiemodus? Mir dürfen Sie es sagen, ich erzähle es keinem weiter.«

Herrmanns Lächeln schaffte es nicht bis zu den Augen. »Sie erfahren davon als Erster, versprochen. Dauert gar nicht mehr lang. Aber das wirklich Aufregende ist das, was unser Star des Abends gebaut hat! Sie sollten unbedingt meinen Denis interviewen.«

Mein Denis – besitzanzeigendes Fürwort, für einen Sitz im Vorstand musste man nicht zwangsläufig Egomane sein, aber es half. Herrmann redete weiter.

»Für mich wird sich mit Virtual Reality ein Jugendtraum erfüllen. Ich weiß schon, was ich tun werde: Bei einem Autorennen

Rad an Rad gegen die legendären Piloten früherer Zeiten fahren. Können Sie sich das vorstellen, Herr Graber?«

»Ziemlich gut. Wer steht zur Wahl? Jackie Stewart, dreimal Formel-1-Weltmeister, Michael Schumacher und natürlich Ayrton Senna, das größte Genie hinterm Lenkrad?«

»Endlich mal jemand vom Fach, sehr schön! Wollen Sie mich nicht mal bei einem Oldtimer-Rennen besuchen? Sie sind herzlich eingeladen. Welches Rennen würden Sie denn als Erstes in das VR-Spiel aufnehmen?«

»Le Mans muss sein.«

»Die 24 Stunden von Le Mans, absolute Pflicht. Kennen Sie den gleichnamigen Film mit Steve McQueen?«

»Natürlich, einer der schlechtesten Spielfilme überhaupt, aber eine der besten Motorsport-Dokus. Bei der Gelegenheit, Denis, wie funktioniert das überhaupt, eine Rennsimulation, sagen wir mal bei einer Playstation, so zu verändern, dass darin reale Personen auftauchen?«

»Von der Programmierung her easy. Haben wir sogar schon …«

Herrmann fasste den jungen Mann am Arm.

»Na, wir wollen doch jetzt keine Betriebsgeheimnisse ausplaudern. Das können wir sicher bald einmal vertiefen. Aber jetzt brauchen unsere Motoren Treibstoff. Nicht wahr?«

Herrmann verabschiedete sich knapp, der Programmierer trabte ergeben hinterher.

»Und, wann heiratet ihr zwei?«

Marie sah Fritz spöttisch an und griff nach ihrer Jacke. »Wollen wir dann auch?«

Bevor er sich anfing, richtig zu ärgern, hatte sich Marie bereits in Richtung U-Bahn verabschiedet. Er rieb sich über die Wangen, die sie zum Abschied flüchtig geküsst hatte.

– *Was für ein arrogantes Arschloch, dieser Herrmann!*
– *Gib es zu, Fritz: Du bist neidisch auf ihn.*

– Auf dich bin ich vielleicht neidisch, aber doch nicht auf diesen Greis!
– Der Greis hat Kohle ohne Ende, eine Sekretärin, die wahrscheinlich keine dreißig ist, und er fährt Autorennen! Vor allem ist er ein sehr lebendiger Greis. Ich bin gerade mal fünfzig geworden. Ich bin es, der neidisch auf ihn ist!
– Rennfahren ist Leben, der Rest ist Warten, das sind deine Worte.
– Hab ich das gesagt? Wahrscheinlich klang es in dem Moment einfach gut. Aber zugegeben, ansonsten hatte ich auch eine ganze Menge Spaß. Ein paar zusätzliche Jahre wären halt schön gewesen.

- 23 -

Mit weitem Parka und einer Original-Krabbenfischermütze auf dem Kopf saß Fritz vor seinem Fahrrad, mit dem Rücken zur Kieseinfahrt der Carthedral, und machte einen auf Reifenplatten. Über den Selfiemodus des Handys, das am Laternenpfahl lehnte, hatte er alles im Blick. Sieben Uhr morgens aufstehen, E-Mail-Posteingang checken und dann direkt aufs Rad zur Observierung. Während der letzten Feldrecherche – Korruption bei der Entleerung von Altkleidercontainern – hatte er mit einem Kosmetikspiegel gearbeitet. Das Smartphone war da noch nicht erfunden. Einer von Polanskis Knechten befestigte mithilfe von Kabelbindern rote Kennzeichen an einer silbernen Flunder, für Kenner unschwer als Maserati Ghibli zu identifizieren. Ein Typ in Schlips und Kragen stieg ein. Im Schritttempo rollte der Wagen zur Einfahrt und bog in Richtung Industriegebiet ab. Fritz stieg aufs Fahrrad und rollte in gehörigem Abstand hinterdrein. Nach ein paar hundert Metern in Mopedtempo fuhr der Maserati in eine Sackgasse. Als er die Einmündung erreichte, sah Fritz gerade noch die Rücklichter in einer Einfahrt verschwinden. Quietschend schloss sich ein stählernes Schiebetor.

Er radelte an dem Grundstück vorbei und lehnte das Rad an einen Bauzaun. Das Bauschild war angezündet worden und danach verrostet. Eine Mauer trennte die Grundstücke voneinander. Graue Hohlblocksteine, Bewehrung mit Stacheldraht in perfekter Spiralform, fehlte bloß noch ein Schild: Achtung! Sie verlassen den amerikanischen Sektor. Vor der Mauer hatten sich Essigbäume angesät. Die eng beieinander stehenden Stämme boten perfekte Deckung, zumal einer wie ein spindeldürrer Mensch mit ausgestreckten Armen vor der Überwachungskamera stand und sie blind machte. Trotzdem arbeitete Fritz sich geduckt und jeden Schritt vorsichtig setzend an der Wand entlang bis etwa zur Mitte des Grundstücks vor. Um den Dornen der Brombeersträucher zu entgehen, stakste er wie ein Reiher. Ein überwucherter Hügel, der perfekte Beobachtungsposten. Er trat fest darauf, um die Stabilität zu prüfen. Für einen Blick über die Mauer fehlten zwanzig Zentimeter. Er entdeckte eine Aufstiegshilfe, aus der Mauer war ein halber Stein herausgebrochen, daneben ragte ein Holzpfosten aus der Erde. Er zog sich hoch. Es knirschte, und er spürte, wie der Pfosten nachgab. Krampfhaft bemüht, keinen Lärm zu machen, stürzte er rückwärts in einen Brombeerbusch. Regungslos blieb er liegen. Von der anderen Seite der Mauer heftiges Knurren und Kratzen. Hunde, und keine kleinen, hatten Witterung aufgenommen.

»Sammy, Leyla, lasst endlich die dämliche Katze in Ruhe!« Eine Männerstimme.

Nach fünf Minuten Stille stand er vorsichtig auf. Ein paar Meter weiter erhob sich eine kleine grüne Beule aus der Erde. Gold blitzte unter dem Gestrüpp hervor. Das alte Henninger-Logo. Er stieg vorsichtig auf den überwucherten Bierkasten und zog sich an der Mauer hoch.

Vor ihm breitete sich ein Schrauberidyll aus. Zwei zottelige Schäferhunde räkelten sich auf einer vergammelten Rücksitzbank, neben ihnen stand der Maserati, schräg davor ein Ferrari aus den Sechzigern. Der sah aus, als käme er aus einer Baugrube. Wie Schuppenflechte blühte der Rost auf dem blassgrünen Wagen. Das Ergebnis war eine Art Military Look. Neben dem Auto standen drei verwitterte Bistrostühle rund um einen schmiedeeisernen Kaffeehaustisch mit einer Platte aus bunten Mosaiksteinchen. Dahinter ein schachtelförmiger Betonbau mit stählernen Rolltoren. Eins davon öffnete sich quietschend und gab den Blick frei auf einen Reparaturhangar für Kampfjets. Schwarzgelbe Streifen auf dem blitzblanken, grau gestrichenen Betonboden markierten die Standplätze. Im Hintergrund erleuchtete eine Batterie Flachbildschirme die Halle. Vor ihnen saßen Techniker in schwarzen Hemden.

Fotos machen, ganz wichtig. In Zeitlupe zog er das Handy aus der Innentasche der Jacke. Der Mann im Anzug kam heraus und setzte sich in den Maserati. Der Auslöser der Kamera zischelte, wie auf Kommando drehten sich die Schwarzhemden um, doch gleichzeitig brüllte der Motor auf. Fritz atmete tief durch. Einer der Mechaniker signalisierte mit den präzisen Gesten eines Flugzeugeinweisers, den Wagen in die Halle zu fahren. Der Silberne rollte langsam auf die ihm zugewiesene Position. Die Bremslichter glühten auf und verlöschten, es war wieder still. Das elektrische Rolltor schloss sich. Was blieb, war mediterranes Schrauberidyll mit deutschen Schäferhunden bei deutschem Schmuddelwetter. Fritz sah ihnen beim Einschlafen zu, wartete weitere fünf Minuten und schlich sich – immer an der Wand lang – vom Grundstück.

- 24 -

Er tippte die ersten Ziffern einer Nummer ein. Die wandelte sich in einen Namen: »Musel-Mad.«

»Du musst dir mal was anschauen – lass dich überraschen. In zwanzig Minuten bin ich da.«

Er saß in seinem Dino, Dauergrinsen im Gesicht. An roten Ampeln lächelten ihn Frauen von oben aus ihren SUV an. Drei Tage hatten sich wie Kaugummi gezogen, bis ihm Tante Ursula vor dem Städelmuseum endlich den Umschlag mit dem Geld übergeben hatte – *Fritzi, wusste gar nicht, dass du so viel geschrieben hast. Warst du nicht beim Radio?* Herr Müller, der Verkäufer, hatte Wort gehalten und den Wagen mit roten Kennzeichen zur Zulassungsstelle gebracht. F-GT 246, selbst das Wunschkennzeichen war noch frei gewesen.

Das Werkstattgelände, auf das er im Schritttempo rollte, war die letzte Freifläche der alten Bahnarbeiter-Wohnsiedlung, Mietskaserne reihte sich an Mietskaserne. Mad, in Wirklichkeit Mahmud, stand schon da, in der Mitte des Abstellplatzes, breitbeinig, die Hände in die Hüfte gestemmt, mit vorgeschobener Unterlippe und wohlwollendem Kopfnicken. Mit seinem dunklen, von silbrigen Fäden durchzogenen Haar, den kräftigen Augenbrauen, die über der scharf geschnittenen Nase fast zusammenwuchsen, hätte er als südländische Ausgabe von George Clooney durchgehen können, nur tiefergelegt und massiv verbreitert. Fritz saß noch im Auto, da umrundete er schon den Wagen wie ein Kunstprofessor die Picasso-Skulptur. Er berührte nichts, hockte sich aber an den jeweiligen Ecken hin und kniff ein Auge zu. Er murmelte etwas, was wie »fett« klang. Fritz stieg aus.

Mad rieb Daumen und Zeigefinger aneinander. Aus einem Meter Entfernung konnte Fritz sehen, wie sich kleine schwarze Kügelchen bildeten.

»Fünfundneunzig.«

»Eine Menge Geld, aber ein Scherz für so einen. Du bist dir sicher, dass er sauber ist?«

»Habe ihn ja gerade zugelassen, und wenn denen nichts auffällt, sollte das passen.«

»Gratuliere!«

Er täuschte einen Karateschlag in Richtung Solarplexus an und grinste sichtlich zufrieden, als Fritz einen Meter zurücksprang. Mahmud trainierte Ultimate Fighting – nur üben, ich bin doch nicht lebensmüde -, hatte aber doch schon den einen oder anderen »Spacko auf die Reise geschickt«. So wie den Hünen aus der Überwachungsbranche. Tieferlegen sollte Mahmud ihm seinen Mercedes. Mad hatte das Sportfahrwerk eingebaut, die Spur neu vermessen, alles tipptopp, doch der Riese verweigerte die Bezahlung – jetzt komme er ja keinen Bordstein mehr hoch. Fritz hatte live miterlebt, wie sich Mads Nackenhaare aufstellten.

»Hättest du mir vorher gesagt, dass du einen Geländewagen willst, kein Problem«, hatte er ruhig gesagt. Ruhig war er auch noch geblieben, als der andere ihn als Pfuscher bezeichnete. Dann hatte Muskelmann den Fehler gemacht, Mad am Kragen zu packen, um die Herausgabe des Schlüssels zu erzwingen. Als wollte er sich der rohen Gewalt ergeben, hatte Mad die Hände gehoben. Dann ein Klatschen, der Riese hatte gebrüllt und war umgefallen, sich die Hände auf die Ohren pressend. Mad ließ die Arme sinken, stand ganz ruhig da und schaute nach unten. Als das Gewimmer leiser wurde, beugte er sich hinunter und sagte etwas. Er half dem Koloss auf die Füße, langte hoch, um ihm den Arm um die Schulter zu legen, und beide gingen gemächlich, wie beste Freunde, zum Geldautomaten an der Ecke. Als sie zurückkamen, bekam der Mann den Schlüssel seines tiefergelegten

Benz, man schüttelte sich die Hände, deutete eine Verbeugung an und trennte sich in bestem Einvernehmen. Seither gab es für Fritz nur noch den einen, die muselmanische Ausgabe von Mad Max, den einzigartigen Musel-Mad.

»Burger King?«

Mad nickte und hielt die Hand auf. Fritz ließ den Autoschlüssel in die ölverschmierte Pranke fallen.

*

Der Burger King auf der Mainzer Landstraße war noch spärlich besetzt. Sie nahmen Platz. Ein blauer Kasten, so hoch wie ein Zehnjähriger, aber so breit wie Mahmud, rollte heran. Oben war ein Köpfchen angebracht, das auf dem blonden Schopf eine Krone trug. Laut Namensschild hieß er Reggie. Fritz drückte die Symbole für Milchkaffee und Obstsalat, Mad nahm einen Tee. Fritz hielt das Handy an den Touchpoint. Konto gedeckt, Betrag abgebucht, Reggie rumpelte von dannen.

»Erzähl!«

Fritz berichtete.

Die Augen seines Freundes wurden immer größer. »Mal ehrlich. Wenn ich dir so eine Story drücken würde, was würdest du denken? Entweder ein Replica oder geklaut.«

»Scheint aber beides nicht der Fall zu sein. Da hatte einer keine Ahnung und selbst versucht, sich schlauzumachen. Und brauchte dringend Bares. Anders kann ich es mir nicht erklären.«

»Egal, er ist zugelassen, du stehst im Brief. Von so was träumt jeder. Glückwunsch. High five.« Reggie kam angerollt, sie zogen ein Tablett aus seinem kastenförmigen Rumpf.

Fritz erzählte von Polanskis geheimer Werkstatt.

»Das mit der Digitalisierung ist die reinste Seuche. Man kann heutzutage mit dem Computer an einem Auto so ziemlich alles anstellen, angefangen mit Tachomanipulationen. Bremsassistent, Chiptuning, Abgasbehandlung, Unterhaltungssystem, alles wird online gesteuert und upgedated. Außer mir kenne ich niemanden hier in der Ecke, der noch einen einfachen Vergaser einstellen kann. Aber Handydisplays tauschen, das kriegen sie alle hin.«

»Das ist genau der Punkt. Auf der Orber Straße betreibt Polanski ein Rechenzentrum mit angeschlossener Hebebühne. Die Autos aber sind aus den Sechzigern. An denen ist der Zigarettenanzünder der Gipfel an Elektronik.«

»Hab gehört, dass ein paar Spezialisten Oldtimer mit Elektromotoren ausrüsten, wegen den Fahrverboten. Den Zwölfzylinder aus einem Ferrari zu reißen, das ist so was von pervers, aber Polanskis Kunden würde ich so was zutrauen.«

»Früher haben sie einen Ami-V8 eingepflanzt. Auch nicht viel besser.«

Kurz vor elf. Die Freitags-Redaktionskonferenz rief. Neuerdings wollte er die nicht mehr verpassen.

»Dann pass mal schön auf den Kleinen auf«, sagte Mad, als sie vor der Werkstatt standen. Er klopfte aufs Armaturenbrett und hievte sich aus dem tiefliegenden Wagen. Auf dem Weg zur Redaktion zählte Fritz in Gedanken durch, auf wie viele rote Ampeln er hoffen durfte.

*

Selbst Wally, die schon ein paar seiner Häutungen miterlebt hatte, schüttelte den Kopf über den vorbildlichsten Redakteur der Welt. Friedrich Graber surfte nicht, er recherchierte auch nicht nach Autos, sondern sichtete am Newsdesk brav Meldungen: Die VFW AG erzielte nach drei Jahren mit Milliardenverlusten erstmals wieder einen Mini-Quartalsgewinn. Dass es im Gesamtjahr für schwarze Zahlen reichen würde, damit rechneten sie angesichts der hohen Entwicklungsinvestitionen nicht. Aber Viktor Herrmann riss schon wieder die Klappe auf: »Was Volkswagen nach dem Krieg geschafft hat, werden die VFW im Zeitalter der Digitalisierung erreichen: Unser Anspruch ist die Marktführerschaft bei autonomen Fahrzeugen.«

Ein Vollautonomer. Offenbar war das das große Ding, von dem Herrmann im Senckenbergmuseum gesprochen hatte. In den letzten Monaten waren immer wieder Gerüchte über eine vollkommen neue Fahrzeugklasse aufgetaucht, die die VFW entwickelten. Ein solcher Innovationssprung war unwahrscheinlich, jedenfalls laut Titus. Und geradezu unmöglich bei einem Hersteller, der seine Innovationskraft bislang ausschließlich bei Polsterstoffen unter Beweis gestellt hatte.

Fritz rief den VFW-Pressechef an, der normalerweise klang, als hätten sie gemeinsam als embedded reporter aus dem Irak-Krieg berichtet. Doch selbst er hüllte sich in selbstbewusstes Schweigen.

»Noch ein wenig Geduld, Herr Graber. Sie werden einer der Ersten sein, der es erfährt. Ausdrücklicher Wunsch von Professor Herrmann.«

Er legte auf und schrieb an Titus. »Heute Abend Ekmek? Gibt was zu feiern!«

Sie verabredeten sich für neun. Da würde er ihn noch mal ausquetschen.

»Wo ist unsere hochbegabte Jungredakteurin?«

»Hier bei der Arbeit!« Wally kicherte, bis das Mini-Snickers auf ihrer Tastatur einschlug. »Wenn du die Dünne meinst, lieber Fritz, die hat sich für heute Nachmittag freigenommen.«

Er lud Marie per Messenger ein.

- 25 -

Nachricht von Fritz:

»Gehe davon aus, du bist bei einer deiner berüchtigten Solo-Recherchen. Heute Abend gibt's was zu feiern. Vier Räder und …?«

»Frau Leitner, kommen Sie bitte.«

Die Schwester musste neu sein, sie war ihr noch nie begegnet. Die junge Frau wies auf die Tür und nickte ihr aufmunternd zu.

Sie setzte sich in den Besucherstuhl mit Chromgestell und billigem schwarzem Lederbezug, der bei jeder Bewegung knarzte. Die Wand links von ihr bestand aus einem Regal, in dem Unmengen von Büchern mit weißem Einband und mittelblauer oder blassgrüner Titelschrift standen. Schräg hinter dem Schreibtisch des Arztes hing ein Poster mit einer Farbskala von Rosa bis Schwarz. Eine Art Best of Zigaretten-Horroraufdrucke. Abgebildet waren besonders eindrucksvolle Ausprägungen von Tumoren des Magen-Darm-Traktes.

»Was soll das heißen, austherapiert?« Sie erschrak selbst über die Schärfe ihres Tones.

Der ihr gegenübersitzende Mann im weißen Kittel ebenfalls. Er rieb sich über Kinn und Mund. Direkt in seinen Kopf fuhr ein weißes Schiff. Der Ausflugsdampfer der Primus-Linie, der stündlich mainabwärts bis zur Griesheimer Schleuse fuhr, nahm fast das gesamte Fenster des Besprechungszimmers ein. Schön gelegen war sie, die Abteilung für Gastroenterologie an der Frankfurter Uniklinik.

Mit seinen vielen Stirnfalten und der massiven Mundpartie erinnerte sie der Oberarzt an den Nachbarshund, eine freundliche Französische Bulldogge, Adagio. Nur Max war einmal von ihr gebissen worden. Fünfzehn waren sie da gewesen. Vielleicht mochte sie den Arzt deshalb nicht. Max, der Pechvogel der Familie Leitner, Max und Marie, die unzertrennlichen Zwillinge. Kein Geburtstag war vergangen, ohne dass jemand eine Flasche M&M-Sekt oder eine Riesenpackung M&Ms mitgebracht hatte. »M und M, Marie und Max, wie witzig!« Ihre Stimme hatte sich fast überschlagen, während sie Max anschaute und die Augen verdrehte.

Ihr fiel auf, dass sie die ganze Zeit auf den roten Kugelschreiber gestarrt hatte, der in der Brusttasche des Kittels steckte. Darunter das Namensschild: Dr. Altmeyer.

»Austherapiert bedeutet, dass …«

»Mir ist bekannt, was austherapiert bedeutet. Hoffnungsloser Fall. Bett freimachen, ab auf die Palliativstation! Herr Dr. Altmeyer, wir sind vierzig Jahre alt! Max und ich. Da ist nichts hoffnungslos. Was ist das überhaupt für ein beschissenes Wort? Austherapiert! So was wie freisetzen statt rausschmeißen oder Kollateralschaden statt Kinderkrankenhaus?«

»Bitte beruhigen Sie sich, Frau Leitner. Ich kann Ihre Erregung verstehen. Aber ein Ösophaguskarzinom gehört zu den Krebsarten mit extrem geringen Heilungschancen. Wir hatten gehofft, dass die letzte Chemotherapie anschlagen würde. Leider war das nicht der Fall. Das Karzinom ist erst sehr spät diagnostiziert worden. In einem solchen Fall liegen die Chancen unterhalb von zehn Prozent. Ich versichere Ihnen, unter diesen schwierigen Voraussetzungen haben wir unser Bestes getan!«

»Unser Bestes getan, unser Bestes getan! Versager jammern immer, sie hätten ihr Bestes getan. Dann tun Sie gefälligst auch Ihr Bestes.«

Der Arzt schaute sie verständnislos an, doch dann schien er zu überlegen.

»Ich betone, dies ist keine ärztliche Empfehlung, im Gegenteil. Ein Kommilitone von der Uni Heidelberg arbeitet im Anderson Cancer Center in Houston, das ist eine der renommiertesten

Krebskliniken weltweit. Dort läuft seit vier Monaten ein Versuch mit einer neuen Form von Immuntherapie. Die Zwischenergebnisse hören sich ermutigend an. Bei dreißig Prozent der Patienten kann das Wachstum des Tumors nahezu gestoppt werden. Sie konnten sogar wieder feste Nahrung zu sich nehmen.«

»Was muss ich tun, damit Max dort behandelt wird?«

»Bedenken Sie bitte, es handelt sich um eine klinische Studie. Die Nebenwirkungen …«

»Das meinen Sie nicht ernst! Keine Nebenwirkungen – und in drei Wochen in einer Holzkiste, ist das Ihre ärztliche Empfehlung?«

»Natürlich nicht, aber ganz abgesehen davon, so ein Klinikaufenthalt kostet einen sechsstelligen Betrag, und zwar keinen niedrigen.«

»Sie besorgen den Platz, ich das Geld. Schaffen Sie das?«

»Ich kann Ihnen den Platz nicht besorgen, aber ich kann Ihnen – rein privat – den Kontakt zukommen lassen.«

»Herr Dr. Altmeyer, tut mir leid, dass ich Sie vorhin so angegangen bin.«

Der Arzt winkte müde ab.

»Dafür, dass Sie diesen Kontakt herstellen, bin ich Ihnen sehr dankbar.«

»Frau Leitner, bitte setzen Sie nicht zu viel Hoffnung in diesen Kontakt.«

Sie nickte nur und stand auf. Im Rausgehen drehte sie sich noch einmal um und lächelte. »Eins schwöre ich Ihnen, Herr Dr. Altmeyer: Max wird wieder gesund!«

Vor der Tür überlegte sie, ob sie noch mal zu ihm auf Station gehen sollte, verwarf aber die Idee. Wenn es am Ende doch nicht klappte, würde ihm das die letzten Kräfte rauben.

Ihr Bestes getan, markige Sprüche waren das, aber hatte sie selbst ihr Bestes getan? Max, ihr Zwillingsbruder, war im Gegensatz zu ihr ein Angsthase. Statt zum Arzt zu gehen, hatte er sich die Schluckbeschwerden mit einer Nussallergie erklärt und aufgehört, vor dem Fernseher seine geliebten Cashews zu knabbern. Und dann behauptet, die Beschwerden seien verschwunden. Sie kannte seine Vermeidungsstrategien. Sie hätte das Ganze nicht auf sich beruhen lassen dürfen, vor drei Jahren wären die Heilungschancen um so vieles höher gewesen.

Vor zwei Jahren hatte er es ihr endlich gebeichtet. Um Ostern herum. Der Osterkaffee war ihre Tradition. Immer schenkten sie einander dasselbe: er ihr ein goldenes Häschen aus Schokolade, sie ihm Eierlikör. Der war abends traditionell leer. Fast wäre ihm das gekochte Ei hinuntergefallen, das er zwischen Daumen und Zeigefinger gehalten hatte.

»Lee, manchmal fühlt es sich in meinem Hals an, als wär so ein Ei drin.«

Lee war ihr Spitzname, seit sie sprechen konnten. Anfangs hatte Max ihren Namen nicht richtig aussprechen können. Herausgekommen war so etwas wie »Mai-Li«. Ihre Eltern hatten das übernommen. Lee, die Coole, und Max, das Sensibelchen. Am Dienstag nach Ostern hatte sie sich krankgemeldet und war mit ihm zum Hausarzt gegangen. Drei Stunden Wartezeit für eine Nicht-Diagnose und eine Überweisung zum Gastroenterologen. Vielleicht hätte sie mehr Druck machen müssen, so aber war der Termin für die Magenspiegelung erst Anfang Juni gewesen. Vielleicht, vielleicht, vielleicht, jetzt war sie da, die Gewissheit.

Sie spürte, wie ihr die Tränen in die Augen schossen. Geheult wird nicht, Marie. Jetzt wird Geld aufgetrieben, mit allen Mitteln, die dir zur Verfügung stehen.

Sie steckte das Handy weg, selbst auf dem Linoleumboden knallten ihre Absätze, als sie in Richtung Fahrstuhl eilte.

- 26 -

»Salem aleikum, Fritz, willste 'n Bier?«, fragte Osman. Die Standardbegrüßung im Ekmek. Angeblich hatte der Kiosk in der Niddastraße hundertvierzig Sorten im Angebot. Wie ein Sultan thronte der Chef hinter dem Holztresen auf einem Friseurstuhl in oberster Stellung, eingekeilt von Zigarettenpackungen ohne deutsche Steuerbanderole, Kaugummis, Präservativen und Erdnüsschen. Sein Vollbart war immer akkurat gestutzt, Ergebnis des täglichen Tauschgeschäfts mit dem gegenüberliegenden »Kuaför Saray«: frischer türkischer Mokka gegen frische Rasur. Ansonsten ganz Pokerface, lachten seine Augen unentwegt. Sie waren stahlblau, bei Kurden keine Seltenheit. Doch das Strahlen schien ihnen ein wenig abhandengekommen zu sein, kein Wunder nach zwei Anschlägen innerhalb weniger Monate. Rechte Ultras aus dem Fanblock der Eintracht? Männer fürs Grobe, vom türkischen Geheimdienst beauftragt? Oder die Salafisten, denen Alkoholausschank und die knappen Tops der studentischen Aushilfen ein Dorn im Auge waren? Dafür, dass die Täter frei herumliefen, blieb Osman extrem entspannt. Fritz ging durch einen schmalen Gang nach hinten entlang der Batterie mannshoher Kühlschränke und nahm zwei Bier heraus. Auf dem Tresen vor Osman stand eine silberne Obstschale, bis zum Rand gefüllt mit Kronkorken.

»Wie läuft's«, fragte Fritz, während er bezahlte.

»Hätte die Bäckerei einfach weiterführen sollen. Bio-Baklava und Dinkel-Simet, darauf stehen die Leute. Bier will kein Mensch mehr.«

»Sagen wir fast keiner.« Fritz nickte hinüber zur Menschentraube vor der Tür, eine Mischung aus Bankern, Kunststudenten und Touristen. Laut englischsprachiger Reiseblogs war die Niddastraße der »coolest spot« und das Ekmek sein »hottest place«. Heute am Freitagabend war damit zu rechnen, dass gegen Mitternacht die Polizei vorbeischaute, um eine spontane Party aufzulösen.

Sie lehnten am Schaufenster. Auf der anderen Straßenseite stand er, eingekeilt von einem schwarzen Mercedes-Geländewagen und einem alten Golf. Sogar der schien doppelt so hoch zu sein wie der Dino. Doch wer achtete auf die beiden anderen Autos? Niemand, allerdings schien auch keiner den Dino wahrzunehmen. Fritz merkte, dass er immer lauter sprach:

»Vom FERRARI DINO wurden gerade mal zweitausendzweihundert Stück gebaut. Im Netz findest du keinen echten DINO mehr unter zweihundertfünfzigtausend Euro. Alle billigeren sind Fakes.«

Neben ihnen unterhielt sich Mate-Tee-trinkend eine Gruppe Studenten. »Dürfen solche Dreckschleudern überhaupt noch in die City?«, fragte einer, schüttelte den Kopf und wies mit der Flasche auf den auf der anderen Straßenseite kauernden Ferrari.

»Ich find den niedlich, und die Farbe ist cool, wie der Staubsauger von meiner Oma«, sagte die junge Frau, Kurzhaarschnitt und rechteckige schwarze Brille. Die beiden lachten. Fritz schwieg, setzte die Flasche an, trank aus und ging zum vierten Mal Nachschub holen.

»Wenn ich dir einen Rat geben darf: Du solltest den Wagen hier stehen lassen.«

»Spinnst du, Titus?«

»Hattest du fünf Bier, oder waren es sechs?«

»Dann lege ich am besten gleich ein Schild aufs Armaturenbrett: Nimm mich mit!«

»Man isst doch nicht da, wo man scheißt. Welcher normale Autoknacker klaut im eigenen Kiez? Vielleicht kotzt jemand aufs Dach, aber, mit Verlaub, bei der Lackierung trägt das kaum auf.«

»Fang du nicht auch noch an.«

»Junge, du hast richtig einen im Tee. Dass du Bekanntschaft mit einem Laternenpfahl machst, ist wesentlich wahrscheinlicher, als dass der Wagen geklaut wird.«

Wahrscheinlich hatte die Stimme der Vernunft recht.

*

Gegen Mitternacht setzte der Regen ein, und die Party löste sich auf. Weiterhin keine Nachricht von Marie. Vielleicht besser. Aktueller Pegel: sieben Bier und drei Pfefferminzlikör. Er schaltete sich ein Fahrrad frei, gab dem Dino einen Schmatzer aufs Dach und rollte los. Er fühlte sich wie eine Zierpalme unter einem Zerstäuber. Die Konsistenz der Tropfen lag irgendwo zwischen Niesel und Nebel. In vielen Hauseingängen lagen Penner, in Plastikplanen eingewickelt. Ein Junkie trommelte ein Solo auf einem stählernen Mülleimer und beendete es mit einem lauten »Reakzension«. Reaktion? Rezession? Fritz nahm sich vor, das Wort zu googeln, erreichte die hell erleuchtete Gründerzeitfassade des Hauptbahnhofs. Die letzten Gäste der Pilsstube Gleis 25 hingen über dem Tresen wie verwelkte Margeriten und rochen bestimmt auch so. Er stieg vom Rad. Zum Glück war der nördliche Seiteneingang noch offen. Von hier aus waren es nur ein paar Schritte bis zur Fußgängerunterführung, die die vierundzwanzig Gleise am Ende der Bahnsteige unterquerte. So sparte er sich den Umweg, den Kopfbahnhof komplett zu umrunden.

Schon am Treppenabsatz roch er den Urin. Am Rahmen trug er das Rad die Treppe hinunter. Auf Höhe von Gleis 19 hörte er ein Geräusch. Er stoppte und hielt den Atem an. Leere. Stille. Er beschleunigte seine Schritte. Gleis 17, das Schaben eines Schuhs auf Asphalt. Er drehte sich um, die Neonröhre über ihm blendete, doch war da nicht etwas Schwarzes gewesen, ein Stiefel, der im Treppenaufgang verschwunden war? Offenbar Einbildung. Sein Handy klingelte.

»Was gibt's, Titus? – Ja, fand ich auch, genervt haben nur diese Kinder. Hattest recht, hab den Dino stehen lassen.«

Dicht hinter sich hörte er schnelle Schritte. Er ließ das Handy in die Jackentasche gleiten.

Mit einem Schlag war er stocknüchtern. Der Mann war zwanzig Meter hinter ihm. Mit dem Kopf stieß er fast gegen die Neonröhren. Gleis 9, gleich konnte er die Treppe hinaufsprinten und würde auf der Südseite des Bahnhofs zwischen Busreisenden in Richtung Sarajevo oder Warschau untertauchen. Gleis 6, er starrte nach vorn.

»Shit.« Das war das Einzige, was ihm einfiel.

Vor ihm war etwas aufgetaucht, verengte die Unterführung wie ein Flugzeugträger den Suez-Kanal, ein schwarzer Fleischberg mit etwas Glänzendem in der Hand. Gleis 4.

Er riss das Rad unter den Arm, geriet ins Stolpern, sprintete auf den von Millionen von Fahrgästen durchgetretenen Basaltstufen nach oben. Von der vorletzten rutschte er ab, dennoch betrug sein Vorsprung dank des Überraschungsmoments vier, vielleicht fünf Sekunden. Das reichte, um aufs Fahrrad zu springen und Tempo aufzunehmen. Die Bahnhofshalle war fast menschenleer. Ein Vorortzug wartete vier Gleise weiter auf späte Pendler. Einige von ihnen verfolgten teilnahmslos das Geschehen: Wahrscheinlich ein Junkie mit einem geklauten Fahrrad, verfolgt von zwei Dealern.

Aus den Augenwinkeln sah er, wie der Schlankere über den nächsten Bahnsteig sprintete, mit gestreckten Händen die Luft zerschneidend. Ein Koffertransport bog auf Gleis 4 ein. An dem rechts vorbei, durch den Nebenausgang, ab ins Bahnhofsviertel! Der Triebwagen des Kofferzugs lenkte nach innen, weg von Gleis 5, hin zu ihm. Fünfzig Meter, noch war Platz. Zwanzig Meter, das würde knapp. Es knirschte leicht, als der Lenker am Außenspiegel vorbeischrammte. Der Fahrer brüllte etwas. Der Athlet stand mitten auf dem Gleis und starrte ihm hasserfüllt hinterher. Im letzten Moment wich Fritz einem stählernen Mülleimer aus. Er schaltete hoch, vorbei an Beamten der Bahnpolizei, hörte noch ein »Absteigen!« und schoss aus dem Bahnhofsgebäude. Er schmeckte den Sprühregen, vermischt mit salzigem Schweiß, fast wie Gischt. Der Schlag, der ihn traf, war weniger ein Schmerz, vielmehr ein Geräusch, ein ohrenbetäubendes Brüllen.

*

Langsam kam er zu sich. Die Kälte hatte ihn vollständig durchdrungen. Im Hintergrund war Gemurmel zu hören, er erstarrte, öffnete die Augen einen Spaltbreit. Vor ihm der kalte, blaue Nachthimmel, unter ihm die geschlossene Wolkendecke. Er flog! Doch wo war das Rauschen der Triebwerke? Er neigte den Kopf, die Schmerzen waren höllisch und zogen sich bis in die rechte Schulter. Unter den Füßen nackter Beton, darauf die Rollen eines Bürostuhls. Er versuchte, eine Hand zu heben, ohne Erfolg. Die Fesseln schnitten ins Fleisch, die Finger waren bereits taub. Direkt vor seinen Füßen endete der Beton, wenige Meter darunter hob und senkte sich die Landschaft aus grauer Watte wie ein ruhig atmender Ozean.

Der Kopf des Mannes, der neben ihm stand, war ein nahezu perfektes O, das in krassem Gegensatz zur Nase stand, die platt und zu einem S geformt war. Nahm man die schiefen Lippen dazu, war das SOS beisammen, das er so dringend benötigte. Fast übergangslos saß der Kopf auf einem massigen Oberkörper mit den abfallenden Schultern eines Schwergewichtsboxers.

»Alles klar für den Adlertag?«, fragte er und klang belustigt. Fast zärtlich trat er gegen das Fußkreuz. Knirschend rollte der Stuhl in Richtung Kante.

»Na, Schreiberschwuchtel, wie fühlt sich das an, so kurz vor dem Abflug. Mein Boss findet, dass du deine Nase aus Sachen von anderen halten sollst. Wie heißt du überhaupt? Egal.«

Der Tritt vors Stuhlbein kam ansatzlos. Fritz stöhnte auf. Ein heftiger Windstoß fuhr in das Gebäude. Irgendwo knatterte eine Plastikplane.

»Blöd, das mit dem Auge. War so nicht geplant. Viel kühlen, zwei, drei Tage, dann sieht es nur noch schlimm aus. Aber wenn du weiter im Autogeschäft rummachst, siehst du vielleicht bald gar nichts mehr.«

»Ich verstehe nicht …«

Tritt. Knirschen. Er schrie auf, als der Stuhl nach vorn kippelte. Mit zwei Rollen hing er über der Kante.

»Wenn du da runterfällst, erlebst du das alles mit. Voll.« Der Kugelkopf ruckelte an der Lehne.

»Aber vielleicht noch nicht heute. Weiß nicht. Na gut, weil du es bist. Aber kleine Erinnerung an uns kann nicht schaden. Flo, komm mal. Und vergiss Bummbie nicht. Soll bumm machen. Knie.«

Aus dem hinteren Teil des Raumes, der im Dunkeln lag, war ein Rascheln zu hören. Jemand erhob sich. Dann plötzlich ein Grunzen und ein dumpfes Geräusch, wie ein Tetrapak, das auf den Boden fällt. Ein sehr schweres Tetrapak.

»Flo?«

»Flo kann gerade nicht.«

Fritz erkannte die Stimme sofort und sandte ein Stoßgebet zu Allah, dem Allmächtigen.

»Wer bist'n du, Schwuchtel?«

»Einer, der sich von Flo den Bummbie ausgeliehen hat. Kleiner Tipp: Baseballschläger aus Alu kannst du in die Spülmaschine tun.«

»Verpiss dich!« Er klang wie jemand, der sich am liebsten verpissen würde.

Ein scharfes Pfeifen, ein leichter Luftzug, der Kugelkopf machte einen schnellen Schritt rückwärts, um dem Baseballschläger auszuweichen. Vom vielen Regen hatte sich das Absperrseil aufgeweicht und hing in Kniehöhe. Der Glatzkopf ruderte mit den Armen, aus seinem Mund kam eine Art Huhuhu, dann verschwand er im weißen Meer, das sich inzwischen leicht orange zu verfärben begann.

»Du solltest mal mit deinem Kumpel Titus reden. Dein Handy hat so was von ner Sicherheitslücke. Hat mitgehört und meinte, irgendwas sei faul. Wir haben uns dann beide gefragt, was du um drei Uhr morgens in der Ruine vom El Grande machst.«

Mahmud zog den Bürostuhl weg von der Fensteröffnung, entfernte das Kabel und durchtrennte mit einem Teppich-Cutter die Kabelbinder. Er fasste unter beide Arme und hob Fritz hoch.

»Beruhige dich – alles ist gut.« Langsam ebbte das Schluchzen ab.

Mahmud tätschelte Fritz den Rücken, hob ihn hoch, legte ihn sich wie einen Sack Kartoffeln über die Schulter, trug ihn zum Bauaufzug und drückte den Abwärtsknopf.

Die Leiche des Mannes wurde einige Tage später gefunden. Anonymer Anrufer, leichter Akzent, irgendwo von einem Standort in Offenbach. Mehr konnte die Polizei nicht rekonstruieren. Um den Toten, vielleicht ein Kleindealer, machte man nicht viel Aufhebens.

- 27 -

»Wo steckt eigentlich der Altmeister, Wally? Freizeitausgleich wegen Wochenenddienst? Oder ein Fall von hartnäckiger Montagsallergie?«

»Laut meiner Quelle in der Personalabteilung ist Fritz bis nächste Woche krankgeschrieben. Jetzt guck nicht so, Marie, Mitleid ist unangebracht.«

»Scheint aber was Ernstes zu sein. Auf meine Nachrichten antwortet er jedenfalls nicht.«

»Sicher ist es schlimm, wenn du ihn fragst. Ich gehe davon aus, er kultiviert seine Midlife-Crisis. Studien belegen eindeutig: Einhundert Prozent aller Männer sind sich sicher, dass männliche Wechseljahre weitaus schlimmer sind als weibliche. Ungefähr jedes halbe Jahr wirft es ihn für vierzehn Tage aufs Lager.«

»Bestimmt knabbert er noch daran, dass diese Sophie abgehauen ist. Nicht leicht zu verkraften mit fünfzig.«

»Arbeite mal ein bisschen länger mit ihm zusammen, und das Pendel der Solidarität wird zu ihrer Seite ausschwingen. Wenn du mich fragst, ist der beziehungsunfähig. Okay, das gilt auch für meinen Mann. Selber dübeln ist eben auch keine Lösung.«

»Wem sagst du das. Apropos Heimwerken, was ist eigentlich im Sprudeldepot los? Und wozu ist dieses Aquarium überhaupt gut?«

In einem Glaskasten von der Größe eines Squashcourts stapelten sich Wasserkästen, jeder einzelne versehen mit einem Namensschild. Dazwischen saß an einem Schreibtisch ein Mann, Ende zwanzig, mit schulterlangem Haar und einem Gesichtsausdruck, der ständig zwischen Furcht und Euphorie hin und her zu schwanken schien. Er bewegte sich so eckig, als müsse er mit der Präzision des Computers mithalten, auf dessen Tastatur er einhämmerte.

»Das war vor deiner Zeit. Der legendäre Reporter Desk. Hast du eine Lieblingsserie?«

»GZSZ. Früher mal.«

»Witzig, das war auch meine. Lieblingscharakter? Ich tippe auf Katrin Flemming. Hab ich mir's doch gedacht. Meiner ist Leon Morena. Dauerdrama, das ist Wallys Welt. Egal, dann kennst du dieses Gefühl: Katrin Flemming steht in der Küche und macht sich einen Kaffee. Jedes Mal, wenn du nicht auf Katrin Flemming guckst, denkst du: Nein, das ist keine Küche, das ist die Darstellung einer Küche. Genauso ging es mir mit dem Reporter Desk. Da lagen Stapel von Schmierpapier, funktionierende und kaputte Aufnahmegeräte, dauerverpilzte Kaffeebecher, Bananenschalen auf Tellern wie kleine braune Reptilien, der Verlag hatte sogar das Rauchverbot aufgehoben, um die glorreichen Zeiten des Journalismus heraufzubeschwören. Statt mit schwarzem Kaffee und Marlboro haben die aber mit Chai Latte und E-Zigarette dagesessen. Konnte also nichts werden. Fritz war übrigens auch mal eine Weile dabei.«

»Scheint ein richtiger Hasbin zu sein, der Fritz.«

»Ein was?«

»Ein Has-Been, einer der mal jemand gewesen ist und dauernd davon erzählt, was für ein Hecht er mal war.«

»Der Hecht hatte immer ein Sixpack im Schreibtisch gelagert. Und es auch eingesetzt. Hat sich auf Artikel 3 Grundgesetz berufen.«

»Der Gleichheitsgrundsatz. Lass mich raten: Wenn die rauchen dürfen, dann darf ich auch saufen. Typische Fritz-Aktion, würde ich sagen.«

»Der Redakteursrat ist zu Pfannenroth gerannt, der zu Stockmann, der hat Fritz aus dem Team ausgeschlossen, der wiederum hat sich eingeschlossen und hinter Glas eine Kiste Bier niedergemacht. Am helllichten Tag. Falls du dich also je gefragt haben solltest, warum er hier so beliebt ist …«

»Hast du ihn rausgetragen?«

»Als ich wegmusste, war er noch nicht fertig.«

Marie verdrehte die Augen. »Wie endete das Projekt Qualitätsjournalismus?

»Mangels messbarer Auflagensteigerung haben wir jetzt ein Freigehege für Mineralwasserkästen. Du trinkst mit Bizzel – das sind die mit roten Etiketten, links. Kannst dich gern aus meiner Kiste bedienen.«

»Und die Namensschilder?«

»Ungeplantes Sozialexperiment. Angefangen haben wir mit Gemeinschaftsbestellungen. Das Ergebnis kannst du dir denken: Ich hab doch kaum was getrunken. Die Lieblich, die nimmt sich jeden Tag eine Flasche. Und so weiter. Jetzt zahlt jeder für sich.«

Kopfschüttelnd ging Marie in Richtung des Glaskastens. Das sah aus wie in Little Rock bei Aufhebung der Rassentrennung, nur ohne Nationalgarde. In der Hauptrolle Marie als schwarze Schülerin, die Politikredaktion als weißer Mob. Sie klopfte an die Glastür und trat ein. Der Programmierer zuckte zusammen, drehte sich um, und sein Gesichtsausdruck schlug von Panik in Euphorie um. Marie hob lässig die Hand, er stand unbeholfen auf und streckte ihr die Hand entgegen. Ein paar Minuten lang unterhielten sie sich angeregt, dann bot er ihr an, Platz zu nehmen. Hinter seinem Rücken zwinkerte sie Wally zu und setzte sich. Er schaute ihr über die Schulter und deutete auf den Bildschirm. Sie nickte und begann zu tippen.

Wally lächelte. Marie war ihr nah gewesen. Das erste Mal seit Tagen. Das Band zwischen ihnen schien zerrissen gewesen zu sein, und sie konnte sich nicht erklären, wieso. Weder gemeinsame Mittags- noch Zigarettenpause, und dann diese Ringe unter Maries verquollenen Augen. Wally kannte das aus ihrer HDT-Periode. HDT wie Hoch die Tassen!

Sie konzentrierte sich wieder auf ihren Text über die Amazonisierung der Frankfurter Zeil. Der Leerstand hatte einen neuen

Höchststand erreicht. Nach einer Weile hob sie den Kopf. Marie stand vor dem Drucker, nahm mehrere Blätter heraus und faltete sie. Dann streichelte sie dem Computermann über den Rücken – brav, Brauner – und kehrte an ihren Schreibtisch zurück.

»Einfach mega! Das System arbeitet mit *augmented intelligence.* Das ist State of the Art. Linux-basiert, braucht unglaublich wenig Arbeitsspeicher. Du gibst ein paar Schlagworte ein, und der Webcrawler legt los, bereitet dir die Treffer gemäß der Relevanz auf, die du vorher festgelegt hast. Tausendmal effizienter als Google. Das spart unglaublich viel Zeit. Solltest auch mal! Geh einfach rein, Dierk freut sich, wenn er es jemandem zeigen kann. Die anderen werfen nur Papierkügelchen zu ihm rüber, wo *Judas* und Ähnliches draufsteht.«

»Lass mal gut sein, die paar Monate bis zur Pensionierung schaffe ich noch mit natürlicher Intelligenz.«

»Im Zweifel kannst du wenigstens die Enkelchen beeindrucken. Jedenfalls wird sich unser Altmeister wundern.«

Marie wedelte mit den gefalteten Blättern und ging zu ihrem Schreibtisch.

»Zigarettenpause, Marie?«

»Leider keine Zeit. Ich muss was Privates recherchieren.«

Wally seufzte, zog sich die rosafarbene Strickjacke über und ging Richtung Aufzug.

- 28 -

Eine Woche lang hatte Fritz sich nicht aus der Wohnung getraut, Vogelgezwitscher und Sonnenstrahlen lockten ihn dann doch vor die Tür. Um die Außenwirkung seines zermatschten Gesichts zu testen, bot sich die Reinigung auf der Hanauer an. Er legte drei Hemden auf den Tisch, einschließlich des hellblauen mit dunkelroten Flecken an Kragen, Brusttasche und auf Ellbogenhöhe. Irgendwie hatte er auf etwas gehofft wie: »Das sieht ja schlimm aus. Wie ist das passiert?«

Die Frau hinter der Theke bewegte sich kaum, starrte unverwandt auf ihren Tablet-Computer. Der eingebaute Lautsprecher krächzte in einer Sprache, die er nicht kannte. Stimmen und Intonation verrieten, dass auch in diesem unbekannten Land Daily Soaps freitags um elf sehr beliebt waren. Sie hob den Blick, deutlich verärgert.

»Abgeben?« Um diese Uhrzeit war das Einreichen blutiger Hemden offenbar strafbar. Unwillig erhob sie sich von dem kleinen Hocker und warf einen Blick auf das fleckige Hemd. »Kann sein, dass nicht alles rausgeht.«

Fritz zuckte mit den Achseln.

»Dienstag«, sagte sie, nahm mit vorwurfsvollem Blick den Fünfzigeuroschein entgegen, hob den Einsatz der Kassenlade an, zog zwei Zwanziger hervor und gab ihm, seine bedauernde Geste kopierend, vier Euro in Fünfzigcentmünzen. Seine Hemden landeten auf einem großen Stapel, während sie sich wieder auf den Hocker fallen ließ, um den Streit des Liebespaares weiterzuverfolgen.

Fritz hob zur Sicherheit noch einmal drei Finger und sagte »drei«. »Dienstag«, antwortete sie, voll absorbiert vom Bildschirm. Eine Melodie, getragen von unzähligen Geigen und aus scheppernden Lautsprechern, leitete seinen Abgang ein.

– Die haben dich ja ziemlich übel zugerichtet, Fritz.
– Gibt Schlimmeres. Du bist 1970 sogar mit gebrochenem Fuß Zweiter bei den Zwölf Stunden von Sebring geworden.
– Glaubst du eigentlich alles, was in der Zeitung steht?
– Ich hab doch die Filmausschnitte gesehen, in denen du mit Gipsfuß ins Auto steigst.
– Der Gips war echt, aber in Wahrheit hatte ich mich beim Fußnägelschneiden in den großen Zeh geschnitten. Hat unglaublich geblutet. Kennst du diese Nagelknipser?
– Ja, und?
– Neile ist dann draufgekommen, das Ganze publicitymäßig auszuschlachten. So sind Frauen!
– Geschadet hat es dir nicht.

In den Überresten der Nase begann es heftig zu pochen. Fritz trat den Rückzug an. €-Worscht gegenüber der Europäischen Zentralbank war belagert von Anzugträgern. Über jedem Stehtisch hing kopfüber ein transparenter Euter aus Plastik, prall gefüllt. Der Senfverbrauch musste gigantisch sein.

Löwensenf, kräftig leuchtend. Shit! *Können Sie sich an alles erinnern?*, hatte die Ärztin in der Uniklinik gefragt. *Ja, klar.* Von wegen! Senfgelb, Giallo Senape! Der Dino!

So schnell es das Pochen in der Nase zuließ, rannte er zur S-Bahn. Sie brachte ihn direkt zum Hauptbahnhof. Bevor wie jeden Nachmittag die Freier und die Junkies anrückten, hatte die Niddastraße fast etwas Beschauliches. Der Stahlrollladen des Ekmek war runtergelassen, Osman öffnete erst gegen sechs. Der schwarze SUV war ein guter Anhaltspunkt, davor hatte er geparkt. Er umrundete den Wagen. Blieb stehen, schloss die Augen, öffnete sie wieder. Starrte auf einen japanischen Kleinwagen, drehte sich um, ging langsam bis zur nächsten Straßenecke, kehrte wieder zurück, ging in die Gegenrichtung, kam wieder, blickte sich suchend um. Kramte nach dem Handy.

»Titus, nur ganz kurz, wo hab ich vorgestern den Ferrari geparkt?«

»So voll warst du nun auch wieder nicht! Direkt gegenüber vom Ekmek, beim Friseursalon.«

Er legte auf. Das Erste, was ihm einfiel, als er überhaupt wieder denken konnte, war das Gespräch in der Versicherungsagentur: »Herr Graber, Sie sollten ohne Umweg in unsere Agentur kommen, wenn Sie das Kfz zugelassen haben. Ihre vorläufige Versicherung beinhaltet Haftpflicht, aber nicht den Diebstahlschutz.«

- 29 -

Komasaufen, vor allem aber die Periode danach. So hatte es sich angefühlt. Das Beste an der vergangenen Woche war der Crashkurs in Sachen Empathie gewesen. Fritz hatte eine Ahnung davon bekommen, wie sich Slobos Stammgäste fühlten. Das Hoch, das mit steigendem Pegel kam, dann die nervöse Überspanntheit und schließlich der Fall in die Depression. Nicht Ramazzotti hatte sein Stoff geheißen, sondern Ferrari, und jetzt war die Flasche leer, ein für alle Mal. Voller Angst hatte er den Anrufbeantworter angestarrt, jedes Mal, wenn er vom Einkaufen oder nur vom Müllrunterbringen zurückkam. Denn wer außer seiner Mutter sprach dort noch drauf. Das ganze Wochenende über hatte er sich die Sätze zurechtgelegt. Neutral: Mutti, das Geld ist weg. Der Dino ist mir geklaut worden. Emotional: Liebe Mutti, bitte rege dich nicht auf. Ich bin selbst am Boden zerstört. Lässig: No risk no fun. Dann war ihm eingefallen, dass sie irgendwas von einer Kulturreise erzählt hatte. *Drei Wochen Baltikum, Littland, Lettauen und dieses Dritte, sag schon, Fritz, wie heißt dat noch?*

Gestern hatte er sich selbst für zumindest transportfähig erklärt und die Fahrradreifen auf vier Bar aufgepumpt.

Und jetzt saß er wieder auf dem Bock und trat in die Pedale. Der Weg in den Verlag fühlte sich einigermaßen normal an, auch wenn seine Gemütslage Ton in Ton war zu einem Montagsmorgenhimmel von der Farbe eines alten Heizkörpers. Er widerstand der Versuchung, gleich jetzt um zehn bei Slobo reinzuschauen.

Gerade, als er um die Ecke bog, hörte er dieses Geräusch, ein akustischer Flashback, der die Synapsen zumindest leicht ins Schwingen brachte. »Kanakensiedlung« in Bochum-Unterdahlhausen. Dieses fiese Schaben, wenn die Kette am Kettenschutz entlangschrappt, dazu ein rhythmisches Knarzen: Reifen mit einem Achter trifft auf lockeres Schutzblech. Türkische Malocher, die sich kein Auto leisten konnten, nicht mal den obligatorischen Ford Taunus, radelten so zur Straßenbahnhaltestelle. Dann sah er, wie jemand von einer Schrottlaube stieg und sie an seinen Laternenpfahl lehnte.

»Ey!«

Verwaschene enge Jeans, Sneakers, eine kurze Lederjacke in Karamellton, dazu eine Umhängetasche aus Lkw-Plane. Weiblich, westeuropäisch, weltoffen.

»Würden Sie wohl …?»

»Hallo Fritz. *Long time no see*! Geht es dir wieder besser?«

Marie lächelte ihn an, während sie sich hinunterbeugte, um ein schweres Kabelschloss um den Laternenpfahl zu legen.

Normalerweise hasste er ja Leute, die englische Halbsätze verwendeten.

Verstört schaute er sich um. Der nächste freie Mast war fünfzig Meter weit weg. Er blickte nach oben. Zum Glück hatte sie niemand beobachtet. Kopfschüttelnd machte er sich auf den Weg. An der Drehtür ließ er ihr artig den Vortritt.

»Echtes Schmuckstück, dein Fahrrad, meine ich.«

»Ich find's krass entspannend. Wie ein Handy mit Displayschaden. Du musst dir keinen Kopf mehr machen. Und du? Blühendes Leben sieht anders aus. Hoffentlich nichts Ernstes?«

»Sagen wir, ein plötzlicher, unwiederbringlicher Verlust. Dein Kompliment darf ich dir zurückgeben.«

Sie schwieg und senkte den Blick.

Im Aufzugszombie angekommen, verzogen sie sich in die jeweils diagonal gegenüberliegenden Ecken.

Fritz sog Luft durch die Nase ein.

»Was? Stört dich mein Parfum?«

Er schaute unauffällig an ihr herunter. Warum musste er bei Journalistinnen immer an Geena Davis in *Thelma and Louise* denken. In was für einem Wagen waren sie noch die Klippe heruntergefahren? Mustang oder Thunderbird, in jedem Fall ein Ford. Fritz, schalt endlich den Automodus aus!

»Ja, Fritz, was wolltest du sagen …?« Es klang gedehnt.

»Entschuldige, ich bin verwirrt. Es riecht nach Investitionen.«

»Wie meinst du das?«

»Die Ausdünstungen von Styropor, Kartonpappe und Folie, unverwechselbar. Letztmalig hatten wir das 2019 kurz vor Weihnachten. Das digitale Faxgerät.«

»Dann lass dich mal überraschen. Wenn du Fragen zum Thema Innovation hast, musst du einfach nur pfeifen. Du weißt doch, wie das geht: Man spitzt die Lippen und pustet Luft hindurch.«

Wow, der Dialog aus Haben und Nichthaben. Da, wo Bogey und Bacall sich ineinander verliebt hatten. Sie wusste bestimmt sogar, ob es ein Mustang oder ein T-Bird gewesen war.

Wally, wie immer schon seit sieben da, blickte von ihrer Tastatur auf.

»Wollte gerade eine Vermisstenmeldung aufgeben. Schau mal, Fritz, während du aufs Lager geworfen warst, ist hier so einiges passiert. Darf ich vorstellen: der Reporter des einundzwanzigsten Jahrhunderts! Raucht nicht, säuft nicht und weiß noch nicht mal, wie man Wochenendzulage schreibt. Der leibhaftige Anti-Fritz also.«

Sie nickte in Richtung des Glaskastens.

Fritz stand breitbeinig da. Er verschränkte die Arme. »Der Firmenname ist schon mal wahnsinnig originell.«

Der Programmierer, Dierk war es nicht, trug sein graues Poloshirt, auf dessen Rücken »www.chief-digitor.com« stand, unschwer zu deuten als Synthese aus Chief Editor und Digital. Wally feixte zu Marie herüber, die gerade ihre Haare hochsteckte, wie sie es immer tat, bevor sie sich an den Schreibtisch setzte.

»Kannste doch vergessen!«

Fritz spürte sofort, das war eine Spur zu laut gewesen. Der Bürostuhl schwang herum, und er blickte in zwei blaue Augen, die vor Angriffslust blitzten.

»Was kann man vergessen? Die Zukunft?«

»Denk bloß nicht, Marie, ich hätte noch nichts von Narrative Science gehört, automatische Texterstellung. In Nachrichtenredaktionen schreibt der Computer die Quartalsberichte. Und auch bei der Ergebnisberichterstattung im Sport klappt das ganz gut. Aber eine differenzierte Analyse oder am Ende noch ein geschliffener Kommentar? Niemals!«

»Dir und den anderen Grauköpfen hier sollte mal langsam eine Illusion genommen werden: Euer Schreibstil, auf den ihr euch so unglaublich viel einbildet, interessiert die Leser ungefähr so wie euch die Papierstärke des Gehaltszettels. Entscheidend ist, was draufsteht. Was die Verlagsleitung macht, ist vollkommen richtig, kommt allerdings zehn Jahre zu spät. Ein bisschen früher, dann wäre die Veranstaltung hier nicht so ein Totentanz.«

Der weiße Mob in der Politikecke tastete nach den Baseballschlägern.

»Und wenn ich dich korrigieren darf: Natürlich ist Narrative Science ein alter Hut. Darum geht's aber nicht. Das hier ist eine Recherche-Killeranwendung, basierend auf Künstlicher Intelligenz. Für das, was der Chief Digitor in zwei Minuten ausspuckt, bräuchtest du zwei Monate, selbst, wenn du schon ein Tastentelefon hast. Sämtliche Facebook-Profile, Instagram-Accounts, Medienseiten …«

»Das Problem dieser Welt ist nicht zu wenig, sondern zu viel Information.«

»Tatatata. Ein Satz für die Ewigkeit. Von Ignoranten für Ignoranten. Das Problem von euch Kerlen ist, dass ihr nicht in der Lage seid, eure Gedanken so zu strukturieren, dass ihr die richtigen Eingaben in so eine Maschine macht. Ihr verlasst euch auf eure Spürnasen, selbst wenn die inzwischen total verstopft sind. Wer schlau ist, nutzt das Digitale und bekommt die Nase wieder frei. Hier zur Feier deiner Rückkehr ein kleines Geschenk des Hauses. Solltest mal reinschauen. Erweitert den Horizont.«

Marie drückte ihm mehrere Blatt Papier in die Hand, sauber auf Postkartenformat zusammengefaltet.

»Bei Gelegenheit.«

»Wann immer du willst. Ich hab definitiv Wichtigeres zu tun, als mich um die Befindlichkeiten von Männern in der Midlife-Crisis zu kümmern.« Sie schnappte sich ihr Handy und rauschte ab. Erst Stille, dann setzte die Bürotür mit einem Knall den Schlussakkord.

Er schüttelte den Kopf, nahm die Ausdrucke und steckte sie in die Schreibtischschublade, direkt neben den Taschenrechner.

»Wally, weißt du, was mit der los ist?«

»Mal abgesehen davon, dass ich dir dieselbe Frage stellen könnte und du mir doch nichts erzählen wirst, Marie wirkt schon seit ein paar Tagen ziemlich bedrückt. Sie raucht noch nicht einmal mehr.«

Er schüttelte den Kopf, ließ sich auf den Stuhl fallen, nahm dessen Quietschen zur Kenntnis, legte die Hände flach auf den Schreibtisch und starrte auf den schwarzen Bildschirm.

- 30 -

Fritz starrte aus dem Wohnzimmerfenster hinunter auf die Howaldtstraße. Im Abendlicht lag sie da wie Dodge City ohne Saloon. Die Pferde waren nur Haut und Knochen und warteten darauf, am nächsten Morgen mittels QR-Code zum Leben erweckt zu werden. E-Scooter in Reih und Glied an der Stromtränke.

Warum lief es mit Marie immer auf Streit hinaus? Bin ich wirklich so ein Ignorant? Wolters und die anderen, klar, die wollten nichts mehr lernen, die wollten nur noch bis zur Rente durchhalten. Er dagegen war immer offen für Neues gewesen. Wer sich von den Launen eines Greenhorns wie Marie verunsichern ließ, war im Job gleich weg vom Fenster. Und überhaupt, wer kümmerte sich eigentlich um seine Befindlichkeiten? Ein feines Knacksen durchbrach die Stille. Elsa.

Er faltete die Ausdrucke auseinander. Natürlich hatte er sie eingesteckt. Wie zu erwarten, nichts Neues: ein Link zu Polanskis Website, Fotos von Nobelkarossen aus dessen »Portfolio«, immerhin, auch die Adresse von Trautwein, dem Gebrauchtwagenhändler. Auf der folgenden Seite nur Internetlinks. Doch dann ein Schwarzweißfoto, stark verpixelt und in schlechter Druckqualität. Er musste die Lupe zur Hand nehmen. Eine Lesebrille? Wozu? Ich sehe alles. Die Quelle war unbekannt, irgendein Fachblättchen mit Namen *Fahrzeuge Aktuell*. Im Zentrum des Bildes VW-Chef Kammelgruber, rechts daneben Polanski, der den Manager anschaute, als verkünde der gerade das Evangelium. Und noch weiter rechts betrachtete einer das Geschehen quasi aus der Vogelperspektive. Fritz hauchte die Lupe an und putzte sie mit dem T-Shirt, doch der erste Eindruck bestätigte sich: Sam, der Adler aus der Muppetshow, nur im grauen Anzug. Augenbrauen wie Schuhbürsten, Adlernase, ein Kinn zum Nägeleinschlagen, da bestand nicht der Hauch eines Zweifels: Viktor Herrmann. Die Bildunterschrift hatte das übliche Niveau, wenn Praktikanten am Werk waren: »VW-Chef Kammelgruber im Gespräch mit Kollegen.« Kollege Polanski durfte sich geehrt fühlen.

Seine Aufmerksamkeit wanderte zurück zum Bildschirm. Endlich baute sich crashtag.com auf. Eine Menge anderer Verrückter war mal wieder spätabends unterwegs.

Er klemmte seine Thrombosetablette zwischen die Zähne und goss sich vom Jeden-Tag-Roten ein. Einzunehmen nach dem Abendessen, so wie vorgeschrieben. Tunfisch, vermischt mit Mayonnaise und Tomatenmark, wichtig war das Mischungsverhältnis, das Ergebnis musste streichzart sein wie Nutella. Danach auf ein Toast, im Moment leider etwas labbrig, der Schlitten vom Toaster sprang nach zehn Sekunden raus. Irgendwas am Zeitschalter. Er nahm einen Schluck Wein und spülte die Tablette runter. Vom »knackigen_Italiener_in LA« war noch immer nur der Text zu sehen:

»Ihr werdet es nicht glauben, ein Senf-Ferrari wurde auf dem Harbor Freeway plattgemacht wie ein Sandwich. Der Fahrer sieht aus wie ein Grillwürstchen. Die Bilder sind ein Muss!«

Das erste Bild auf Crashtag öffnete sich, wie üblich ein JPEG von miserabler Qualität, unscharf und unterbelichtet. Zunächst erkannte er die beiden runden Rückleuchten, darunter ein bisschen Stoßstange. Nächstes Bild, er rückte näher an den Monitor. Der Kickdown ging genau auf den Solarplexus. Dino 246GT, eindeutig, fast wie seiner. Zum x-ten Mal startete der Film: fünf Prozent Anzahlung sofort – high five, Mann – ne Farbe wie Omas Staubsauger – nur haftpflichtversichert. The end. Wie damals in den Wochen nach der Trennung von Sophie. Nein, schlimmer, denn die war ja nicht sonderlich überraschend gekommen. Er rechnete nach: Noch zehn Tage Schonfrist, dann war Mutti zurück aus na du weißt schon.

Am vorderen Radkasten des Dino klebte ein Playboy-Bunny. Dorthin gehörte eigentlich das Logo mit dem verschnörkelten F des Karosseriedesigners Pininfarina. Die waren nur geklebt und hatten auch bei seinem gefehlt.

Der Journalist in ihm zog den Hut vor diesem Zyniker aus Los Angeles, beschrieb doch der Kommentar mit einem Minimum an Worten den Inhalt der Bilder. Der Dino 246 sah aus, als sei er mit einem stumpfen Tranchiermesser der Länge nach abgetragen worden. Ein Segen, dass der Blogger, anders als im Text angepriesen, zu spät gekommen war, um das zu fotografieren, was von den Insassen übrig war. Der Wagen hatte sich in einen stehenden Lkw gekeilt. Hoffentlich war der Fahrer bereits tot gewesen, als der Wagen in Flammen aufgegangen war. Fritz klickte sich durch die Bildergalerie. Der Innenraum eine Lavalandschaft aus geschmolzenem Kunststoff. Die Heckpartie war größtenteils intakt geblieben, hier war das Bild um einiges heller, allerdings verwackelt. Er versuchte, die vertrauten Details des Dino zu identifizieren. Sein Blick verweilte, ohne dass er hätte sagen können, warum, lange auf der hinteren Stoßstange.

Er schloss die Augen und klickte die Seite weg. Zum Kotzen manchmal, all diese Freaks, die sich auf der Seite herumtrieben; er selbst eingeschlossen. Er fuhr den Rechner herunter, stellte das Geschirr in die Spüle und machte sich bettfertig.

Der Radiowecker zeigte 03.12 Uhr, als er aufwachte. Er erhob sich ächzend, fluchte auf Blase, Prostata, Kniearthrose, den ganzen Altersmist. Mit gesenktem Blick schlurfte er über den langen Flur, der schwach beleuchtet war vom Lichtschein aus der Wohnung nebenan. Als er die Klotür erreichte, starrte er auf das rechteckige Loch im Türblatt, Überbleibsel der Geburtstagsparty zum Vierzigsten, als ein Besoffener dringend Einlass begehrt und in seiner Not in das Entlüftungsgitter getreten hatte. Schlagartig war er hellwach. Er stolperte über die Schwelle der Wohnzimmertür, fing sich gerade noch ab, schaltete das Licht an und startete den Rechner.

Der fehlende Rahmen! Wegen der schlechten Bildqualität war es schwer zu erkennen gewesen, doch am Unfallwagen schien an der linken Nummernschildbeleuchtung der kleine Chromrahmen zu fehlen. Gleiche Farbe, fehlendes »f« in Pininfarina und fehlende Kennzeichenbeleuchtung, bei 1868 jemals produzierten Dinos – das war sein Auto.

Er zog seine Fleece-Jacke über und recherchierte weiter. Ein erster Schimmer Morgenlicht fiel durchs Fenster und gab der gegenüberliegenden nachtgrauen Fassade ihren Ockerton zurück. Das nächste Tief rückte an. Regentropfen liefen am Fenster herab wie Tränen.

- 31 -

»Nicht dein Ernst, Marie! Du hast noch nie von der ›Hildegard‹ gehört? Lass dir's von der alten Wally gesagt sein, das ist die IAA für Wünschelrutengänger. Das Neueste vom Neuesten in Sachen alternativer Heilkunst und Esoterik. Und mal nach Wiesbaden zu fahren tut auch nicht weh. Vor allem, wenn du Angorawäsche und einen Lodenmantel brauchst. Brauchst du nicht? Bist ja noch jung. Egal, fahr trotzdem hin, und schau dich ein bisschen auf der Messe um. Ich könnte hundert Zeilen gebrauchen. Die Story eilt nicht, Mitte kommender Woche reicht, kannst also direkt von dort ins Wochenende starten.«

Alternative Heilkunst und Esoterik als lukrativer Wirtschaftszweig, Wally hatte ein Gespür für regionale Themen, die abseits des Mainstream lagen. Marie war gleich in die nächste S-Bahn gestiegen.

Und nun stand sie hier, unterhalb der Treppe, die in den Eingangsbereich der Rhein-Main-Hallen führte, unschlüssig, ob sie wirklich hineingehen sollte. Mit seiner Fassade aus Ornamentplatten erinnerte der langgestreckte Zweckbau an ein DDR-Kaufhaus. Sie kam sich deplatziert vor in ihrem grauen Hosenanzug und den braunen Sneakers. Die Bilanz-Presskonferenz der Frankfurter Sparkasse, für die sie das Outfit ausgewählt hatte, war am Morgen kurzfristig abgesagt worden. Der langjährige Aufsichtsratsvorsitzende war überraschend verstorben. Sie blickte sich um. Genauso stellte sie sich das Besucherzentrum von Lourdes vor. Kinder mit Down-Syndrom oder schweren Lähmungen, im Rollstuhl sitzend und von Müttern geschoben, denen die ständige Überforderung tiefe Falten ins Gesicht getrieben hatte, Menschen verschiedensten Alters, krumm gehend, hinkend, doch in fröhlicher Erwartung der Wunder, die Hildegard für sie bereithielt. Hildegard von Bingen war gemeint, natürlich. Dazu noch mehr Rollatoren auf der Behindertenrampe als Autos auf der A66 zur Rushhour.

Okay, Auftrag war Auftrag. An der Kasse zeigte sie ihren Presseausweis vor, die Frau hinter Glas im Kassenhäuschen nickte nur. Die Hallen befanden sich im ersten Stock. Schon jetzt, um halb elf, schoben sich die Besucher durch die schmalen Gänge. Doch niemand drängelte, fuhr die Ellbogen aus oder motzte. Im Gegenteil, die Besucher schienen auf einem Teppich aus Harmonie zu stehen, der langsam durch die Hildegard gezogen wurde.

Gesundheitstees, batteriebetriebene Akkupunkturstifte, fetthaltige oder fettabsorbierende Puder, das Angebot an vermeintlichen oder tatsächlichen Gesundmachern war riesig. Neben einer Kunstrasenfläche blieb Marie stehen. Darauf standen merkwürdige weiße Kästen, einem Brotbackautomaten nicht unähnlich, doch statt mit einer Klappe mit Halterungen versehen, die aussahen wie der untere Teil einer Handschelle. Eine Hostess ganz in Weiß teilte den Besucherstrom. Sie erinnert an das Kalenderblatt eines Leuchtturms vor der Küste Schottlands mitten in schwerer See. Direkt vor Marie fuhr der Leuchtturm den Arm aus und lotste sie auf den Stand.

Eine Asiatin in einem weißen Arztkittel mit Mottenlöchern im rechten Ärmel nahm sie in Empfang. Sie bedeutete ihr, die Schuhe auszuziehen und sich hinzulegen. Sie fasste Maries Beine oberhalb der Ferse an und legte sie sanft in der Handschelle ab.

»Was ist das für ein Gerät?«

»Eine Chi-Maschine. Löst sofort jede Blockade im Hüftbereich. Ihr Chi kann wieder fließen«, sagte die Asiatin.

Mit fragender Miene hob sie den Okay-Daumen und drückte auf einen großen, grünen Knopf. Ein Gefühl wie im ICE, wenn er in den Frankfurter Bahnhof einlief, die Kurvenradien der Schienen immer enger wurden und einem der Waggon förmlich unter den Füßen weggezogen wurde. Nur sanfter und regelmäßiger, gar nicht unangenehm. Mehrere rote Knöpfe auf der Maschine deuteten darauf hin, dass die Chi-Maschine auch anders konnte. Nach ein paar Minuten hatte Marie genug. Sie stand auf, zog die Schuhe wieder an und bedankte sich. Vielleicht in zwanzig Jahren. Bis dahin reichte morgendliches Power-Yoga.

Die leuchtend bunten Farben eines Standes am Ende der Halle zogen sie an.

»Was ist es denn?«, fragte die schlanke Frau hinter dem Präsentationstisch. Sie hatte schwarzes, glattes Haar, das Gesicht war bronzefarben geschminkt, und sie trug einen Sari in Maisgelb.

»Krebs.«

Die Frau nickte verständnisvoll. »Was für einer?«

»Speiseröhre.«

»Sie wirken noch so vital!«

»Nicht ich habe Krebs. Ein Verwandter.«

»Alles das frühere Leben, alles das frühere Leben.«

Es klang wie ein Mantra. Marie musste hinreichend verständnislos geschaut haben, denn die Frau schob schnell hinterher: »Frustrationen in einem früheren Leben, das ist die Ursache für Ihren Krebs.«

»Es ist nicht meiner. Und was kann man dagegen tun? Auf Ihrem Banner steht: Lehre und Heilung.«

Die Frau legte eine überraschend weiße Hand auf ein schmales Bändchen, auf dem über einem Regenbogen in falscher Farbreihenfolge »Krebstherapien und Reinkarnation« stand. Darunter der Name der Autorin.

»Neunundzwanzig Euro – Messepreis!«

Was für ein Schwachsinn! Und doch kam sie ins Grübeln. Hätte Max ein früheres Leben gehabt, was für ein Lebewesen wäre er gewesen? Eine Blume, zart und schön, doch nicht mit großer Widerstandskraft gesegnet. Oder nein, eins von diesen Miniäffchen – Buschbaby! Klein und zerbrechlich, mit riesigen Kulleraugen, in denen Angst und Überraschung in ständigem Wettstreit zu stehen schienen. Und sie selbst? Ein Fuchs. Die Vorstellung gefiel ihr. Neugierig und doch vorsichtig, hübsch anzuschauen, ohne spektakulär zu sein. Wüstenfuchs oder Polarfuchs – bevor sie zu einem Urteil gelangt war, wurde sie auf eine Menschentraube im Zentrum der Halle aufmerksam. An einem zweistöckigen Stand leuchteten bunte Gläser um die Wette. Brotaufstriche in sämtlichen Farben, die entfernt etwas mit Natur zu tun hatten, Körbe randvoll mit Brotstückchen zum Probeaufstrich, ein echtes Kontrastprogramm zu Aura und Karma. Das »Landgut vom Glück« warb mit einem Banner von der Größe einer Tischtennisplatte. Das Standpersonal trug grob gewebte Leinenkleidung und Filzhut und bediente die Kundschaft zuvorkommend. »Tun Se's nicht, das ist ne Sekte«, flüsterte ihr jemand von hinten zu und tauchte wieder in der Menge unter. Das fällt auch nicht mehr sonderlich ins Gewicht, dachte sie, während sie ihr Brotstückchen dick mit Bärlauch-Honig-Creme bestrich. Sekte hin oder her, das war das mit Abstand fairste Angebot auf der ganzen Hildegard.

Sie leckte sich die letzten Reste von Karotte-Ingwer von den Fingern und nahm den breiteren Mittelgang unter die Lupe. Ein nach vorn geneigter Tisch fiel ihr auf. Darauf reihten sich Hunderte durchsichtiger Kunststoffkästchen auf. Sie waren alphabetisch sortiert von A wie Abszess bis Z wie Zwergbandwurm. Jedes einzelne war gefüllt mit einem Mineral, zum Teil unbehandelt, zum Teil geschliffen und hochglanzpoliert. Ö wie Ösophagus – Fehlanzeige. Sie ging zu K über. Krebs war leer. Sie hob das Kästchen hoch und drehte es zwischen Daumen und Zeigefinger. Der Mann hinter dem Verkaufstisch nickte und wandte den Kopf nach hinten.

»Lisa, haben wir noch Krebsschmeichler?« Die Angesprochene, eine Mittfünfzigerin mit flammendroten Haaren und Blümchenkleid, durchwühlte Pappkartons.

»Nee, nur noch Schuppenflechte.«

Die Krebsschmeichler waren aus! Krebsschmeichler! Sie spürte, wie ihr das Blut in die Wangen schoss, drehte sich abrupt um. Bloß raus hier! Sie hörte es scheppern, und gleich hinterher: »Mal sachte, junge Frau!« Offenbar hatte sie im Gehen D bis F oder J bis O oder was auch immer von diesem Krankheitsscrabble heruntergerissen. Auf dem Gang gab es kaum noch ein Durchkommen. Als sie sich gegen den Besucherstrom durch die Eingangstür gedrängt hatte, schloss sie die Augen. Ihr Atem wurde ruhiger, langsam konnte sie wieder klar denken. Sie zog das Päckchen Tabak aus der Tasche ihres Jacketts, nahm ein Blättchen aus dem ockerfarbenen Pappbriefchen, glättete es sorgsam und häufte Tabak darauf. Sie spürte, wie das kleine Ritual sie beruhigte.

Sie staunte, wie tief die Sonne bereits stand. Der typische Messeeffekt: Draußen konnte ein Orkan wüten, man bekam nichts davon mit. In diesem Fall waren es nur schräg angestrahlte Wolkenbänder eines Tiefdruckwirbels, der Himmel war dramatisch und schön. Sie marschierte los. So gediegen wie ganz Wiesbaden war auch sein Bahnhof. Am Ende der Allee leuchtete rostrot der schlossartige Bau aus der Zeit von Kaiser Wilhelm. In der S1 Richtung Frankfurt leuchtete lediglich das Display, das eine Verspätung von zehn Minuten verkündete. Und das Gediegenste, was sie entdecken konnte, war der rot lackierte Notbremshebel aus Stahl. Bis auf zwei Frauen, beide mit Leinentüte, bedruckt – »Hey Buddha, was machst denn du da?» und «Yoghitee«. Sie sortierten Prospektmaterial, das sie auf der Messe erhalten hatten. Marie schüttelte den Kopf. Ohne Ende Nepp, und doch fühlte sie sich etwas besser. Relativierte sich Unglück, wenn das anderer einen umgab? Was war eigentlich nicht relativ mit Ende dreißig? Die Liebe! Selbst die nicht. Der Tod! Sonst noch was?

Der Zug hielt in Sindlingen, altes Arbeiterviertel aus der Zeit, als es noch den Hoechst-Konzern gab, der später in einem Unternehmen aufging, dessen Name wie ein japanisches Mittelklasseauto klang. Eine junge Frau mit langem Rock und Jacke aus schwarzem Kunstleder stieg zu. Sie lächelte Marie an und legte einen Zettel auf den ihr gegenüberliegenden Sitzplatz.

»Ich bin taubstumm. Bitte kaufen Sie Talisman. 2 Euro Stück.« Daneben hatte sie eine mit Blümchenstoff beklebte Streichholzschachtel gelegt. Marie schob das Innenteil der Schachtel heraus. Auf einem Bett aus rot gefärbter Watte lag ein weißes Figürchen mit silbernen Flügelchen, die aussahen, als seien sie früher der Verschluss einer Getränkedose gewesen. Was für ein Kitsch! »Nächster Halt: Frankfurt Farbwerke.« Noch immer hielt Marie die Schachtel in der Hand. Der Zug wurde langsamer, die Frau sammelte Zettel und Schachteln wieder ein. Marie zog ihr Portemonnaie aus der Tasche und legte ihr einen Fünfeuroschein in die geöffnete Hand. Rhythmisches Fiepen, die Türen schoben sich auf, die Frau verschwand grußlos.

Der Bahnhof Griesheim schien so gut wie ausgestorben. Schwache Lampen erleuchteten den Vorplatz. So schnell sie konnte, bog sie in die kleine Einkaufsstraße ein, wo die Laternen in engerem Abstand standen. Plötzlich ein Scheppern hinter ihr und »Guten Tag!«. Sie warf den Kopf herum. Neben einer von Taubendreck gesprenkelten Bank stand eine Frau mit breitem Gesicht, fleckig-rosigen Wangen und einem kalten Zigarettenstummel zwischen den Lippen, gekleidet in einen alten Bundeswehrparka. Sie beugte sich über den Mülleimer, aus dem feiner Rauch aufstieg. »Hätten Sie mal Feuer?« Nein, wollte Marie gerade antworten, doch die Frau nahm sie gar nicht wahr. Sie sprach in die dunkle Öffnung hinein, während sie mit einer Hand nach Pfandflaschen suchte. Nicht fündig geworden, steuerte sie auf den nächsten Mülleimer zu. Wieder hörte sie »Guten Tag«, gefolgt von »Wie geht's den Kindern?«.

Marie atmete durch, als sie das hüfthohe Stahltörchen eines zweistöckigen Wohnhauses erreicht hatte, es war das mittlere in einem Block von fünf Reihenhäusern eines Quartiers, in dem zwanzig solcher Blöcke standen. Fünfzigerjahre in Reinkultur, ließ man mal die dreifachverglasten Fenster, die Styropordämmung und die Satellitenschüsseln außen vor. An der verwaschenbordeauxroten Fassade blickte sie nach oben. Merkwürdig, sie achtete doch immer peinlich genau darauf, dass sie vor dem Gehen alle Lichter ausschaltete. Mit der einen Hand schloss sie auf, mit der anderen umfasste sie die Streichholzschachtel in ihrer Jacketttasche fester. Sie drückte die Tür auf und blieb zunächst auf der Schwelle stehen. Offenbar alles in Ordnung!

Sie streifte die Schuhe ab und schnippte sie Richtung Schuhregal. Darin steckten ein Dutzend Sneakers, einige Ballerinas und nur drei Paar Schuhe mit hohen Absätzen. Ein Meter neunundsiebzig, da legte man nicht noch zehn Zentimeter drauf. In der Höhe wurde es einsam. Wer stand schon auf Frauen, die einen von oben herab anschauten?

Sie ging ins Schlafzimmer, zog den Hosenanzug aus. Im Wandspiegel sah sie sich etwa ab Brusthöhe abwärts, weiter zurück konnte sie nicht treten, sonst wäre sie zumindest bei offenem Fenster im Garten der Vermieter gelandet. Zum hundertsten Mal dachte sie an den Moment, als sie auf der rutschigen Ledercouch ein Stockwerk tiefer den Mietvertrag unterzeichnet hatte. Wenn es stimmen sollte, dass das Schlafzimmer zehn Quadratmeter hatte, dann müsste ihr Bett eine Spielwiese von zwei mal drei Metern sein. Auf dem Kassenzettel stand 1,50 Meter x 2,00 Meter. Mit einer hellgrauen Jogginghose in der Hand ließ sie sich aufs Bett plumpsen, hob die Beine an und streifte sich die Hose über. Sie wippte nach vorn und nutzte den Schwung, um aufzustehen.

In der Küche brannte das Licht oberhalb der Arbeitsplatte. Sie füllte den Wasserkocher auf und schaltete ihn an. Bald würde man sein eigenes Wort nicht mehr verstehen. Sie öffnete den Oberschrank, Ton Bourbon-Vanille, und nahm drei Beutel Grüntee aus dem Pappschächtelchen. Sie ließ sich auf den Küchenstuhl neben dem quadratischen Holztisch fallen und stieß mit dem Hinterkopf an die Wand. Sie fluchte. Neununddreißig Jahre, eine erstklassige Ausbildung, ein durchaus akzeptables Äußeres, sie schrieb tiefschürfende Artikel über DAX-Konzerne und saß doch in einer Zweizimmerwohnung aus Wirtschaftswunderzeiten, konnte sich kein Auto leisten, hatte ein gebrauchtes iPhone mit Sprung im Display. Irgendwas lief da falsch. Der Wasserkocher war schlagartig still geworden nach einem ekstatischen Höhepunkt, über dieses Thema in ihrem Leben wollte sie jetzt schon gar nicht nachdenken.

Sie füllte das Wasser in die Glaskanne, warf die Beutel hinein, nahm das Handy vom Tisch und öffnete die Gala-App. War das Gesellschaftsmagazin ihre Hildegard? Am oberen Rand des Displays poppte der Briefumschlag auf. Neue Mail auf dem Privataccount. Sie wischte die Gala weg, fünf neue Nachrichten im Posteingang. Sie überflog sie, an einer blieb sie hängen, hob das Handy dicht vor die Augen, es machte klack, als ihr Fingernagel aufs Display schlug. Mit beiden Händen hielt sie das Gerät fest und las. Dann sprang sie auf, hüpfte hoch, schrie auf, rieb sich den Kopf, mit dem sie an den Türrahmen geknallt war, hüpfte weiter in Richtung Flur, hüpfte wieder zurück, schlug die letzten Akkorde eines ekstatischen Luftgitarrensolos, schwenkte das Handy und brüllte: »Houston, here we come!«

- 32 -

»Lieber Herr Graber,
Herr Professor Herrmann hat sich sehr gefreut, beim AmCham-Empfang Ihre Bekanntschaft zu machen. Auf diesem Weg lässt er Ihnen seine herzlichsten Grüße übermitteln. Mit diesem Schreiben lädt er Sie ein, ihn und sein ›Car Guys Racing Team‹ beim Classic Grand Prix (CGP) am Nürburgring zu besuchen. Die Veranstaltung findet am übernächsten Wochenende statt. Zwei Tickets für den CGP gehen Ihnen per Post an Ihre Privatadresse zu. Das Team hat Box 8 belegt. Dort werden Sie Herrn Professor Herrmann treffen können.

Mit freundlichen Grüßen
Veronica Casselli
– Assistentin des Vorstandsvorsitzenden Viktor M. Herrmann –«

Zwei Tage nach Viktor Herrmanns Dino-Show war die Mail angekommen, zur Sicherheit hatte er sie ausgedruckt. Sie lag auf beigefarbenen Lederpolstern, unter den Tickets, von denen er eins am Eingang verschenken würde. Vor ihm ein Armaturenbrett, nein, kein Armaturenbrett, sondern die Brücke einer Yacht. Holzfurnier bis zum Horizont, davor ein Steuerruder von exakt den Ausmaßen der Familienpizza von Lieblingsitaliener Rocco. Hier ein paar Abplatzungen, da ein bisschen Gammel, doch alles immer noch verdammt edel. Mads Art, einen Kumpel wieder auf Vordermann zu bringen, trug den Namen Jensen Interceptor, sah von vorn aus wie ein Aston Martin und von hinten wie ein Goldfischglas.

»Du stehst doch auf dicke Motoren. Ami-Achtzylinder. Fette Ausstattung, Verbrauch knapp unter Leopard II. Hab ich in Zahlung genommen. Kannst ihn fahren, bis du was Neues hast.«

»Den Mehrverbrauch hole ich wieder rein. Unter der Glaskuppel züchte ich Biokarotten.«

»Das Teil hat echten Style. Platz für zwei Golfbestecke oder ein Polo-Pony.«

Seit er einen Weg gefunden hatte, ihn unter fünfundzwanzig Liter zu fahren, fand Fritz wirklich Gefallen an der Dauerleihgabe.

Am Nürburgring angekommen, bog er direkt auf den Presseparkplatz ein und zückte seinen Ausweis. Von der Zielgeraden der Rennstrecke her hörte er Rennmotoren dröhnen.

– Jensen Interceptor, italienisches Design und ein Ami-V8 unter der Haube, das ist doch auch nach deinem Geschmack.

– Ehrlich gesagt wäre mir ein Porsche mit Elektromotor lieber.

– Steve, bist du es wirklich?

– Du weißt, woran ich gestorben bin, krepiert trifft es wohl besser. Asbestfarbe, die die Navy für die Schiffsrümpfe verwendet hat. Die hat den Brustfellkrebs ausgelöst. Bevor ich mit der Schauspielerei angefangen habe, war ich ja bei den Marines.

– War da nicht noch was? Du hast geraucht wie ein Schlot.

– Jetzt redest du schon wie Ali. Jedenfalls steh ich auf Umweltschutz. Abgesehen davon beschleunigt ein Elektroauto sowieso viel besser. Wie ein Formel-1-Wagen. Ihr Deutschen seid schon immer die Musterschüler im Umweltschutz gewesen. Ihr habt doch diese Jutta von Dithloff oder so ähnlich.

– Diese Radikal-Ökotante in Wallekleidern?

– *Eigentlich ist die viel cooler als ich. Sie hat es durchgezogen, okay, ihr Look war grenzwertig, bewundert hab ich sie trotzdem.* No fucking compromise.
– *Kommt übrigens aus Frankfurt!*
– *Vielleicht hätte ich sie mal treffen sollen. Wäre einfach gewesen, 1977, als ich Siggi in Bayern besucht habe, sind wir über Frankfurt zurück in die Staaten geflogen.*
– *Ob mit oder ohne Elektromotor, einen Porsche würde sie auch jetzt noch abfackeln.*

Wenig später spazierte er durchs Fahrerlager. Jacken und T-Shirts der meisten Besucher waren bunt, die Haare vorwiegend grau. In den Boxen herrschten kontrollierte Hektik und Höllenlärm. Motoren brüllten auf und erstarben, pressluftbetriebene Schlagschrauber ratterten wie Maschinenpistolen. Teams reicher Leute hatten sich hier eingemietet, oft mit mehreren ihrer Klassiker aus diversen Epochen, jeder einzelne mindestens so teuer wie ein Einfamilienhaus.

Vor Box 8 hatte sich eine Menschentraube gebildet. Oberhalb des Boxeneingangs hing ein Banner: *Car Guys Historic Racing*. Daneben ein Logo, bestehend aus einer karierten Flagge, darauf ein roter Totenschädel mit gekreuzten Schraubenschlüsseln.

Fritz drängte sich nach vorn. Zunächst sah er den teilweise unter weichen Decken versteckten Vorderwagen eines Ferrari Dino 156, genannt Haifischnase. Neben ihm ein großer schlanker Mann mit einem maßgeschneiderten grünen Rennoverall, der glänzte, als sei er aus Seide. Eine aufgestickte amerikanische Flagge spannte sich über den gesamten Rücken. Er trug einen weißen Cowboyhut und Cowboystiefel mitsamt Sporen. Zweifellos Italiener.

In der ersten Reihe der Schaulustigen angekommen, hielt er dem Security-Mann seinen Presseausweis und die Einladungs-E-Mail unter die Nase. Der schüttelte den Kopf.

Der Schlag kam plötzlich und ließ ihn in die Knie gehen. Die Pranke lag auf seiner Schulter. »Little Bastard!« Fritz fuhr herum und blickte auf ein Kinn vom Ausmaß einer Schreibtischschublade.

»Ich meine den Porsche, den Sie anstarren. So hat James Dean ihn genannt. Hatte irgendwie recht, oder? Hat ihn umgebracht, der Wagen. Freut mich, dass Sie kommen konnten, Herr Graber! Hunger?«

Herrmann nickte kurz, der Security-Mann versuchte sich klein zu schrumpfen.

Fritz trottete hinter dem riesenhaften Mann her. Er blickte sich um. Entspannter Reichtum, so weit das Auge reichte. Das Catering war eher einfach gehalten: Salate, Würstchen, ein Chili con Carne, daneben eine Zapfanlage und eine Zinkwanne mit Eiswasser, in der Wein- und Bierflaschen und ein paar Softdrinks herumtrieben. Nicht zu vergessen einige Magnumflaschen Champagner. Die Herren waren siegesgewiss.

Mit ausladender Geste deutete Herrmann auf das Buffet. »Greif einfach zu ... Ach so, hier in der Box duzen wir uns.«

Fritz nickte und nahm sich eine Bockwurst. »Netter Fahrzeugpark. Grob überschlagen steht hier das Bruttoinlandsprodukt von Griechenland.«

Herrmann lachte kurz. »Mosambik vielleicht. Aber ja, da kommt schon was zusammen. Preisfrage: Welcher ist der teuerste? Wenn du richtigliegst, gewinnst du eine Flasche Schampus.«

Fritz ließ sich Zeit. Acht Rennwagen aus den verschiedensten Epochen standen dicht an dicht in dem Betonkäfig, umschwirrt von Mechanikern in schwarzen Overalls und mit futuristischen Fahrradhelmen auf dem Kopf.

»Der Auto Union Silberpfeil aus den Dreißigern dahinten. Fünfzig, würde ich sagen, Millionen. Ich glaube, es gibt nur den einen.«

Ein Motor brüllte auf, Herrmann bewegte die Lippen und deutete einen Applaus an. Er ging zum Büffet, zog eine Flasche aus der Wanne.

Fritz hob abwehrend die Hände. »Das war zu einfach.«

»Ich vergaß, du bist auch Car Guy. Fährst du selbst Oldtimer?«

»Im Moment einen Jensen Interceptor.«

»Goldfish Bowl, so nennen ihn die Briten. Nicht unbedingt Mainstream, hatte ich bei dir aber auch nicht anders erwartet.«

»Und du, abgesehen vom kleinen Bastard?«

»Das eine oder andere, wie du dir vorstellen kannst. Ab einem gewissen Alter bleiben einem ja nur noch Schönheiten aus Blech. Hauptsache, der Motor sitzt hinter mir, und das Auto kommt aus Stuttgart. Meine Freunde nennen mich schon P-Daddy, den Porsche-Daddy.«

Er tippte den Schriftzug auf der Brust seines Rennanzugs an.

Ein Mechaniker kam durch den schmalen Gang zwischen den Fahrzeugen zu ihnen. Er hielt respektvoll Abstand, wartete, bis er angesprochen wurde.

»Was gibt's, Mattes?« Jetzt sprach nicht Viktor, der Autokumpel, sondern der Vorstandschef.

»Könnten Sie sich das bitte einmal anschauen?« So viel zum Thema: Wir duzen uns. Die beiden beugten sich über die Motorhaube.

Mit einer Stablampe leuchtete der Mechaniker nach unten. »Die Halterung der Kraftstoffleitung. Ein Ersatzteil haben wir nicht hier.«

»Zwei Kabelbinder über Kreuz, das müsste reichen.« Herrmann drehte sich wieder um. »Kabelbinder! Meiner Meinung steht der Erfinder auf einer Stufe mit Carl Benz oder Steve Jobs. Wenn nicht sogar darüber! Gibt es etwas auf der Welt, das derart unauffällig Großes tut? Du kannst damit alles fixieren. Wusstest du, dass General Pinochets Geheimdienst Kabelbinder äußerst effizient eingesetzt hat, um Geständnisse zu erzwingen? Kabelbinder, die lang genug waren, um den Hals eines Menschen zu umschließen, hatte es bis dahin nicht gegeben. Die haben extra welche anfertigen lassen! Das Grauen resultierte aus dem Unausweichlichen.«

Er nahm einen der Kunststoffstreifen in der Farbe eines Latexhandschuhs, der auf dem Kotflügel des Spyder lag, und fädelte das Ende durch die Lasche.

»Wie fein sich das justieren lässt. Weniger als ein Millimeter Abstand zwischen den einzelnen Rastungen.«

Er hatte große, aber feingliedrige Hände, mit blonden Härchen auf Handrücken und Fingern, die die vielen Altersflecken nicht überdecken konnten.

Er steckte den nun geschlossenen Ring über seinen Zeigefinger und zog ihn immer weiter zu. Der Finger wurde dunkelrot und begann anzuschwellen.

»So. Ohne Hilfsmittel bekommst du das nie wieder ab. Im Gegenteil. Je mehr du in Panik gerätst, desto stärker schwillt der Hals. Garstig.«

Er hielt Mattes den Finger hin und ahmte mit der freien Hand eine Schere nach. Der nahm einen kleinen Seitenschneider und knipste die Plastikfessel durch.

Sie setzten sich auf eine Bierbank. Herrmann zog aus der Tasche seines Rennoveralls ein kleines Lederfutteral. Er schob die Lasche hoch. Appetitlich wie edle Trüffel steckten darin drei Zigarren. Gelbe Bauchbinde mit Schachbrettmuster, Cohibas.

Aus der anderen Hosentasche zog Herrmann etwas hervor, das auf den ersten Blick wie ein eingepackter Brühwürfel aussah. Auf den zweiten Blick entpuppte es sich als Zippo. Die kleine Klappe öffnen und das Zündrad ratschen lassen, das war eine einzige flüssige Bewegung. In ausreichendem Abstand ließ Herrmann die Zigarre oberhalb der Flamme durch den warmen Luftstrom wandern, steckte sie sich zwischen die Zähne und zog daran, bis die Spitze zu glühen begann, rhythmisch wie das Positionslicht eines Flugzeugs.

»Herrscht hier nicht Rauchverbot?«

»Wen interessiert's?«

Herrmann drehte und wendete das Zippo, als wolle er gleich damit würfeln.

»Weißt du, was das bedeutet?« Er hielt Fritz die breite Seite des Feuerzeugs direkt vor die Augen.«

»Semper fidelis. Irgendwas mit Treue. In der Sechsten hab ich mich für Französisch entschieden.«

»Semper fidelis.« Herrmann schien mit sich selbst zu reden. »Oder auch Semper fi – immer treu. Das Motto der US-Marines. Übrigens nicht viel anders als das der Waffen-SS. Bei denen hieß es: Meine Ehre heißt Treue. Eliten funktionieren eben immer gleich. Bist du ein Teil von ihnen, verteidige sie bis aufs Blut, und sie schützen dich.«

»Klingt wie: Keine Krähe hackt der anderen ein Auge aus.«

Herrmann atmete aus und war von einer dicken, aromatisch duftenden Rauchwolke umhüllt. »Hat nem Marine in Vietnam gehört. Ganz anderes Kaliber als diese bekifften GIs, die sich War is Hell oder das Peace-Zeichen haben eingravieren lassen.«

»Urlaubsmitbringsel?«

»Eine Art Abenteuerurlaub. Ist schon lange her. Erzähl ich dir vielleicht ein andermal. Wenn wir uns besser kennen.«

Er beugte sich nach vorn, das Zippo verschwand fast in seinen Pranken. »Semper fidelis. Sebastian Wirt hat geglaubt, er müsse sich nicht daran halten.«

Fritz nickte wie ein Beichtvater: Sprich, mein Sohn.

»Na ja, wegen ihm hatten wir letztes Jahr zwei Wochen Produktionsausfall. Wir saßen uns gegenüber, so wie wir jetzt, im Konferenzsaal natürlich, um die Preise für seine Sensoren zu verhandeln. Um lächerliche fünfzig Cent pro Stück lagen wir auseinander, wohlgemerkt bei hundertzwanzig Euro Stückkosten. Ich sage: So kommen wir nicht weiter. Darauf er: Da hast du recht, steht auf, zieht sein Jackett an und geht. Hab ihm Mails geschrieben, auf seine Mailbox gequatscht, dass ich seinen Preis akzeptiere. Keine Reaktion. Wir hatten die Leute gerade in Kurzarbeit geschickt, da kam per Fax ein Angebot rein. Pflichtabnahme von einer Million Einheiten zum Preis von hundertdreißig Euro je Stück. Und er wusste genau, dass unsere Liquidität extrem dünn war. Business hin oder her, mit so etwas macht man sich keine Freunde.«

»Auf dem Foto sah er sympathisch aus.«

»Ein Choleriker vor dem Herrn war er. Und stur bis zum Abwinken.«

»Also hatte er auch einige Feinde?«

»Viel Feind, viel Ehr, das war anscheinend sein Lebensmotto.«

»Wie wichtig sind die Wirt-Sensoren für die VFW?«

»Unwichtiger, als Sebastian immer behauptet hat. Technologisch ist Wirt inzwischen zweite Liga.«

Warum erzählte Herrmann einen derartigen Blödsinn? Aus verletztem Stolz? Wirt hatte quasi ein Abo auf Innovationspreise. Sämtliche Autohersteller standen in Vaihingen Schlange.

»Vor einer Woche ist übrigens wieder ein Edel-Oldtimer verunglückt. Der zweite innerhalb von zwei Monaten. Diesmal war es ein Ferrari Dino. Auf dem Harbor Freeway in Los Angeles ungebremst in einen Sattelzug gerast.«

Herrmann schwieg.

»Der Unfall war ein exaktes Ebenbild von dem in Frankreich.«

»Woher kennst du all die Details?«

Fritz begann zu erzählen, von Anfang an, von seinen Problemen im Verlag bis hin zu Polanskis Werkstatt, von crashtag.com.

»Das ist ja eine irre Geschichte, das mit deinem Dino. Und Polanski, der ist ungefähr so ehrlich wie ich sensibel. Früher waren es Pferdehändler, heute sind es die, die Autos verkaufen. Dass er minderwertige Teile einbaut, traue ich ihm jederzeit zu.

»Du kennst ihn?«

»Habe bei ihm mal einen Ferrari gekauft, also fast. Der Kaufvertrag war schon unterschrieben, da stellte sich heraus, dass der Wagen einen schweren Unfall gehabt hatte. Polanski wollte sich auf die Klausel *Gekauft wie besehen und Probe gefahren* berufen. Wir haben ihn in Frankfurt in seinem Autotempel besucht und das final geklärt.«

»Kabelbinder?«

Herrmann lachte. »Nein, leider nur die zweitbeste Lösung: Unser Justitiar war bei ihm und hat ihn über die strafrechtlichen Folgen von Betrug aufgeklärt.«

»Polanski, die Oldtimer, der Unfallhergang, ein bisschen viel Zufall.«

»Genau, und der CIA hat die Flugzeuge in die Twin Towers gelenkt. Bist du Verschwörungstheoretiker?«

»Bis jetzt noch nicht. Kann ich das mit dem Unfall-Ferrari schreiben?«

»Aber nur, wenn du meinen Namen rauslässt. Ansonsten müsste sich mein Justitiar schon wieder auf den Weg nach Frankfurt machen.«

»In einem anderen Fall hatte Polanski an einen vermögenden Privatmann aus Stuttgart – Name der Redaktion bekannt – einen Ferrari …«

Herrmann nickte. »In dieser Form geht das in Ordnung. Vielen Dank übrigens, dass du mich ins Vertrauen gezogen hast. Ich hätte da eine Idee, wie du einige deiner Sorgen mit einem Schlag loswirst, angefangen mit dem Geld: Warum fängst du nicht bei uns an? Wir suchen gerade einen fähigen Pressesprecher für unsere Autonomsparte. Du würdest direkt mit mir zusammenarbeiten.«

»Für Digitales gibt es geeignetere Kandidaten.«

»Räuber und Gendarm liegen psychologisch betrachtet ziemlich dicht beieinander. Wie viel verdienst du? Keine hunderttausend im Jahr, vermute ich. Bei uns kannst du das mal drei nehmen, plus Dienstwagen. Dafür kann man den einen oder anderen Oldtimer kaufen. Nicht zu vergessen zwei bis drei Tage Homeoffice. Du könntest in deiner gemütlichen Altbauwohnung bleiben. Dafür lohnt es sich, ein bisschen digitaler zu werden.«

»Woher willst du wissen, dass ich nicht im Reihenhaus wohne? Spioniert ihr mir nach?«

»Klar, wie allen, die schlecht über uns schreiben. Im Ernst, ich kenne keinen Journalisten, der Single ist und nicht im Altbau wohnt. Apropos Single, bei unseren Autonomen haben wir eine Frauenquote von fünfzig Prozent, einzigartig in der gesamten Automobilindustrie.«

Herrmann schaute auf die Uhr. »Jetzt muss ich aber wirklich. Melde dich, wenn du Interesse hast. Und bleib so lange in der Box, wie du magst.«

Er sah zum Security-Mann hin und zeigte von oben auf Fritz und hob den Daumen. Der verstand sofort und nickte.

Herrmann setzte sich einen altmodischen Helm auf, einer Eierschale nicht unähnlich, und fädelte sich hinters Lenkrad des Porsche. Der große Mann erinnerte an einen Zirkusbären in einem Tretauto.

Herrmann stutzte, griff nach unten und warf Fritz das Zippo zu.

»Präsent des Hauses. Gasfeuerzeuge gehören nicht ins Cockpit. Keine Sorge, ich hab ne ganze Sammlung davon. Semper fidelis, Fritz Graber!«

Er hob den Zeigefinger. Dann reckte er den Daumen – offenbar seine Lieblingsgeste –, der Mechaniker erwiderte sie, der Motor sprang an, ruckelnd rollte der Wagen hinaus auf die Rennstrecke. Die Lederriemen seines Helms flatterten wie Goofys Ohren.

Einen Augenblick lang betrachtete Fritz die Gravur, dann verließ er die Box und schlenderte durchs Fahrerlager.

– *Ach, schau mal einer an, der gute alte Gulf-Porsche 917.*
– *Den bist du in Le Mans gefahren, Steve.*
– *Im meinem Film* Le Mans, *zum Rennen haben mich die Froschfresser ja nicht zugelassen. Praktisch unfahrbar, der Wagen. Einer von den Profis hat bei einem Drehunfall sogar ein Bein verloren. David Piper.*
– *Trotzdem bekommt jeder Rennsportfan Gänsehaut. Schon allein wegen der Lackierung.*
– *Neile hat das immer Chad-Design genannt, nach meinem Sohn.*
– *Verstehe ich nicht.*
– *Orange und Hellblau, Karottenkotze auf blauem Babystrampler.*
– *Sie hatte es wohl nicht so mit Motosport.*
– *Wenn du mich fragst, sah das Martini-Team sowieso viel cooler aus.*

Inzwischen war die Sonne fast untergegangen, die dunklen Hügel der Eifel erinnerten an Keltengräber, wie er sie mit Sophie reihenweise in der Bretagne abgeklappert hatte. Gräber, Tod – er schüttelte den Kopf, als ihm die Erkenntnis kam. »Little Bastards«, allesamt! Merkwürdig und ziemlich unheimlich, in der Box hatten nur Autos gestanden, deren Fahrer erstens berühmt und zweitens bei Autounfällen zu Tode gekommen waren. Bernd Rosemeyer hatte mit dem Auto Union Sechzehnzylinder die Europameisterschaft gewonnen, gefeiert und hofiert von den Nazis, und war beim Weltrekordversuch zwischen Frankfurt und Darmstadt von einer Windböe in den Rennfahrerhimmel befördert worden. Im Ferrari mit der Haifischnase hatte sich Wolfgang Graf Berghe von Trips in Monza aus der Parabolica herauskatapultiert. Mit einem Porsche 956 hatte Stefan Bellof, der Begnadete, in der Eau Rouge in Spa-Francorchamps zu einem unmöglich geglaubten Überholmanöver angesetzt – und dessen Unmöglichkeit ein für alle Mal bewiesen.

Völlig pervers, diese Car Guys, aber irgendwie auch ziemlich cool. Er drehte den Zündschlüssel. Der V8 des Jensen erwachte rumpelnd und sprotzend zum Leben. Gesättigt bis zum Anschlag von Gerüchen und Geräuschen, Farben und Formen, nicht zu vergessen von vier Bockwürstchen und drei Gläsern Champagner, lenkte er den Wagen leise durch die Unterführung, die die Start- und Zielgerade unterquerte. Der Jensen kannte den Heimweg, fuhr quasi autonom.

Das Telefon klingelte: das Titelthema von Star Wars. Titus.

»Was gibt's? – Natürlich kenne ich eine Marie Leitner. Kollegin. – Was schreibt Polanski?«

Lange hörte er zu.

»Danke, Titus.«

Er warf das Handy auf den Beifahrersitz. Dann hämmerte er mit der flachen Hand auf das Lenkrad ein. In einer E-Mail hatte Polanski sich lustig gemacht über die Journalistin, die ihm hatte weismachen wollen, sie sei Investmentbankerin. Schönen Dank für die Nachtschicht, Fräulein Oberschlau. Jetzt musste der Artikel so schnell wie möglich raus, sonst hatte Polanski sämtliche Beweise vernichtet. Kurz vorm Frankfurter Kreuz stand die Story, wenn auch nur im Kopf. Wütend war er immer noch. Das kam dabei heraus, wenn sich Einzelkämpfer nichts sehnlicher wünschten, als Teamplayer zu sein. Das war er einfach nicht, und das hätte er wissen müssen. Zu Hause angekommen, stahl er sich an Elsa vorbei, die im Standby-Modus vor sich hin schnorchelte. Während der Computer hochfuhr, bereitete er sich El Fritz zu, wie Sophie seine Kreation genannt hatte: Großflächig verteilt auf einem Teller, bestreut mit geriebenem Käse und kleingeschnittenen Peperonischoten, landete der Inhalt einer Tüte Nachos für eine Minute in der Mikrowelle. Timing war entscheidend. Zehn Sekunden zu lang erhitzt, kam eine Art verbrutzelte Pizza heraus. Im *best case* zog der Käse Fäden, so lang wie die Antenne des Jensen.

Als er sein Kürzel unter den Text setzte, war es zwei Uhr morgens. Er schickte sich den Artikel an seine Verlags-E-Mail und legte sich hin. In acht Stunden musste er in der Redaktion sein, damit das Stück mit in die Montags-Printausgabe kam.

- 33 -

»Todes-Porsche? Fritz, soll ich das wirklich in die Zeitung nehmen? Das ist nicht der Friedrich Graber, den ich kenne.« Wormser stand direkt neben ihm und hielt ihm ein eng bedrucktes Blatt Papier vor die Nase.

Als er in die Redaktion gekommen war, hatte Marie zu ihm aufgeschaut wie ein Robbenbaby vor der Keulung. Sie hatte etwas gespürt, zumindest emotionale Intelligenz war offenbar vorhanden. Starren Blickes war er an ihr vorbeimarschiert.

Wormser meckerte weiter. »Das ist total dünn. In der Oldtimerszene … vermögender Privatmann ... Hast Polanski ja nicht einmal die Chance einer Stellungnahme gegeben. Wenn wir Pech haben, verklagt er uns wegen Rufschädigung.«

Der Chef vom Dienst vertrat die klassische Schule. Fakten, Recherche, Gegenrecherche. Twitter und alles andere, was keinen Unterschied mehr zwischen Meinungsabsonderung und Meldung machte, konnte ihm gestohlen bleiben. Buchstabenlärm sei das. Fünf Jahre musste er noch, dann war seine Tochter mit dem Studium durch, und er würde sich einem Buch über die Geschichte des Frankfurter Volkstheaters widmen, das es seit bestimmt einem Jahrzehnt nicht mehr gab.

»Nimm es mit, Uli – die Story stimmt!«

»Nur mit deinem vollen Namen. Und ich verziehe mich in den Schützengraben.«

Mit diesen Worten watschelte er zurück an seinen Schreibtisch, eine Hand in der Hosentasche, in der anderen den Polanski-Artikel haltend, kopfschüttelnd.

Natürlich hatte der Kollege recht! Das Wichtigste aber war: Holte der Artikel Polanski aus der Deckung?

Wie im Schlaf formatierte er Headline, Vorspann, Bildunterzeile. Er zog den Mauszeiger auf den grünen Sende-Button. Im selben Moment erkannte er seinen Fehler. In Sekundenbruchteilen würde die Story ganz oben auf www.nfz.de erscheinen – wenn Polanski oder einer seiner Knechte sie las, war sein Zeitvorteil dahin. Blitzartig sprang er auf, riss die Jacke von der Stuhllehne.

»Wo willst du hin, Fritz?«

»Nicht zum Spielen jedenfalls. Ruf gefälligst die IT an, sie soll den Polanski-Artikel sofort von der Website holen!«

Alle hatten es gehört, Marie lief rot an, sagte aber nichts und nahm wortlos den Hörer von der Gabel.

»Da läuft nur die Mailbox.« Das war das Letzte, was er mitbekam, bevor er die Treppe hinunterraste.

Als er aufs Rad stieg, tat sie ihm ein bisschen leid. »Handy weg!«, brüllte ein Fahrradkurier, der gerade noch ausweichen konnte. In der Vorschau erschien:

»Marie: Geht keiner ran.«

Er fluchte.

Als er zwanzig Minuten später von der Hanauer Landstraße abbog, roch er, dass seine Vorahnung richtig gewesen war. Im zwölften Gang raste er Richtung Trümmergrundstück. Fetter schwarzer Rauch nahm ihm die Sicht und den Atem. Das Tor des ummauerten Werkstattareals war fest verschlossen. Dahinter loderten Flammen, mehr orange als gelb, und fraßen sich durch das Grundstück. Immer höher schlugen sie, wohlgenährt von Benzin und Altöl. Die Blätter der Essigbäume, die ihm neulich Schutz gewährt hatten, schnurrten zusammen. Auf der gegenüberliegenden Straßenseite stand mit verschränkten Armen ein breitschultriger Mann im schicken grauen Anzug. Der Rausschmeißer aus Polanskis City-Outlet, hämisch grinsend. »Na, suchst du noch den richtigen Porsche? Hier findest du ihn nicht.«

Bevor Fritz sich wegdrehen konnte, hatte der Hüne sein Handy aus der Jackentasche gezogen und auf den Auslöser gedrückt.

- 34 -

So etwas hatte Klaus Polanski noch nie erlebt. Innerhalb von zehn Minuten hatten zwei ihre Autobestellungen storniert. Im sicheren Wissen, Abnehmer zu haben, war er das Risiko eingegangen, den Bentley und den Maybach auf eigene Rechnung zu kaufen. Die Bank stand bei solchen Deals bereitwillig für die Zwischenfinanzierung parat, kein Wunder angesichts der horrenden Zinsen, die die kassierten. Und jetzt standen die Karren auf dem Hof, und weit und breit kein Käufer. Noch kein wirkliches Drama, für ein paar zehntausend Euro weniger würde er die Autos loswerden. An Gewinn war allerdings nicht mehr zu denken.

Kaum eine Stunde war es her, da hatte er fast seinen Frühstücksjoghurt auf die Tastatur gehustet: Ob er denn nicht den Artikel in der NFZ gelesen habe, fragte der Schönheitschirurg, der angerufen hatte, um seinen Mercedes-Kaufvertrag rückgängig zu machen. Er hatte die Webseite geöffnet und sich unter »meistgelesen«, »meistkommentiert« und »meistgeteilt« wiedergefunden.

Frankfurt/09.05.

Frankfurter Oldtimerpapst unter Manipulationsverdacht

Klaus Polanski verkaufte Unternehmer Sebastian Wirt seinen Todes-Porsche.

Seine edlen Verkaufsräume im Ostend bezeichnet er selbst als ‚Car-thedral'. Nicht nur wegen seines spektakulären Showrooms, einer alten Fabrikhalle, gehört Klaus Polanski zu den bekanntesten Namen in der Oldtimerszene. Er verfügt über ein weltweites Netzwerk an Autoliebhabern, für die Geld keine Rolle spielt. Ihnen verkauft er alles, was selten und teuer ist: Lamborghini, Ferrari, Aston Martin und natürlich auch besonders rare Porsche-Modelle. Eines davon, ein Porsche 911 Carrera 2.7 RS mit Leichtgewichtskarosserie, wurde dem Unternehmer Sebastian Wirt zum Verhängnis. Im Januar hatte er den Wagen bei Polanski World of Cars erworben. Vor wenigen Wochen verunglückte Wirt in der Nähe von Nizza mit dem Wagen tödlich. Die französische Polizei hält das Auto, das in der auffälligen Farbe Blutorange lackiert war, unter Verschluss. In der Oldtimerszene kursieren bereits Gerüchte, dass der Porsche, der in gutem Zustand einen Marktwert von mehr als einer Million Euro hat, technisch marode gewesen sein soll. Angeblich soll es nicht das einzige Luxusfahrzeug sein, das Polanski überteuert verkauft hat.

Das bestätigte ein vermögender Privatmann aus Stuttgart der NFZ-Redaktion. Ihm habe Polanski einen seltenen Luxussportwagen als unfallfrei verkauft, obwohl er einen schweren Frontschaden hatte. Es kam zu einem außergerichtlichen Vergleich und einer Annullierung des Kaufvertrags.

Auf welche Weise die Fahrzeuge manipuliert werden, ist noch unklar. Polanski betreibt in der Orber Straße in Frankfurt Fechenheim eine verborgene Werkstatt. Deren hochwertige Ausstattung lässt auf umfangreiche Trickserei en schließen, die über den Einbau schadhafter Teile bis hin zu Tachomanipulation reichen.

Friedrich Graber

Unter jedem Artikel gab es Porträtfotos der Schreiberlinge. Jetzt wusste er, warum der Typ, der im City Outlet aufgetaucht war, so merkwürdige Fragen zu Porsche-Modellen gestellt hatte. Als Bogdans Handyfoto im Display erschien, gratulierte er sich selbst. Noch bevor er in den Wagen gestiegen und ins Büro gerast war, hatte er die Jungs angewiesen, alle Spuren in der Werkstatt zu beseitigen, und zwar pronto. Rustikal, aber effizient hatten sie es erledigt. Er legte das Handy vor sich auf den Schreibtisch. Wartete, bis sich das Display verdunkelte, hob den Kopf und blickte durch das Glas seines Büros von oben auf den Showroom. Nahm abwesend den Studenten wahr, der mit einem Staubwedel aus Straußenfedern über die Autos wischte. Schaute wieder auf das Smartphone und wieder nach draußen. Dann aktivierte er die Verdunklungselektronik der Scheiben. Im Nu nahmen sie die Farbe des Handy-Displays an.

Polanski atmete tief durch, zog die oberste Schreibtischschublade heraus und griff darunter. Mit den Fingerspitzen erspürte er den Klebestreifen, zog ihn ab und klebte ihn unterhalb des Handys aufs Glas. Reine Verzögerungstaktik, die Nummer, die mit Edding aufgemalt war, kannte er auswendig. Obwohl er sie noch nie angerufen hatte. Vorsicht war die Mutter der Porzellankiste. Der Typ hatte ihm gegenübergesessen und Schnappatmung gekriegt, als er mit dem Preis rübergekommen war: hundertsiebzigtausend für ein paar technische – zugegebenermaßen nicht ganz triviale – Veränderungen an einem alten Porsche Carrera RS 2.7 in Blutorange. Schon damals hatte ihm sein Instinkt gesagt, dass mehr dahintersteckte. Da hatten sie bereits zwei Stunden zusammengesessen, immer schön um den heißen Brei herumgeredet, wie sich das mit einem Asiaten wohl gehörte.

Der hatte seinen Boss anrufen müssen. Hatte dann den Daumen gehoben und war – nicht verwunderlich nach vier Latte macchiato – blitzartig aufgestanden, um sich zu erleichtern. Ohne sein Handy mitzunehmen. Der Sperrbildschirm war noch nicht drin gewesen, und ein guter Autohändler, wenn er nervlich nicht völlig am Ende war, merkte sich Zahlen schnell: 0151, geschenkt, dann 412 wie der gleichnamige Ferrari aus den Achtzigern, 718, die Baureihe des Porsche Boxster, und am Schluss die 23, das war eher Zufall, die Hausnummer seiner diskret gelegenen Maisonette im edlen Hardtwald-Viertel von Bad Homburg. Er wählte die Nummer. Nach achtmaligem Klingeln atmete er erleichtert aus und nahm das Telefon vom

Ohr. Doch dann hörte er die Stimme, monoton, wie auf einem Anrufbeantworter.

»Wer spricht?«

»Klaus Polanski.«

»Was wollen Sie?«

»Was ich von euch will? Das könnt ihr nicht mit mir machen. Nicht mit mir! Keine Probleme, alles ganz geräuschlos! Das hattet ihr mir zugesichert. Zu-ge-sich-ert! Und jetzt stehe ich da wie ein Mörder. Dieser Wirt ist tot, und ich hab ihm das Auto verkauft. Der Zeitungsartikel von diesem Schmierfink, das stimmt doch alles so nicht. Zu Testzwecken sollte es sein, habt ihr mir gesagt. Tot ist er jetzt, mit meinem Auto!«

Der andere sprach wie ein Pastor.

»Beruhigen Sie sich! Sie wissen doch, was heutzutage alles geschrieben wird. It's all Fake News.«

»Elf Abbestellungen am ersten Tag, kaum dass der Artikel erschienen ist. Kunden kaufen nicht von jemandem, bei dessen Autos die Bremsen versagen. Meine Kunden jedenfalls nicht.«

»Ihre Kunden werden sich schon wieder beruhigen.«

»Ich weiß doch, wer ihr seid. Ihr habt keine Ahnung, sitzt da hinter euren Scheiß-Luxusschreibtischen, fickt eure Sekretärinnen und sagt mir, ich soll mich beruhigen. Ich schwör's euch, für euch wird's jetzt unruhig, und zwar schneller, als ihr eure Schwänze wieder einpacken könnt.«

»Sie sind aufgeregt, das verstehe ich. Aber denken Sie noch mal in aller Ruhe nach, bevor Sie mir drohen. Sie wissen nichts.«

»Ich habe Ihre Handynummer. Die lässt sich leicht zurückverfolgen.«

»Sie glauben also ernsthaft, dass das, was Sie – wie auch immer – aufgetrieben haben, meine Handynummer ist? Denken Sie, ich bin derart naiv?«

»Ihr werdet noch an mich denken, das sage ich euch. Ich kriege euch!«

»Wir werden eine Lösung finden, wir melden uns spätestens morgen. Bis dahin unternehmen Sie bitte nichts.« Ein wenig beunruhigt klang die Stimme am anderen Ende jetzt doch.

»Wenn bis morgen Abend um sieben nichts passiert ist, geh ich zur Polizei.«

»Wo Sie die Polizei erwähnen. Grüßen Sie ganz herzlich Herrn Nabil von uns! Almir Nabil, heißt nicht so der nette junge Mann in Wirklichkeit, der bei Ihnen wohnt. Sie werden gegenüber der Bundespolizei gewiss eine gute Erklärung dafür haben, warum er damals nicht in sein Heimatland Tunesien ausgereist ist. Oder ist das wirklich Alessandro Marco, wie auf Ihrem Klingelschild steht? Der ist tot, oder etwa nicht?«

Polanski sackte in sich zusammen. Er hörte den anderen nur atmen, selbst das klang hämisch. Wie um alles in der Welt hatten sie das herausgefunden? Er ratterte die Personen durch, die von der Sache wussten, und kam auf drei. Einer vom Hells-Angels-Chapter, der den Pass des toten Pizzabäckers vermittelt hatte, dann der korrupte Bestatter, der ihn hatte mitgehen lassen und nun um fünftausend Euro reicher war. Aber am ehesten kam wohl der junge Tunesier in Betracht, der für tausend Dollar und ein iPhone in Kehl Nabils Grenzübertrittsbescheinigung abgegeben hatte und nach Frankreich ausgereist war. Vielleicht hatte ihn die französische Polizei erwischt.

Klaus Polanski spürte, wie aller Kampfesmut ihn verließ. »Wie geht es jetzt weiter?«

»Wir melden uns. Darauf können Sie sich verlassen. Aber keine weiteren Anrufe.«

Die Verbindung brach ab.

In Zeitlupe legte Klaus Polanski das Handy zurück, stemmte die Ellbogen auf den Tisch und senkte den Kopf in die geöffneten Hände. Mit wem konnte er reden? Er kannte die Antwort. Der Einzige, dem er vertraute und der jetzt wahrscheinlich auf einem riesigen, weißen Sofa im stillen Hardtwald belgische Trüffel naschte, würde nur sagen: Klaus, mein Schatz, von deinem Business verstehe ich nichts, aber du bist so ein schlauer Mann, du schaffst das. Nabil hatte recht.

Ruckartig hob er den Kopf, klappte den Laptop auf und gab ins Suchfeld seines Posteingangs »Carrera« ein. Sie würden nichts finden. Dabei entging ihm, dass sein Rechner unmerklich langsamer arbeitete, als im Hintergrund und für ihn unsichtbar ein kleines Programm zum Leben erwachte. Er begann, E-Mails zu löschen.

- 35 -

Das journalistische Comeback des Jahres wollte ja wohl begossen werden. Fritz hatte für halb neun ins Moseleck eingeladen. Marie hatte zugesagt.

»Kommst du um acht?« Das war die Antwort von Titus gewesen. Immer verlangte er nach ungeteilter Aufmerksamkeit.

Als Fritz das Fahrrad anschloss, wartete er bereits. Yo, Man, Check, High Five, Ghetto-Faust, das war nicht Titus' Welt. Sie schüttelten einander die Hände. Ein Taxi rumpelte auf den Bordstein und hielt mit der Front direkt vor dem Eingang der Kneipe. Der Fahrer, ein rappeldürrer Inder mit orangefarbenem Turban, stieg aus und eilte die drei Treppenstufen hinauf. Sie folgten ihm an die Theke. Dort saßen die Üblichen: Leute, deren Leben einem glitschigen Wanderweg im Nebel am Rand einer Steilküste glich. Noch hielten sie einigermaßen die Richtung, orientierten sich an der einen oder anderen Laterne, doch schon der nächste Schritt beziehungsweise das nächste Pils konnten den Absturz bringen. Das Moseleck war einer der letzten Orte, der die Gentrifizierung des Frankfurter Bahnhofsviertels überstanden hatte. Schräg gegenüber in der Terminusklause gab es inzwischen statt Apfelwein sauer Wodka Sweet Maracuja. Das Moseleck konterte mit Hot Äppler Bourbon. Apropos. Der Taxifahrer stand neben ihnen und stürzte ein kleines Bier herunter. Berti, der seine Schicht hinter der Theke gerade begonnen hatte, stellte ihm wortlos ein neues hin. Auch das leerte er ansatzlos, warf ein paar Münzen auf den Tresen und eilte hinaus.

Titus' Kleidung war kaum von der anderer Moselaner zu unterscheiden, abgesehen davon, dass sie sauber war: kariertes Baumwollhemd, leicht tailliert, drei Knöpfe weit offen, darunter ein T-Shirt, das einen Werbeaufdruck trug. Zu sehen waren eine Antennenspitze und angedeutete Übertragungswellen. Und Bügelfalten. Titus hatte frische Wäsche bei Mutti geholt.

»Gratulation, schöner Artikel. Hat offenbar richtig viele Klicks bekommen. Mir ist nur eins nicht ganz klar: Hat Polanski manipuliert oder hat er nicht? Selbst die Mails, die wir dank meiner Spyware haben, sind da nicht ganz eindeutig.«

Fritz erzählte von Maries Besuch bei Polanski und der übereilten Veröffentlichung.

»Kann man so bescheuert sein? Mit Klarnamen kommunizieren. Was für eine Tussi ist das denn?«

»Marie kommt heute Abend auch.«

»Der werde ich eine einschenken. Versaut uns unsere Story.«

»Bin ich zu früh?«

Wie zwei Synchronschwimmer drehten sie sich um. Fritz reagierte am schnellsten. »Darf ich vorstellen: Marie Leitner, meine Kollegin. Titus Boyst, mein Freund, das IT-Genie.«

»Schon viel von dir gehört.«

Lässige Wildlederjacke, hohe Hacken, für Titus war das nicht mehr von dieser Welt, Küsschen rechts, links, das war dann endgültig zu viel. Er murmelte etwas von Kunde und VPN fixen und eilte mit dem Handy am Ohr vor die Tür.

»Fritz, noch einmal ganz offiziell. Bitte entschuldige, dass ich dir deine Recherche versaut habe.«

Sie sah viel zu gut aus, um ihr ernsthaft böse zu sein. Er winkte ab.

»Lass gut sein, was trinkst du?«

»Und gegessen wird da drüben.« Sie nickte in Richtung China-Imbiss Phönix. Ihr Blick wanderte durch den Gastraum. »Fritz, im Herzen bist du eben doch Berliner. Wer in solche Kneipen geht, dem ist der Kotti näher als die Goethestraße.«

»Das Bahnhofsviertel ist Sammelbecken für alle, die es nicht bis Berlin geschafft haben.«

Titus stellte sich wieder zu ihnen, nur wer ihn gut kannte, sah den roten Flecken hinterm Ohr, untrügliches Zeichen seiner Aufregung.

»Marie, eigentlich warst du es ja, die das mit der Geheimwerkstatt herausgefunden hat. Wie hast du das nur hinbekommen?«

So ging bei Titus also »eine einschenken«.

- 36 -

Ein brauner Umschlag ragte aus dem Messingbriefkasten heraus, auf dessen Schild »Polanski & Marco« stand. Post an seine Privatadresse, das kam selten vor. Vielleicht für Nabil alias Alessandro? Er drehte und wendete den Umschlag. »Klaus Polanski«, mehr stand nicht darauf. Er nahm die Treppe in den ersten Stock, gab den Code ein, der die Alarmanlage deaktivierte, und schloss auf. Mit der linken Faust haute er auf den Lichtschalter, die Halogenstrahler in der Decke flammten auf.

»Schatz, bist du da?« Im selben Moment fiel ihm ein: Dienstag war Nabil beim Zumba.

Er hängte das Sakko auf die Garderobe aus gebürstetem Edelstahl.

Dann widmete er sich dem gepolsterten A5-Umschlag. Er riss ihn auf, ganz entgegen seiner Gewohnheit, Umschläge immer am Schreibtisch und immer mit dem Brieföffner aufzuschlitzen, dessen Griff die Form eines Saab 9000 hatte und der ihn an die Vergänglichkeit von Automarken und seine eigene Sterblichkeit erinnerte. Er schaute hinein, als suche er nach Krümeln in einer leeren Brötchentüte, sah zunächst nichts, stülpte ihn um. Der hübsche bernsteinfarbene USB-Stick, der auf den Teppich fiel, hatte die Form einer Scheckkarte und machte sich gut auf dem Teppichboden. Der Stick war eher matt, so wie diese Proletenautos, denen ihre Besitzer durch das Aufbringen von Folien Ghettocharme verleihen wollten.

Er fuhr seinen Laptop hoch und meldete sich an. Auf dem Bildschirm erschien der Hinweis, dass der Rechner ein USB-Gerät mit dem Namen »Polanski enjoy« gefunden hatte. Das Fenster des Mediaplayer öffnete sich, Polanski wollte den Stick gerade wieder herausziehen, weil ihm der Gedanke gekommen war, es könnte sich um einen Virus handeln, doch dann hielt er in der Bewegung inne und starrte auf das Wiedergabefenster. Die Kamera war von unten auf eine Lampe gerichtet, die ihm bekannt vorkam: ein Kristallleuchter, umhüllt von einer Art umgedrehter Salatschüssel aus bräunlichem Glas. Die knallrote Wand, die sichtbar wurde, als die Kamera nach unten schwenkte, biss sich minimal mit dem Logo, das oben rechts im Medienfenster prangte: YouTube. Polanski riss den Stick heraus, die Übertragung brach ab.

Dann schaltete er die WLAN-Verbindung ab. Und als könnte der Film via Steckdose im Internet landen, zog er auch den Netzstecker. Erst danach schob er den Stick wieder in den Schlitz. Es gelang ihm nicht auf Anhieb. Den Inhalt des Films kannte er sowieso.

Inzwischen hatte die Kamera den Schwenk nach unten vollendet. Im Vordergrund, im Halbprofil, lag jemand mit dunkelblondem, schütterem Haar, zerzaust. Dieser Er sah äußerst zufrieden aus, was verständlich war, weil er an etwas saugte, was wie eine Brust aussah, eher ein Brüstchen. Für Europäer sahen Asiaten zumeist jünger aus, als sie tatsächlich waren. Der Junge sah aus wie zwölf.

Im Hintergrund – jeder Hobbyfotograf würde sich fragen, wie man bei diesen Lichtverhältnissen eine derartig große Schärfentiefe hinbekommen können – war ein zweiter Junge zu sehen, vielleicht sogar noch jünger als der andere. Er lag, auf die Ellbogen gestützt, auf dem Bauch, die langen schwarzen Haare hatten sich wie ein Vorhang um das Gesicht gelegt. Eine weiße Hand wühlte darin. Details waren nicht erkennbar, aber es war klar, dass er den Mann, dessen Körper in Farbe und Konsistenz an ein rohes Toastbrot erinnerte, gerade mit dem Mund befriedigte. Mit dieser Szene endete das Video. Zunächst fand er es irgendwie beruhigend, als auf dem Bildschirm eine Art ausgefülltes Antragsformular auftauchte:

Bangkok Hospital
Health Check

Daneben ein Foto. Er schloss die Augen, während er das Tablet fest umklammerte. Er erkannte ihn auf Anhieb, den Jungen, der ihm einen geblasen hatte. Zwei Worte waren per Marker gelb hervorgehoben.

HIV-Test: positive.

Darunter Sätze, bestehend aus Buchstaben wie kleine Würmer, ganz unten der Stempel und die Unterschrift eines Dr. Kittiwat.

Polanski rannte zur Garderobe. Er zog sein iPad aus dem Wildlederfutteral, Nabils Geschenk zu ihrem Fünfjährigen, klickte YouTube an. Er gab »Polanski« ins Suchfeld ein. Panik befiel ihn, als »Polanski_Enjoying« als erster Treffer erschien. Er klickte darauf. Im Fenster erschien lediglich ein Logo des »Cat Suit«, eines Privatclubs unweit der Nana Plaza in Bangkok. Erst das gemeinsame Dinner, dann eine Rooftop-Bar, in der sie ihn abfüllten, danach, er konnte kaum noch sprechen, das Cat Suit. Er gab »Polanski« und »Cat Suit« bei Google ein und atmete durch. Außer einem Eintrag bei Wikipedia über einen »engen Einteiler, der den Körper nahezu komplett umhüllt« enthielt die Trefferliste unter anderem einen Katzenzüchter Bram Polanski aus Cincinnati mit Spezialität Kartäuserkatzen. Erst auf der zweiten Seite erschien wieder das Logo. Er klickte darauf, nichts tat sich.

Zum Schluss googelte er »Kittiwat« und »Bangkok Hospital«. Ja, es gab ihn, und ja, er war der Leiter der Station für Gesundheitschecks.

Er zog sein Handy aus der Tasche und wählte die bekannte Nummer. Natürlich nahm niemand ab. Sie wollten ihn zerstören, nein, sie hatten ihn zerstört. Er ging zu einem schwarzen Schränkchen, dessen Tür mit Mosaiken aus polierten Halbedelsteinen belegt war, die Szenen aus dem chinesischen Alltagsleben zeigten. Wer genau hinsah, erkannte, dass der Alltag dieser

Chinesen vor allem aus der Vervollkommnung von Liebestechniken bestanden haben musste. Polanski goss sich drei Fingerbreit Whiskey ein, ging zur Fensterfront im Wohnzimmer und legte die Stirn an das Glas. Die Kühle tat gut und half ihm, seine Gedanken zu ordnen. Er verharrte einige Sekunden lang, richtete sich abrupt auf, trank das Glas mit einem Schluck leer, ging zur Garderobe und zog sich das Jackett an. Er hörte den Schlüssel, der sich im Schloss der Wohnungstür drehte, wandte sich um und ging mit schnellen Schritten in Richtung Tür. Nabil warf die Sporttasche in Richtung Garderobe und lächelte ihn an. Die feinen Schweißperlen auf seinen Schläfen brachten die dunkle Haut zum Glitzern. Sie erinnerte an poliertes Tropenholz.

»Wohin noch so spät, schöner Mann? Ich muss doch nicht eifersüchtig sein?«

Polanski blickte ihm lange in die dunklen Augen und murmelte »Steuerkram«. Dann nahm er Nabil wortlos in den Arm, drückte ihn fest an sich und verließ die Wohnung. Nabil schaute verwirrt hinter ihm her.

- 37 -

An der Haltestelle Ostendstraße stiegen sie aus der S-Bahn, mitsamt ihren Fahrrädern. Wer von ihnen auf die Idee gekommen war, vermochte keiner mehr zu sagen. Vielleicht wegen der drei Gin Tonic, die sie im Moseleck getrunken hatten, nachdem Titus gegangen war. Die Rolltreppe lief an, schweigend gelangten sie an die Oberfläche.

»War das der Plan? Mich abzufüllen und dann auf einen Kaffee in deine Höhle zu schleppen? Du wohnst doch hier um die Ecke.« Sie blickte ihm gerade in die Augen, lächelte.

»Ein Plan war das nicht, außerdem trinke ich zu Hause Tee. Aber vielleicht magst du ja noch mit…«

Der Rest ging im Gejaule von Martinshörnern unter. Sechs Feuerwehrwagen und ein Mannschaftstransportwagen der Polizei rasten vorbei, stadtauswärts.

Marie schaute ihnen hinterher und schwang sich auf ihr Leihfahrrad.

»Los, alter Mann, erst die Arbeit, dann das Vergnügen.«

Sie fuhren durch eine fast gespenstisch stille Straße Richtung Osten. Der Löschzug war verschwunden.

»Doch Kaffee?«

Statt Marie antwortete eine Zivilstreife, die mit geschätzt Tempo hundert und aufgesetztem Magnet-Blaulicht vorbeijagte, um einige hundert Meter später mit quietschenden Reifen links abzubiegen. Nun war klar, wo sich der Einsatzort befand.

Gleißend hell erstrahlte der Kies vor der Carthedral. Flutlichtscheinwerfer auf zehn Meter hohen Stativen leuchteten den letzten Winkel des Geländes aus. In der Mitte ein dunkler Fleck. Eine Ratte, groß wie ein halbes Baguette, drückte sich wie gelähmt an den Boden.

Sie lehnten ihre Fahrräder an eine der Topfpalmen.

»Wir bleiben erst einmal auf der Hinterseite des Gerätewagens.«

Sie nickte. Gebückt liefen sie in Richtung des Einsatzfahrzeugs. Die Feuerwehrleute trugen Gasmasken. Aus dem weit geöffneten Eingangstor quoll bläulicher Qualm. Abgerollte Schläuche waren nirgends zu sehen, auch die Drehleiter war fest auf dem Lastwagen verankert.

»Bin gleich wieder da.«

Er wollte sie zurückhalten, doch sie schüttelte seine Hand von der Schulter und sprintete in Richtung Toröffnung. Mit ihrer Lederjacke und dem vors Gesicht gebundenen Schal sah sie aus wie ein Bankräuber, einer mit einem Spitzenhintern.

Fluchend rannte er hinterher. Am stählernen Tor angekommen, spürte er, wie der Boden vibrierte. Er glaubte, Musik zu hören. Er zog die Jacke aus und hielt sie sich vor den Mund. Seine Augen brannten, er musste husten. Er trat vor einen Eimer, vermutlich vergessen nach einer Autowäsche. Er griff in die Brühe, bekam einen Schwamm zu fassen und drückte ihn sich vor Mund und Nase. So schaffte er es in die große Halle. Der Lärm der vielen schweren Motoren war ohrenbetäubend, gelbliche Lichtkegel altmodischer Scheinwerfer durchstachen den Qualm wie Suchscheinwerfer von Schiffen, die im dichten Nebel die Meeresoberfläche nach Schiffbrüchigen abtasteten. Harte Schläge übertönten das Heulen und Grollen. Schatten verdunkelten für Sekundenbruchteile die Lichtkegel. Die Feuerwehrleute schlugen Seitenfenster ein, um die Motoren abzustellen. Langsam ebbte der Lärm ab. Auch der Nebel der Abgase lichtete sich langsam.

O Fortuna, O Fortuna – der Chor der Carmina Burana gab alles. Auf dem Höhepunkt der Ekstase war es mit einem Mal still. Jemand hatte die Musikanlage ausgestellt. Ein letzter Motor blubberte vor sich hin. Die Feuerwehrleute starrten nach oben. Er folgte ihrem Blick. Dort hing, an schweren Ketten, ein Kubus aus Glas, groß wie eine Doppelgarage. Darin das weiße Haifischmaul eines Straßenkreuzers, das aus einer undurchdringlichen Qualmwolke hervorragte. Und zwei Füße, nackte Füße. Der Glaskasten vibrierte leicht.

Fritz setzte sich auf den Kotflügel eines Maserati. Um ihn herum überall Glassplitter. Er sah zu, wie die Feuerwehrleute eine Leiter zusammensteckten, um nach oben zu gelangen. Im Hintergrund wurden die Umrisse einer elegant geschwungenen Freitreppe sichtbar. Am oberen Absatz stand ein groß gewachsener Feuerwehrmann, vertieft ins Gespräch mit jemandem in Lederjacke und Jeans. Als habe sie seinen Blick gespürt, drehte sich Marie zu ihm hin und winkte lässig hinunter. Der Feuerwehrmann schaute kritisch. Sie winkte ab, sagte etwas, vermutlich »nur mein Fahrer«, der Einsatzleiter schien beruhigt und widmete ihr wieder seine volle Aufmerksamkeit. Ein anderer Feuerwehrmann hatte inzwischen den Glaskasten erreicht. Er starrte hinein, schüttelte den Kopf, sprach etwas ins Funkgerät und kam wieder herunter.

Der Einsatzleiter war mit Marie im Schlepptau im Hauptsaal angekommen und stellte sich breitbeinig vor seine Mannschaft.

»Wie ist die Lage?«

»Da oben liegt einer, wie Jesus beim Sonnenbaden.« Er schloss die Augen, breitete Arme und Beine aus. »Ohne Lendenschurz.«

Die Männer lachten.

»Henning, geht das auch als korrekte Meldung?«

»Eine Person, männlich, zwischen fünfzig und sechzig Jahre alt, nackt, trägt Sonnenbrille. Von der Hautfarbe her ist er mindestens seit einer Stunde tot, würde ich sagen.«

»Warum bist du nicht rein?«, fragte der Einsatzleiter, sichtlich bemüht, nicht ungehalten zu klingen.

»Keine Chance. Panzerglas und ein Codeschloss. Sobald du da mechanisch rangehst, zerplatzt der ganze Würfel. Der hat sich eingeschlossen, weil er in den Himmel kommen wollte.«

Die plötzliche totale Stille überraschte alle. Sie blickten nach oben. Der Motor war ausgegangen, erstickt an den eigenen Abgasen.

»Wir brauchen: eine Arbeitsbühne, acht hydraulische Stempel, Sicherungstrossen, Diamantschneider …«

»Versucht es doch mal mit dem hier.« Zwischen Daumen und Zeigefinger hielt Marie einen mit Kristallen besetzten goldenen Schlüssel hoch.

Sie spürte die misstrauischen Blicke und zuckte mit den Schultern.

»Lag da bei dem Blauen auf der Motorhaube.« Sie warf den Schlüssel dem Einsatzleiter zu. Der fing ihn auf, nahm eine Handleiter, setzte sie unterhalb des Schlosses an und stieg hinauf. Ein Klacken hallte durch den riesigen Raum, er zog die Glastür auf, der Nebel im Innern geriet in Wallung.

Als er wieder unten war, glaubte er, sich rechtfertigen zu müssen: »Zu gefährlich, um hineinzugehen. Keine Ahnung, was die Vibrationen und die Motorhitze mit dem Glas gemacht haben. Wenn alles Gerät da ist, bergen wir die Leiche. Das heißt für dich, Marie, du musst jetzt leider gehen, und dein Begleiter natürlich auch.«

Lächelnd salutierte sie. »Selbstverständlich, Vinzenz. Wir telefonieren!«

Bis sie an ihren Fahrrädern angekommen waren, fiel kein Wort.

»Wir telefonieren? Uniformen machen eben sexy.«

»Fritz, spinnst du? Für das, was mir der Einsatzleiter erzählt hat, würdest du eine Woche brauchen. Komm mir jetzt bloß nicht schon wieder mit deinem Machomist. Ich bin nicht Mata Hari. Und ich gehe jetzt eine Story schreiben.«

Ohne sich zu verabschieden, fuhr sie los.

– Fritz, wie groß ist sie eigentlich, diese Marie?
– Schätze, so knapp eins achtzig.
– Ich hasse große Frauen.
– Einer wie du sollte da drüberstehen.
– Ziemlich flacher Witz!
– Im Ernst, warum sollte ein Steve McQueen große Frauen hassen?
– Weil ich wegen denen ein paar Rollen nicht annehmen konnte. Wusstest du, dass Lauren Bacall einen halben Kopf größer war als Humphrey Bogart? Wenn er mit ihr drehte, haben sie ihn auf eine Holzkiste gestellt. Das hätte ich erniedrigend gefunden.
– Wie war das mit Ali McGraw in Getaway*? Musste sie barfuß drehen, damit sie dich nicht überragt hat?*
– Ein Spaßvogel ist er heute! Hab mich halt auf Zehenspitzen gestellt. Vielleicht hat's deswegen mit ihr nicht gehalten. Also Vorsicht mit deiner Zuchtstute!

- 38 -

Um Punkt neun Uhr früh öffnete sich vor ihm die Aufzugstür zum Newsroom. Ein neuer Rekord für Fritz Graber.

Das Erste, was er sah, war Marie.

»Der Herr Starreporter. Haben wir wohl geruht?«

»Den Pluralis Majestatis kannst du dir echt sparen.«

Irgendwie lief es zwischen ihnen immer auf Konfrontation raus.

»Warst du überhaupt zu Hause, Marie?«

»Zum Duschen und Umziehen, hab gerochen wie ein Auspuff. Dann gleich hierher.«

»Verbranntes Öl, mein Lieblingsparfum. Neues Handy?«

»Könnte man so sagen, allerdings nur geliehen – von Polanski, der Herr hab ihn selig.«

»Eine Liebesgabe des Herrn Brandmeister?«

»Wenn er's gemerkt hätte, wäre ich bei Polanski im Glaskasten gelandet.«

»Unterschlagung von Beweismitteln ist eine Straftat, das lernt man im Volontariat.«

»Unser süßes Geheimnis ruht sicher verschlossen in unseren Herzen. Hilf mir lieber, ich brauche Inspirationen für den Sperrcode.«

»Die treffsicherste Inspiration hast du gestern Abend im Moseleck getroffen.«

»Dein Hofnerd? Das ist unsportlich. Weißt du, ob er Familie hatte? Polanski, meine ich. Es sind ja meistens Anfangsbuchstaben oder Geburtsdaten.«

»Mir nicht bekannt. Lässt sich aber rauskriegen. Ich befrage mal seine Mitarbeiter.«

»Sie befragen niemanden mehr, Herr Graber.«

Stockmann schien mindestens eine Hemdgröße mehr zu brauchen, so hatte er sich aufgeblasen. Er bemerkte Marie. Beeindruckend, wie er den Wechsel von Volksgerichtshof zu Ponyhof hinbekam: »Guten Morgen, Frau Leitner. Geht es mit den Recherchen gut voran? – Herr Graber, folgen Sie mir bitte in mein Büro.«

Er machte es kurz und schmerzlos. Wartete gar nicht erst ab, bis Fritz sich hingesetzt hatte.

»Ein unbescholtener Bürger bringt sich um, weil ein Zeitungsartikel ihn zum Verbrecher abstempelt. Und wo erscheint dieser Artikel, was sage ich, dieses schmutzige Machwerk? In der *Neuen Frankfurter Zeitung*. Und von wem stammt es? Rufmord ist das, nichts anderes.«

»Ich weiß genau, dass Polanski Autos hat manipulieren lassen.«

Wortlos hielt Stockmann ihm die Kopie unter die Nase, offenbar ein offizielles Papier, allerdings auf Französisch. »Wissen Sie, was hier steht? Der Porsche, in dem Wirt ums Leben gekommen ist, war nicht manipuliert. Wirt hat einfach nur zu spät gebremst. Genau das steht hier.«

»So einen Wisch kann jeder fälschen.«

»Klar, die Polizeipräfektur in Nizza hat sich das aus den Fingern gesogen. Ihre Recherchebasis war natürlich viel glaubwürdiger. Eine Internetseite mit Namen crashtag.com. Wundert es da noch jemanden, dass der Ruf von Journalisten sogar schlechter als der von Politikern ist?«

Stockmann lachte fast hysterisch. Dann stand er auf und ging zum Drucker. Er knallte zwei Blatt Papier auf den Tisch.

»Bitte quittieren Sie den Erhalt der Kündigung. Und dann gehen wir zusammen runter, und Sie räumen Ihren Arbeitsplatz.«

»Damit kommen Sie nicht durch. Ich habe mir nichts vorzuwerfen.«

»Das sollen die Anwälte klären. Bis dahin übergeben Sie Ihre laufende Arbeit an Frau Leitner.«

Als sie herunterkamen, war die Redaktion voll besetzt. Niemand sagte ein Wort, sogar die Radio-Ente schwieg. Alle waren hinter ihren Monitoren in Deckung gegangen. Wie von Zauberhand hatte sich neben seinem Schreibtisch bereits ein Umzugskarton eingefunden. In Zeitlupe öffnete Fritz die Schubladen. Die Überbleibsel eines Arbeitslebens von zwanzig Jahren füllten den Karton noch nicht einmal zur Hälfte.

»Wir sehen uns.«

Mehr fiel ihm als Abschiedsrede nicht ein.

Erst als er vor seinem Fahrrad stand, bemerkte er, dass er den Karton gar nicht transportieren konnte.

»Komm her, alter Mann!« Die Arme ausgebreitet, stand Marie da wie Anthony Quinn als Alexis Zorbas. Sie umarmten einander innig.

»Wir funken heute Abend, okay?«

Er nickte.

»Kannst du meine Überreste einlagern, bis ich sie hole?«

Sie lächelte und nahm den Karton.

Erst als sie in der Drehtür verschwunden war, bemerkte er das zusätzliche Gewicht in seiner Jackentasche. Polanskis Handy. Sie hatte es ihm zugeschoben! Er zog sein eigenes Smartphone aus der Tasche und rief Titus an.

Kurz erklärte er ihm, was los war.

»Rein sachlich betrachtet hat dieser Stockmann nicht unrecht …«

»Das brauch ich jetzt echt nicht. Das zweite Gesicht, journalistisches Gespür, nenne es, wie du willst, aber ich weiß, dass Polanski die Autos manipuliert hat. Also, bekommst du das hin mit dem Handy? Und zwar schnell?«

»Wir treffen uns um halb zwölf an der S-Bahn in Rödelheim, auf dem Bahnsteig Richtung Frankfurt. Geh davon aus, dass ich bis heute Abend Ergebnisse liefern kann.«

*

Eine knappe Stunde später präsentierte sich die Howaldtstraße 12 als perfektes Arbeitslosenhabitat: er auf dem Sofa, in Jogginghose neben sich ein Glas Rotwein und auf dem Bauch eine Tüte Erdnussflips. Allerdings schaute er crashtag.com statt Unterschichten-Talkshow – nicht, dass das mehr Niveau gehabt hätte. Er gab Polanski ins Suchfeld ein. Kein Treffer. »Ferrari; Los Angeles«, Autoleichen, die sich um Palmen gewickelt hatten, umspült von riesenhaften Pick-ups. All die Palmen, das Gleißende, der letzte Strandurlaub mit Sophie kam ihm in den Sinn. Der schien Jahrzehnte zurückzuliegen. Bangkok mit all seinen Gerüchen, dem Lärm, den Straßenschluchten, Phuket mit seinen Animierschuppen und Gogo-Bars ...

- 39 -

»Komm, mein Junge, gehen wir zum Strand«, sagte Viktor Herrmann und zog Fritz an der Hand zu einem Strandcafé. Der Glaskasten war groß wie ein Haus, darin gruppierten sich Sonnenliegen in Bonbonfarben um einen weißen Cadillac mit ausladenden Heckflossen. Er wehrte sich, doch Herrmann war zu stark, packte ihn und warf ihn auf eine der Liegen. Das Wetter war stürmisch, die Wellen hoch, sie klatschten mit solcher Wucht gegen die gläserne Front, dass er die Vibrationen auf seiner Liege spürte. Aus dem Kasten traute er sich nicht heraus. Immer mächtiger wurden die Brecher, die Angst schnürte ihm die Kehle zu. Weit hinten sah er das Meer sich heben, der Kamm der sich aufbauenden Welle überragte die anderen und stieg und stieg. Eine Wasserwand rollte auf ihn zu, fast schwarz, bekrönt mit weißem Schaum. Erst so hoch wie die Glasfront, doch immer weiter anschwellend, höher als ein mehrstöckiges Haus. Er wollte flüchten, doch Herrmann hielt ihn mit eisernem Griff fest und streichelte ihm über den Kopf. Er brüllte und spürte gleichzeitig, dass sein Brüllen nur ein Röcheln war. Die Welle war über ihnen und brach, Alarmglocken klingelten ohrenbetäubend.

Er riss die Augen auf und schaute sich um. Er musste eingenickt sein. Nur das Klingeln war Realität. Er wankte zur Sprechanlage. Das Pfeifen der Rückkopplung machte ihn hellwach. Schon hundertmal hatte er die Hausverwaltung darum gebeten, sie auszutauschen. Trotzdem verstand er alles:

»Kriminalpolizei Frankfurt, Kommissar Gottlieb, wir hätten ein paar Fragen. Würden Sie bitte öffnen?«

Dem Tempo nach zu urteilen, mit der er die Treppe hinaufeilte, stand dieser Gottlieb noch voll im Saft. *Neulich sechs Uhr früh tritt man mir die Tür ein, ich spring aus dem Bett, da stürmt die Polizei rein*, hatte Westernhagen gesungen. Siedend heiß fiel ihm die Jogginghose ein, die er trug. Er öffnete die Tür einen Spalt weit und sprach auf einen dunkelblonden Haarschopf ein.

»Geben Sie mir zwei Minuten Zeit? Ich hatte Spätschicht.«

»Kein Problem«, hörte er. Weißes T-Shirt mit V-Ausschnitt und Jeans, fast wie James Dean, ob der auch immer vergaß, den Hosenlatz zuzuknöpfen? Insbesondere, wenn er keine Unterhose angehabt hatte?

Er stellte die Kleiderordnung her und öffnete dem Polizisten. Der junge Mann, vermutlich keine dreißig Jahre alt, trug kurz geschorene Haare und Augen so klar und blau, dass er an Steve denken musste.

Gottlieb lehnte den Kaffee ab, setzte sich auf den Küchenstuhl, auf dem Sophie allmorgendlich ihr Müsli gemümmelt hatte. Das Mittelalter war inzwischen auch bei der Frankfurter Kripo passé. Gottlieb stellte einen Tablet-Computer auf, tippte mit dem Stylo auf den Bildschirm und öffnete die leere Seite eines elektronischen Befragungsbogens. An dessen oberen Rand war, woher auch immer sie es hatten, ein Foto von Fritz einkopiert. In Schwarzweiß, als sei die Fahndung bereits eingeleitet.

»Es geht um Ihr Auto.«

»Sie sind nicht der Erste. Ist unverkäuflich.«

Der Polizist lächelte noch nicht einmal. »Ich meine den Ferrari Dino, der am 23. April auf das Kennzeichen F-GT 246 zugelassen wurde.«

»Schönes Kennzeichen, nicht wahr? Hab den Wagen allerdings schon wieder verkauft. Hat mich arm gemacht.«

Zumindest Letzteres war die Wahrheit.

»Verkauft haben Sie ihn ins Ausland. Jedenfalls wurde der Wagen in eine Frachtmaschine in Richtung Los Angeles verladen. Der Käufer ist mit dem Wagen tödlich verunglückt. Unsere ausländischen Partnerbehörden haben die Vermutung geäußert, er könnte manipuliert gewesen sein.«

Stell dich doof, Fritz!

»Was heißt manipuliert, Herr Gottlieb? Eine Autobombe?«

»Das wissen wir noch nicht, aber vermutlich keine Bombe. Nach unseren Unterlagen sind Sie der Eigentümer.«

»Bin ich nicht. Eigentlich ist mir der Wagen geklaut worden.«

»Das wüssten wir ja wohl, es sei denn, Sie hätten keine Anzeige erstattet.«

Es wurde eng.

»Hab ich ja, lassen Sie mich überlegen, ich glaube, es war Anfang Mai.«

»Davon wüssten wir, und davon wüsste die Zulassungsstelle. In den Akten findet sich nichts. Sie haben doch bestimmt einen Kaufvertrag.«

»Der Beamte hieß Feldmann oder Feldheim oder so. Jetzt muss ich allerdings zur Arbeit. Übrigens, sagt Ihnen eigentlich Klaus Polanski etwas? Der Autohändler?«

»Der Autohändler, der sich umgebracht hat? Über den die ganze Stadt spricht? Den ein Zeitungsartikel schwer in Misskredit gebracht hat? Herr Graber, wollen Sie mich verarschen?«

»Nein, nein. Aber er war doch mit Sicherheit in kriminelle Handlungen verwickelt?«

»Es gab ein paar Unregelmäßigkeiten bei der Abrechnung der Ausfuhrumsatzsteuer. Aber das ist in der Branche so selten wie bei Nutten die Syphilis.«

»Waren Sie mal bei der Sitte?«

Nun grinste Blue Eye doch ein wenig, wenn auch gequält.

Und wurde gleich wieder bierernst. »Herr Graber, waren Ihnen irgendwelche Manipulationen am Fahrzeug Dino 246 GT, amtliches Kennzeichen F-GT 246, bekannt zu dem Zeitpunkt, als Sie Eigentümer des Kfz waren?«

Er verneinte.

»Wir werden das alles überprüfen. Bitte suchen Sie nach dem Namen des Polizisten, bei dem Sie den Diebstahl gemeldet haben. Und vergessen Sie nicht den Kaufvertrag, der den Erwerb durch Sie belegt. Wir akzeptieren auch Bierdeckel, Hauptsache, die Unterschriften sind drauf.«

Gottlieb übergab ihm eine Visitenkarte. Darauf die üblichen Daten und die gute alte Kokarde der hessischen Polizei. Der Kripomann verabschiedete sich per Handschlag und blickte ihn dabei prüfend an.

Fritz wartete fünf Minuten, dann streifte er die Lederjacke über.

Nur mit Mühe ließ sich das mit schokoladenbrauner Rostschutzfarbe lackierte Stahltor öffnen, als er sein Fahrrad hindurchschieben wollte. Mit ihrer Wettervorhersage hatte Elsa ausnahmsweise richtiggelegen: Tiefausläufer mit Sturmböen, Schnee bis in die Niederungen. Auf gut Deutsch: Dreckswetter, und das im Mai. Böen trieben graue Wolken vor sich her. Es war nur noch eine Frage der Zeit, bis es anfangen würde zu regnen. Er trat voll in die Pedale, bog hinter der Europäischen Zentralbank rechts ab, überquerte Honsell- und Schmickbrücke. Vorbei an den Kolonnen parkender Lkw, leicht bergauf gen Osten, immer wieder gepackt von heftigen Windstößen.

Er schloss das Fahrrad an einem provisorischen Halteverbotsschild an. Der Pfahl schwankte, als das Schild von einer Bö erfasst wurde. Wie anders doch die Stimmung beim letzten Mal gewesen war. Sonnenreflexe auf fabrikneuem Wellblech, die Spannung, das Herzklopfen, als die Tore aufgingen, das Staunen über den Dino, der lilafarbene 500er-Schein in der Hosentasche des merkwürdigen Herrn Müller. Ein Tieflader polterte vorbei. Fritz sah ihm hinterher und umrundete die Hausecke.

Direkt vor ihm ging es zehn Meter nach unten. Ein altmodischer Bagger mit einem kranartigen Ausleger rammte stählerne Röhren ins gelbbraune Erdreich. Um die Pfeiler herum hatten sich tiefe Teiche aus Grundwasser gebildet. Weiter hinten hoben zwei weitere Bagger den restlichen Teil der Baugrube aus. Auf der rechten Seite, wie Fischerbaracken an der Klippe, stand eine Reihe hellgrauer Container. In den vorderen befanden sich die Büros des Bauunternehmens, dahinter lagen die Wohncontainer. Überall wuselten Männer mit dunklen Gesichtern und gelben Helmen umher, den weißen eines Poliers sah er nicht. Über einen Weg aus Bohlen gelangte er sauberen Fußes zum Containerdorf. Er klopfte an die Tür mit der Aufschrift »Bauleitung« und trat ein. Wie auf Kommando drehten sich mehrere Männer in schmutzig-weißer Arbeitskleidung um.

»Entschuldigen Sie die Störung. Ich hab nur eine Frage: Vor sechs Wochen hat hier auf dem Grundstück noch eine Wellblechgarage gestanden. Können Sie mir sagen, was aus ihr geworden ist?«

Nach einigen Sekunden der Stille äußerte sich einer in Freizeitkleidung, der als Einziger auf der anderen Seite des Besprechungstischs stand. »Hier hat nie eine Garage gestanden. Ich bin der Bauleiter und betreue das Projekt seit dem ersten Spatenstich. Vielleicht haben Sie da was verwechselt. Zweihundert Meter weiter gibt es noch ein leerstehendes Grundstück.«

»Ich bin mir sicher, dass die Garage hier stand. Seit wann arbeiten Sie hier?«

»Seit zwei Monaten, direkt nach dem Kauf durch die Bauboden AG. Mit dem Aushub für die Tiefgarage haben wir vor drei Wochen begonnen.«

»Ich meine eine Wellblechgarage, die aussah wie frisch poliert.«

»Davon weiß ich nichts, aber das Gerümpel, das hier rumlag, hat der Entsorger mitgenommen.«

»Nur interessehalber: Was wird denn hier gebaut?«

»Hochwertiges Wohnen. Maisonette-Wohnungen und Townhouses.«

Fritz bedankte sich und verließ den Container. Seine Erinnerung an die Brachfläche war schon ein wenig verblasst, doch dass er hier den Dino erstmals zu Gesicht bekommen hatte, das war so sicher, wie der Bauleiter die Wahrheit gesagt hatte. Auf den Laufbohlen rannte er fast in einen Arbeiter, der einen Sack Zement auf der Schulter trug und im letzten Moment fluchend auswich. Schlamm spritzte hoch.

Fritz kehrte auf die Schmickstraße zurück und steuerte direkt auf ein rechteckiges Schild mit gekreuztem Essbesteck zu. Blau getünchte Fassade und künstliches grünes Weinlaub leuchteten um die Wette, am Fahnenmast baumelte der Eintracht-Adler, als habe er seinem Leiden ein Ende gesetzt, angesichts der alljährlichen Tabellendepression. Fritz trat durch die Stahltür und den dahinter liegenden schweren Filzvorhang, der die Kälte von den Gästen abhielt.

Im Gastraum waren lediglich zwei Männer, einer gekleidet in ballonseidenen Freizeitanzug, der andere in eine Rauchwolke. Beide sortierten Belege, vermutlich Lieferpapiere des letzten Speditionsauftrags. Es roch nach altem Essen und noch älterem Bier. Rechts neben der Tür stand eine rote Propangasflasche mit Heizaufsatz. Sie sorgte dafür, dass alles Leben im Umkreis von zwei Metern verglühte. Hinter der Theke schepperten Teller und Gläser. Zu sehen war nur ein voluminöses Hinterteil, gepresst in eine Jeans unbekannter Marke, mit einem Herz aus Strasssteinen auf einer Gesäßtasche. Die Gesichtshälfte einer Frau tauchte oberhalb des hölzernen Tresens auf. Ihr Blick sagte: *Mein Schwager ist Türsteher aus dem Kosovo, also versuch es erst gar nicht.* Er setzte sich an einen Tisch am Rand der Hitzeglocke und streckte die Füße in Richtung Todeszone.

»Großes Pils?«, rief die Wirtin, sprich, es gab zwei Alternativen: »Kleines« oder »Export«.

»Einen Cappuccino.« Das »mit heißer Milch« schob er nach, denn auf dem Flaschenregal stand eine Kartusche Sprühsahne, Lidl-Handelsmarke. Die Geste der Frau, um die fünfzig, rote Tönung im schulterlangen dunklen Haar und mit gezupften Augenbrauen, die ihr den Ausdruck einer enervierten Gouvernante verliehen, war eindeutig: *Was denn sonst, hältst du uns für Banausen*? Kurze Zeit später röchelte der Milchaufschäumer, sie trat an den Tisch, der Kaffee sah perfekt aus, einschließlich der Blume aus Kakaostaub und einem in Plastik eingeschweißten Gewürzkeks.

Fritz leistete Abbitte. »Was für ein Aroma«, sagte er, die Nüstern blähend wie ein Dallmayr-Testimonial.

Immerhin, sie taute auf. »Ist ein Kaffee aus meiner Heimat, Kroatien, also Ex-Jugoslawien. Um Längen besser als türkischer Mokka.«

Fritz hielt die Tasse an die Nase und nickte genießerisch. »Sagen Sie mal, hundert Meter die Straße runter wird ja kräftig gebaut.«

»Wenn die mit diesen Riesenbohrern loslegen, krieg ich Fußmassage.«

»Wissen Sie noch, wie es vorher dort aussah? Erinnern Sie sich vielleicht an eine Metallhalle, die aussah wie eine halbierte Röhre?«

»Komisch, obwohl ich jeden Tag daran vorbeigegangen bin ... War da eine Halle? Jetzt, wo Sie es sagen, kann sein. Warum fragen Sie? Sind Sie von der Polizei?«

»Keine Sorge, hatte letztens jemanden dort getroffen, in einer Art großen Blechgarage.«

»Wie ein silberner Brotlaib, jetzt erinnere ich mich.«

»Ist Ihnen da mal ein Mann aufgefallen? Cordhose, blaues Sweatshirt, ziemlich groß, um die sechzig, Äderchen auf den Wangen?«

»Säufergesicht, meinen Sie? Davon haben wir hier reichlich. Kurz vor Ostern, da ist ein paarmal jemand hier gewesen, der so aussah. Aufgefallen ist der mir, weil er sich mit so einem Geleckten getroffen hat, wie man sie sonst nur im Privatfernsehen sieht. Sakko und Hose eng wie ein Taucheranzug. Schien vor Kraft kaum laufen zu können. Die saßen immer dahinten im Eck wie die Mafia.«

»Und, war es die Mafia?«

»Das müssten Sie doch besser wissen.«

»Bei mir ging es nur um ein Auto.«

»Autohändler, das kann sein. Der Glatte kam mal rein und hatte so eine alberne Plastikhülle mit Griff dran, in der rote Kennzeichen steckten.«

»Haben Sie eine Idee, wo man einen von denen finden kann? Kommen die noch hierher?«

»Nein, aber Nepomuk kennt die, glaub ich. Neppo macht Autos, Import-Export, fragen Sie nicht. Heute gestohlen, morgen in Polen, sag ich nur. Ich bin ja aus Kroatien, Ex-Jugoslawien …«

»Haben Sie seine Nummer?«

»Nein, aber er ist meistens Dienstagnachmittag da, wenn er mit dem Auflieger zurückkommt. Soll ich ihm was ausrichten?«

»Lassen Sie mal. Ist nicht wichtig. Ich würde dann gern diesen wunderbaren Kaffee zahlen.«

»Cappuccino, der Herr, Cappuccino!«

Der jüngere der beiden Fernfahrer hob den Kopf und rief in polnisch gefärbtem Deutsch: »Nix Raststätten – zu teuer. Nimm Autohöfe!« Dann beugte er sich wieder über die Ladepapiere.

Fritz drehte sich leicht verwirrt um und verließ die Kneipe.

- 40 -

Zu Hause angekommen, traf ihn der Frust wie eine Keule. Gerade mal ein halber Tag war vergangen, seit sie ihn vor die Tür gesetzt hatten. Genauso war es vor einem Jahr gewesen, als Sophie ihre letzten Sachen abgeholt hatte. War die Wut über die vermeintliche Ungerechtigkeit erst einmal verflogen, blieb das Gefühl der eigenen Unzulänglichkeit. Erst als er wieder vor dem PC saß, beruhigte er sich etwas. Unzählige Male hatte er bereits den Blog zum Wirt-Unfall in Crashtag durchforstet. Auf einmal mehr oder weniger kam es auch nicht an.

»Does this part belong to a Vintage Porsche? What is it good for?«

Die Frage, ob jemand das abgebildete Teil aus einem Porsche-Klassiker kannte, war weder mit einem Klarnamen noch mit einem Nicknamen versehen. Die Antworten waren typisch Blog: *Irgendwo schon mal gesehen, weiß aber nicht mehr wo – Niemals, das ist ein Luftfilter von einem BMW – Ganz klar, ein ABS-Modul – Spinnst du, das ABS wurde erstmals 1978 in der Mercedes S-Klasse verwendet – Hey Turbo, wenn ich dich korrigieren darf, grins, das erste ABS war im Jensen FF drin* und so weiter.

Den Dummpostern war zugutezuhalten, dass das Bild miserabel war. Man sah einen rechteckigen Kasten, der aus Metall zu sein schien. Irgendetwas, das aussah wie zusammengeschrumpelt, baumelte heraus. Der Rest war überbelichtet.

»Hi Titus, kannst du herausfinden, wer das Bild im Blog zum Wirt-Porsche gepostet hat?«

Es dauerte zwei Minuten, dann war die Antwort da, mitsamt einem PDF, das »Mademoiselle Mécanicienne« hieß. Der Artikel war drei Jahre alt und stammte aus einer Wochenendausgabe von Nice Soir und zeigte eine rothaarige Frau in Werkstattoverall und weißen High Heels, die sich an Oldtimern zu schaffen machte. Das Ganze erinnerte an ein Blatt aus dem Pirellikalender, nur mit zu viel Text. Den er nicht verstand. Carole Lambert hieß die Dame, das konnte er erkennen, und die Werkstatt trug den Namen Retrovitesse. Immerhin, der Infokasten am Artikelende enthielt Telefonnummer und Adresse.

Die Nummer schien noch zu stimmen, keine Selbstverständlichkeit. Freie Autowerkstätten waren für Autofans das, was für Fashion Victims die total süße Boutique an der Ecke war. Man trauerte ihnen nach, war aber nie dort gewesen.

»Retrovitesse, bonjour.« Ziemlich nuschelige Stimme, aber freundlich.

Er atmete auf, als sie auf seine Frage in Englisch sofort antwortete.

Er stellte sich als freier Mitarbeiter einer Oldtimerzeitschrift vor.

»Auf Ihrer Website habe ich gesehen, dass Sie einen 300SL-Flügeltürer restaurieren. Aus prominentem Vorbesitz.«

»Tony Curtis, der Filmstar aus *Manche mögen's heiß*.«

»Ich würde gern eine Restaurierungsgeschichte über das Auto schreiben. Dürfte ich Sie dazu interviewen?«

»Schießen Sie los.«

»Ich meinte, bei Ihnen in der Werkstatt. Wir brauchen ja auch Fotos.«

»Wann wollten Sie kommen?«

»Wie wäre es Ende der Woche, am Samstagnachmittag?«

»Das passt. Da ist hier noch weniger los als sonst.«

Sie verabredeten sich für sechzehn Uhr in ihrer Werkstatt.

Er legte auf und brüllte in Richtung Wohnzimmer: »Flüge nach Nizza am 28. Mai, am nächsten Tag zurück. Zack, zack!«

Fünf Minuten später waren die Tickets gebucht. So etwas konnte sie, die Elsa.

Er gähnte, lange und laut. Was für ein Tag: die Kündigung, die verschwundene Garage, Mademoiselle Mécanicienne. Er hätte Marie anrufen müssen. Doch sie war auf einmal ganz weit weg. Das Letzte, was ihm vor dem Einschlafen noch einfiel, war Titus:

»Hast du das Handy schon ausgelesen?«

»Gedulde Er sich bis zum morgigen Tage. Ein simpler Mechanicus ist kein Dampfross.«

»Morgen zum Mittagsläuten auf einen Türkentrunk zu Robertus?«

»Wohlan! Wünsche wohl zu ruhen.«

- 41 -

Kurz nach neun Uhr klingelte das Handy. Eine Stuttgarter Nummer.

Am Apparat der VFW-Pressechef höchstpersönlich.

»Herr Graber, obwohl Sie gerade bei der NFZ ausgestiegen sind, möchten wir sichergehen, dass Sie dabei sind, wenn die VFW AG auf unserem Testgelände in Blaubeuren einen Meilenstein des autonomen Fahrens präsentiert. Haben Sie übermorgen schon etwas vor?«

»Sie sind ziemlich gut informiert. Gestern hat mein Sabbatical begonnen, sagt man doch so. Zeit habe ich reichlich. Allerdings kann ich Ihnen im Moment nicht gerade viel redaktionelle Coverage bieten.«

»Das weiß der Vorstandsvorsitzende. Es war sein persönlicher Wunsch. Wenn Sie nichts dagegen haben, holen wir Sie um zehn Uhr mit einem Shuttle ab.«

»Wollen Sie mir nicht ein bisschen mehr verraten? Haben die VFW endlich Bremspedale mit eingebauter Fußmassage entwickelt?«

»Es wird Zeit, dass Sie Ihre Vorurteile gegenüber unserem Haus ad acta legen.«

»Wehe, Sie enttäuschen mich. Meine Zeit ist jetzt besonders kostbar.«

Es wurde Zeit für das Treffen mit Titus. Sollte Marie vielleicht doch dabei sein? Besser nicht. Sie war jung, ehrgeizig und neigte zu Schnellschüssen. Er holte das Rad aus dem Keller. Es fuhr praktisch autonom Richtung Gallus. Der »Hartzer« war bereits in Sicht, und da war er auch schon, dieser feine Hauch von Pisse. Ein halbes Dutzend Männer in den Vierzigern, vereinzelt auch einige Frauen, umlagerte üblicherweise die Holzhütte, die nur noch von alten Blechreklameschildern – Mehr Bums in der BAMS – zusammengehalten zu werden schien. Auf den ersten Blick wirkten diese Männer nur ein wenig nachlässig gekleidet, bei näherem Hinsehen gaben sie sich als Jäger der verlorenen Flasche zu erkennen: Sie trugen Holzstöcke mit Nägeln an der Spitze, um Pfandflaschen und Getränkedosen aufzuspießen und sie dann in karierten Plastiktaschen von der Größe eines Sechzigerjahre-Fernsehers verschwinden zu lassen. Ihre Hosentaschen waren ausgebeult vom vielen Kleingeld – Munition für die alkoholische Tagesgestaltung. Sie waren Dinosaurier jener Zeit, als im Gallusviertel mit Sozialgutscheinen statt mit Goldkarten gezahlt wurde und Mobile Payment noch bedeutete, dass Achtjährige mit Gummibärchentüten unter der Jacke aus dem Laden rannten.

Heute jedoch war der Kiosk verwaist, die Männer standen dreißig Meter weiter in Richtung Wiese. Das Bild erinnerte an Taliban-Milizen, die den Leichnam eines GI schänden. Das machen wir mit eusch Ungläubige, wenn ihr eusch su uns traut! Fritz lehnte das Rad an einen stählernen Mülleimer, machte ein paar vorsichtige Schritte auf die Gruppe zu, Sicherheitsabstand zur Geruchsaura der Männer war angesagt. Sie diskutierten.

»Die zahlen nen Hunni an jeden, der so ein Teil zurückgibt. Ohne Fragen.«

»Das ist ne Delive II. Super Leistung, auf eBay kostet ein einziger Motor schon hundert.«

»Kein Bock auf eBay, der ganze Schreibkram.«

Also keine gruselig-dilettantische Talibanpropaganda, sondern beinharter Hollywood-Kriegsfilm: *Black Hawk Down*. Zwei von vier Rotoren zertrümmert, die Landekufen gen Himmel gestreckt, ihrer Symmetrie beraubt, lag da in der Größe einer Bierkiste eine der kleineren Lieferdrohnen des britischen Herstellers, zugelassen für Sendungen bis zwei Kilogramm, in diesem Fall lackiert im grellen Gelb eines Paketdienstleisters. Auf der Unterseite war die jüngste Kreation der Werbestrategen des Hauses zu lesen: *Delivery, High Level* in knallroten Buchstaben, nachts leuchtend in Diodenschrift. Die Fracht, ein Behälter von der Größe eines Schuhkartons, war beim Aufprall zerrissen. Auf einem Busch, Kirschlorbeer wohl, lag ein glänzender schwarzer Slip, ob Leder oder Latex war schwer zu erkennen. Der im Schritt verchromte Reißverschluss glitzerte im Sonnenlicht. Die rosafarbene Karotte, die sich direkt neben der Drohne ins Beet gebohrt hatte, entpuppte sich als Vibrator. Gleich daneben, eingeschweißt in Plastik, die Batterien. Voller Lieferumfang eben. Die Gruppe der Männer geriet in Bewegung.

»Mensch, Johnny, mach's nicht, was meinst du, wie viel wir dafür bekommen, wenn die Drohne heil ist. Steck ihn wieder rein, ich geb dir ein Bier aus.«

Ein anderer nahm den Vibrator, hielt ihn sich an die Nase. »An der Nase eines Mannes …« Er lachte wiehernd. Weil keiner einstimmte, ließ er das Gerät fallen, als habe es sich gerade bewegt.

Johnny brüllte jetzt fast, während er an seinem Hosenlatz fummelte. »Die Wichser. Zehn Jahre hab ich für die gebuckelt. Morgens um sechs in den scheißgelben Lieferwagen, damit ich die Tour überhaupt schaffe. Hab's mal ausgerechnet, machte vier Euro die Stunde. Vier Euro, verstehste! Und dann kam der Brief: ‚Wir stellen um auf Automatic Delivery.' Haben eine Umschulung angeboten zum Drohnenmechaniker, die du aber selbst zahlen musstest. Wovon, frag ich dich. Wovon?« Er brüllte hinaus ins Karree der Wiese. Ein vom Straßenlärm nahezu taub gewordenes Kaninchen hob den Kopf, mümmelte dann weiter an den ersten Gänseblümchen des Jahres. Einer ging zum Büdchen und kam mit einer kleinen grünen Flasche zurück.

»Hier, nimm nen Geweihschnuller. Der bringt dich wieder runter.« Kaum hatte er den Jägermeister an den Lippen, beruhigte sich Johnny tatsächlich.

»Was ist passiert?« Die unspezifischste aller Reporterfragen, für die jeder Volontär zur Höchststrafe verdonnert würde, lebenslanger Sitzungsbesuch der städtischen Grünanlagenkommission. Verschreckt drehten sich die Männer um. Er blickte in Gesichter, die schon viele Schlachten geschlagen, aber zu viele verloren hatten.

»Hab nur Motorengebrumm gehört und dann direkt den Aufschlag. Recht geschieht's ihr.»

Johnny klang, als spräche er über das schönste Mädchen der Klasse, das ihn mal hatte abblitzen lassen, um dann vom größten Taugenichts geschwängert zu werden.

»Wenn du draufpinkelst, kriegt dein Lurch ne ganz besondere Stimulation«, sagte einer. Sie kicherten rau und verschämt.

Johnny nuckelte weiter an seinem Jägermeister. »Ja, recht geschieht's ihr«, murmelte er mit gesenktem Kopf.

»Du nimmst sie, und ich helf dir, rauszuschlagen, was geht«, sagte einer der Männer zu ihm, ein Mittvierziger mit gammeligem blauem Anzug, tiefer Stimme und einer Aussprache frei von hessischem Dialekt. Der Leader. Er wühlte in seiner Plastiktüte herum, zog ein Paar froschgrüne Gummihandschuhe heraus und hielt sie Johnny vor die Nase. Der blickte verständnislos. »Wegen dem Stromschlag.«

Johnny nickte, zog sie sich über, schüttelte den Kopf, fettige Haarsträhnen schwangen in Zeitlupe mit.

»Wie sehe ich denn aus?«

Er blickte verzweifelt in die Runde, ging dann aber wortlos zur Bergung der gelben Plastiktarantel über. Fritz sprach den Anzugträger an und stellte sich vor.

»Journalist, sagen Sie? Vor ein paar Wochen hat mich mal einer interviewt. Ich war ein dankbares Objekt: Exbanker, tief gefallen, um der Leserschaft das Gefühl zu geben, dass auch die Herren in Nadelstreifen Digitalisierungsopfer werden. Wird gern genommen. Suchen Sie sich jemand anderen.«

»Darum geht es mir nicht. Kommt so etwas oft vor?« Fritz nickte in Richtung Drohne.

»Ich und die anderen Drohnenbarone, wir leben jedenfalls ganz gut davon. Drohnenbergen ist um Längen lukrativer als Flaschensammeln. Man muss nur wissen, wo die Flugkorridore verlaufen. Meistens sind es die Hauptstraßen, damit sie auf Autos fallen und nicht auf Köpfe.«

»Wie viele finden Sie pro Monat?«

»Mein Revier ist der Grüneburgpark, da hab ich so einen schönen Blick auf mein ehemaliges Büro in den Towers. Dort so vier bis fünf, bin aber inzwischen Digitalisierungsexperte für alle Frankfurter Sammler. Die aus anderen Zonen rufen mich, wenn sie was haben, und ich krieg Provision. Im Schnitt dürfte täglich eine abschmieren.«

»Woran liegt das?«

»Das mit dem Runterfallen? Abriss des Steuersignals. Die Hersteller sagen, das ist wegen dem Funkschatten der Hochhäuser. Aber das ist Quatsch. In Hanau oder Oberhausen passiert es genauso oft, und da ist das höchste Bauwerk im Allgemeinen noch der Kirchturm. Eigentlich soll die Drohne im Störungsfall zum Verteilzentrum zurückfliegen. Klappt aber eben nicht immer. Manchmal ist es eine Windböe oder aber ein Greifvogel, der angreift. Plan B ist dann die kontrollierte Sicherheitslandung. Hab ich auch mal gedacht: Einen Plan B gibt's immer. Wie jeder sehen kann.«

Er grinste höhnisch und strich mit beiden Handrücken über seinen schmuddeligen Anzug.

»Was war das mit den Handschuhen und der Stimulation?«

»Nach einer Bruchlandung setzt ein Sensor, der auf Stoß reagiert, die Drohne unter Strom. Wer zugreift, bekommt einen Schlag, wie eine Kuh am Weidezaun. Mit dem GPS-Sender ist die Drohne jederzeit auffindbar.«

»Kennen Sie sich auch mit autonomen Fahrzeugen aus?«

»So lala, vor der Krise habe ich als Analyst in der Wagnisfinanzierung gearbeitet. Wir mussten uns einiges an Wissen draufschaffen, um die Geschäftsmodelle zu verstehen. Was interessiert Sie denn?«

»Kann man ein Auto genauso fernsteuern wie die Drohne da?«

»Sie können jedes technische Gerät fernsteuern, von der Melkmaschine bis zur Mondrakete.«

»Bleiben wir beim Auto, einem alten Auto ohne Assistenzsysteme.«

»Das ist schwierig. Ein paar grundlegende Assistenzsysteme müssen vorhanden sein, beispielsweise eine Servolenkung.«

»Sie meinen einen Aktuator.«

»Richtig, etwas, das auf einen Steuerbefehl reagiert. Im Allgemeinen handelt es sich um eine Kombination aus einem Elektromotor und einer Hydraulikpumpe. Sie dürften auch um die fünfzig sein, Sportomatic sagt Ihnen vielleicht noch etwas?«

»Die Halbautomatik von Porsche.«

»Genau die. Eigentlich war das ein ganz normales Getriebe, nur brauchte man nicht zu kuppeln. Wenn der Fahrer den Schaltknüppel berührte, wurde ein elektrischer Schalter betätigt, der auskuppelte. Wurde bei Porsche bis 1981 angeboten. Der Schalter zum Auskuppeln lässt sich auch aus der Ferne ansteuern.«

»Was ist mit den Bremsen?«

»Hydraulikbremsen für Pkw sind seit den Fünfzigern Standard, der Bremskraftverstärker kam ein paar Jahre später. An den könnte man einen Steuerbefehl übertragen, tippe ich. Besser, Sie fragen einen Kfz-Profi.«

»Wie groß ist so ein Mechanismus?«

»Vielleicht so groß wie eine Zigarrenkiste, wenn Sie eine einzige Funktion fernsteuern wollen, also Bremse oder Lenkung.«

»Und wo müsste man nach der Zigarrenkiste suchen?«

»Ein Kfz-Profi weiß das besser, aber vermutlich am ehesten in der Nähe der Servolenkung oder des Bremskraftverstärkers. –

Jetzt muss ich mich aber sputen und den Sender der Drohne unschädlich machen. Bevor das Tracker-Team von den Gelb-Roten anrückt. Ein Glück, dass die mal staatlich waren. Die Kavallerie von US-Brownies wär schon längst hier.«

»Vorhin haben Sie gesagt, dass Drohnen automatisch zum Verteilzentrum zurückfliegen, wenn die Funkverbindung abreißt. Wie ein Autopilot?«

»Genau! Funktioniert übrigens auch bei Autos. Das wollten Sie doch sicher fragen. In diesem Sinne …«

Er schlug das Revers seines Sakkos beiseite und zog einen Miniatur-Akkuschrauber hervor. Dort, wo früher sein Kugelschreiber gesteckt hatte, blinkten feine Schraubenzieher, Zangen und andere Feinmechanikerwerkzeuge.

»Wie heißen Sie?«, rief Fritz ihm hinterher. Der andere hielt den Zeigefinger an die Lippen und beugte sich über die Drohnenleiche.

☼

Irgendetwas war anders in Bob's Café. Natürlich, die Geräuschkulisse. Normalerweise erstarben alle Gespräche, wenn sie loslegte, doch am Platz der Faema stand jetzt ein mattsilbrig glänzendes Etwas, einer edlen Stereoanlage nicht unähnlich. Eine umlaufende Diodenleiste pulsierte, während sich eine Tasse mit Espresso füllte. Der Milchaufschäumer klang wie ein pinkelnder Sechsjähriger.

»Und die Bohnen liefert Amazon?«

Bob zuckte mit den Schultern. »Wenn ich sechs Wochen auf eine Dichtung warten muss, nur weil der Naturkautschuk in Vietnam noch nicht reif ist, kann ich gleich dichtmachen. Willst du einen Espresso oder nicht?«

Fritz nickte und blickte sich um.

Titus saß bereits an einem Ecktisch, vor sich die obligatorische Cola light aus der Dose. Das schien ihm am hygienischsten. Im Glas rührte er Getränke nur an, wenn eine Zitronenscheibe dabei war. Die fingerte er dann heraus und desinfizierte den Rand des Glases. Er setzte sich zu ihm.

»Fritz, wie geht es dir?«

»Ich bin arbeitslos. Mit dem Dino, der übrigens nicht versichert war, ist jemand in Los Angeles tödlich verunglückt. Heute war deswegen die Polizei bei mir. Würde sagen, die Sonne scheint mir aus dem Arsch.«

»Und wenn ich dir jetzt noch sage, dass Polanskis Handy kaum Auffälligkeiten zeigt?«

Bob stellte unaufgefordert den doppelten Espresso auf den Tisch.

»Titus, was meinst du mit kaum?«

»Mindestens einmal täglich hat er eine gewisse ‚Prinz.' angerufen. Vielleicht seine Partnerin. Weißt du, ob er verheiratet war?«

»Nicht, dass ich wüsste. Ist das alles?«

»Das einzig wirklich Auffällige ist, dass er öfter Nummern angerufen hat, die nicht mehr existieren.«

»Also, hat er sie angerufen oder hat er nicht?«

»Hat er, allerdings sind die Nummern jetzt nicht mehr vergeben. Allein im letzten Monat waren es drei verschiedene.«

»Wie erklärst du dir das?«

»Terroristen oder die Mafia arbeiten mit Prepaid-Handys. So sinkt die Wahrscheinlichkeit, abgehört zu werden. Es gibt aber auch eine harmlose Erklärung: Meine Mutter hatte einen rumänischen Gärtner, Valentino, dem wurde ungefähr alle zwei Wochen sein Handy geklaut, meistens, wenn er besoffen im Puff war. Vielleicht hatte Polanski auch einen Gärtner.«

»Was ist mit seinen E-Mails und WhatsApp?«

»Kurz bevor er sich umgebracht hat, muss er Tabula rasa gemacht haben. Die paar Mails, die übrig sind, enthalten nur belangloses Zeug.«

»Wir haben also Zugriff zu Polanskis Privathandy und sind trotzdem keinen Schritt weiter?«

»Nachdem der Artikel online war, wird Polanski damit begonnen haben, die Spuren zu verwischen.«

»Ich könnte mich jetzt noch ohrfeigen.«

»Wer frei von Fehlern, hat nicht gelebt.«

»Sagt deine Mutter.«

»Sagt Mutters Apothekenkalender.«

»Und wie machen wir jetzt weiter?«

»Das Bewegungsprofil habe ich noch nicht geprüft. Vielleicht hilft uns das.«

»Inwiefern?«

»Indem es uns anzeigt, wann er wo gewesen ist und wie lange er sich dort aufgehalten hat.«

»So was ist möglich?«

»Wenn er nicht zu dem einen Prozent gehört, die bei Google die Standortbestimmung deaktivieren.«

»Dann drücken wir mal die Daumen. Apropos Standort, übermorgen um zehn fahre ich zum Testgelände der VFW AG in Blaubeuren. Die wollen irgendeine Neuheit präsentieren. Bei der Geheimniskrämerei, die die betreiben, muss es ein fliegendes Auto sein – mindestens.«

»Warum machen die das nicht auf der IAA? Die ist doch dieses Jahr?«

»Sie brauchen Geld und wollen sich darum die Frühjahrsbestellungen nicht durch die Lappen gehen lassen. Wenn sich der Erfolg nicht einstellt, brauchen sie auch keinen IAA-Stand mehr.«

»Den braucht sowieso niemand. Autos, das ist so was von zwanzigstes Jahrhundert.«

»Ja, ja, das Auto, ein Relikt des Industriezeitalters, das wir schon lange hinter uns gelassen haben, das müssen wir jetzt nicht noch mal durchkauen.«

»Blaubeuren, die Schwäbische Alb, Hermann Hesse ist dort rumgezogen.«

»Wieder Mutti? Der Herrmann morgen ist ein Poet der Quartalsberichte.«

»Und ein ziemlicher Widerling, wenn man den sozialen Netzwerken Glauben schenken darf. Und die haben ja immer recht.«

»So schlimm ist der gar nicht. Vorstandschef wird man eben nicht fürs Nettsein.«

»Und eigentlich ist er ganz ein Lieber. Fritz, ich bitte dich!«

»Oldtimerfans können keine schlechten Menschen sein.«

»Genau wie wir IT-Leute. Spyware, wer tut denn so was? Kryptotrojaner? Nie gehört.«

»Egal, jedenfalls bin ich schon sehr gespannt, was die morgen präsentieren.«

»Verstehe ich. Schick mir ein paar Fotos.«

Bob kam mit der Rechnung.

»Und, Fritz, wie war der Kaffee?«

»Gut. Im Abgang könnte er ein bisschen analoger sein.«

Bobs Lächeln entsprach dem Niveau des Spruchs, während er kassierte.

- 42 -

»Lieber Herr Graber, Ihr Shuttle erwartet Sie jetzt vor Ihrer Haustür.« Er klickte auf Bestätigen, damit sie nicht dachten, er habe verschlafen. Respekt! Donnerstag, Punkt zehn, genau wie angekündigt. Er zog die Jalousie hoch. Vor dem Hoftor stand ein weißer Van mit eingeschalteter Warnblinkanlage. Auf dem Autodach war ein stromlinienförmiger Behälter aus Plexiglas befestigt. Darin rotierten Metallzylinder, Leuchtdioden blinkten rhythmisch auf, eine Kamera in Form einer Halbkugel war für den Rundumblick verantwortlich.

Vor der geöffneten Schiebetür des Van stand die bekannte Truppe: Heribert Dahms, das Schlachtross von der FAZ, Carlo Lingemann Frankfurt-Korrespondent der *Süddeutschen*, »Apo-Carlo«, denn sein Herz hatte immer links geschlagen, ganz im Gegensatz zum Neuen von der *Financial Times*, dessen Namen er noch nicht kannte, der aber, wie die meisten Einsteiger bei der FT, so wirkte, als wäre er viel lieber Investmentbanker geworden. Zu den Zwölfendern der deutschen Wirtschaftspresse hatten sich zwei unbekannte Gesichter gesellt. Sie war vermutlich Redakteurin der *Offenbach Post* oder eines anderen Regionalblatts. Er trug karierte Schlaghose statt Breitcord und ein Retro-Gürteltäschchen für seine drei Handys, zweifellos ein Blogger oder Influencer oder beides.

Man begrüßte einander förmlich, nur Lingemann umarmte ihn freundschaftlich. Dann stiegen alle wieder ein und machten es sich in den Ledersesseln bequem.

Der Fahrer betätigte ein Hebelchen, zog die Beine leicht an und der Sitz schwenkte zu ihnen herum. Er lächelte wie die Hilfskraft einer Achterbahn, die den Sicherheitsbügel arretiert hatte.

»Herzlich willkommen zum VFW-Analysten- und Influencer-Tag. Mein Name ist Matthias Glaab, ich gehöre zur Kommunikationsabteilung der Vereinigten Fahrzeugwerke AG. Heute bin ich Ihr persönlicher Begleiter. Wir bringen Sie jetzt in die schöne Schwäbische Alb zu unserem Testzentrum, zu dem normalerweise nur Firmenangehörige Zutritt haben. Und zwar autonom, völlig autonom. Das Besondere sind die Strecken, die wir benutzen werden. Wir beginnen im Stadtgebiet von Frankfurt, fahren dann auf die A5 Richtung Basel. Zum Schluss noch ein Stück A8, bevor wir zur Königsdisziplin kommen: den Bundes- und Landstraßen. Aus gutem Grund hat der Gesetzgeber autonomes Fahren dort verboten – noch.

Auf einer Autobahn fahren Sie schnell, aber es gibt keine Kreuzungen, keine Ampeln und vor allem keinen Gegenverkehr. Das alles hat man in der Stadt, aber da dürfen Autonome auch nicht schneller als dreißig fahren. Bundesstraßen sind eine Kombination von beidem. Für die meisten von Ihnen dürfte das hier eine völlig neue Erfahrung sein. Für die knapp drei Stunden, die wir brauchen, haben Sie die Wahl: Ich kann Ihnen eine kurze Einführung in die Welt des autonomen Fahrens geben, dann bleibt mein Sitz so, wie er jetzt ist. Oder aber ich platziere meine Hände in der Nähe des Lenkrads.«

Er blickte in die Runde.

»Okay, eher nicht, verstehe ich.« Er sah sie an wie der verständnisvolle Sportlehrer den kleinen Dicken, der am Reck noch nicht einen einzigen Klimmzug geschafft hat.

»Motor starten.«

Ein kaum hörbares Summen war das einzige Indiz, dass der Befehl ausgeführt worden war.

»Start Zielführung: Blaubeuren.«

»Bitte bestätigen Sie: Kaufbeuren.«

»Negativ.« Er wiederholte die Prozedur ein zweites Mal, zuckte mit den Achseln und gab das Ziel über den Touchscreen ein.

Dann legte er die Hände auf die Oberschenkel. Der Wagen setzte sich langsam in Bewegung, fuhr mit piepsenden Abstandswarnern einen Meter rückwärts, das Lenkrad drehte sich bis zum linken Anschlag, im Schritttempo rollten sie los und fädelten sich in den Stadtverkehr ein.

»Keine Geschwindigkeitsbeschränkung wird übersehen, ich könnte Zeitung lesen. Keine Sorge, mache ich nicht.« Der Mann hatte seine Selbstsicherheit wiedererlangt. Tatsächlich machte das Auto alles richtig. Gegenüber Vorausfahrenden hielt es ausreichend Sicherheitsabstand, rollte im Schritttempo auf Stoppschilder zu, auch wenn weit und breit kein Auto zu sehen war.

Als sie auf die Autobahn aufgefahren waren, entspannten sich die Mienen. Glaab zog zur Entspannung an seinen Fingern, bis die Gelenke knackten.

Der Redakteur der *Financial Times* wirkte noch immer nervös: »Was ist mit Funklöchern? Fällt das System dann aus?«

»Völlig unmöglich, die Technologie arbeitet vollkommen autark. Wir fahren mit neun Kameras, Radar und Infrarotsensoren, die ununterbrochen Daten an den Hauptrechner übermitteln. Er verarbeitet mehr Daten als sämtliche Rechner, mit dem die NASA ihre Space Shuttles in den Weltraum gebracht hat. Und wenn mal eine Kamera kaputt geht, übernimmt eine andere den Job. Alles redundant und sicher. Die Verbindung nach außen kann natürlich mal abreißen, doch das beeinträchtigt nicht die Sicherheit des VFW-Autonomous Drive. Es kann dann nur sein, dass der Zugang zum Wartungsserver unterbrochen wird oder das Navi nicht mehr alle Informationen anzeigt.«

»Was ist mit Viren oder einem Festplattencrash?«

»Alles hundertprozentig sicher. Nach dem Anlassen des Wagens stößt der Rechner einen Selbsttest an, kleinste Unregelmäßigkeiten werden an den Wartungsserver gemeldet. Vom Wartungszentrum aus wird ein Reparaturprogramm initiiert, das den Fehler behebt. In schwierigen Fällen können sich die VFW-Operatoren per Fernwartung aufschalten.«

»Und wenn sämtliche Systeme defekt sind?«

»Dafür gibt es ein multifunktionales Warnsystem. Konkret: Aus den Lautsprechern ertönt ein unangenehmer Signalton, Display und Touchscreen blinken rot und fordern dazu auf, das Steuer zu übernehmen, Fahrer- und Beifahrersitz beginnen zu vibrieren. Wenn das nicht binnen zwei Sekunden zu einer Reaktion führt, kann ein Operator aus dem VFW-Servicezentrum die Kontrolle über das Fahrzeug übernehmen.«

»Was heißt ‚kann'?«

»Kommt darauf an, welches Service-Level Sie gebucht haben. Umsonst ist nur der Tod!« Der PR-Mann lachte laut und hielt sich sofort mit übertriebener Geste die Hand vor den Mund.

Lingemann mischte sich ein. »Wo Sie so humorig vom Tod sprechen, das führt doch zum entscheidenden Punkt: Angenommen, eine vierköpfige Familie sitzt in einem autonom fahrenden Fahrzeug, und ein Fahrrad kreuzt die Fahrbahn. Zum Bremsen ist es zu spät. Versucht das Auto auszuweichen, könnten die vier Insassen schwer verletzt werden. Zwei Erwachsene und zwei Kinder gegen eine Einzelperson, eigentlich müsste das Auto durchfahren.«

»Das System nutzt künstliche Intelligenz. Es analysiert blitzschnell Chancen und Risiken der jeweiligen Handlungsoption.«

»Sie wollen sagen, der Computer spielt Gott! Er entscheidet über Leben und Tod. Das ist erschreckend.«

Dicht vor dem Van scherte der Transporter eines Kurierdienstes ein. Glaab wollte gerade zum Lenkrad greifen, da war schon die kräftige, doch nicht abrupte Bremsung eingeleitet.

»Sehen Sie, er macht alles richtig.« Es fehlte nur noch Triumphgeheul.

Lingemann bohrte nicht weiter nach, wahrscheinlich auch, um den PR-Mann nicht von der Straße abzulenken.

Auch auf der Landstraße, die durch dicht bewaldete Hügel führte, verrichtete der Van seine Arbeit wie ein versierter Chauffeur. Der Härtetest in Form eines ausgewachsenen Keilers oder eines Baumstamms auf der Fahrbahn war allerdings ausgeblieben.

»Wir haben unser Ziel erreicht«, sagte der Automat mit viel Sinn für rhetorische Feinheiten: »Sie haben Ihr Ziel erreicht«, das war die Sprache des Navigationsgeräts, eines dem Menschen dienenden Apparates. Dieser hier war schon Teil der Truppe.

Sie hielten vor einem drei Meter hohen Stahltor. Eine Signalleuchte blinkte, das Tor schob sich zur Seite. Nach ein paar hundert Metern auf einer einspurigen Straße erreichten sie einen mit Waschbetonplatten verkleideten Flachdachbau. Vor dem Eingang hatte sich eine lange Schlange gebildet. Das Äußere der Wartenden stand in seltsamem Widerspruch zum Ambiente im Stil einer Autobahnmeisterei. Sie trugen Anzug, die wenigen Frauen Kostüme in Dunkelblau oder Schwarz. Fritz erkannte Kollegen aus Berlin und München, doch die meisten Teilnehmer schienen Bankanalysten zu sein. Je nachdem, wie überzeugend die Präsentation ausfiel, würden sie den Daumen heben oder senken und damit den Abwärtstrend der VFW-Aktie beenden oder beschleunigen.

»Carlo, worum geht's hier eigentlich?«

»Keine Ahnung, Fritz, bei irgendeiner bahnbrechenden Innovation in Blaubeuren gilt dasselbe Geheimhaltungslevel wie in Los Alamos.«

Der Saal, in dem die Pressekonferenz stattfinden sollte, war brechend voll, zumal fast ein Drittel der Fläche von einem runden Podest eingenommen wurde, auf dem ein mit einem grauen Tuch bedecktes Etwas stand, hoch aufragend, eckig und mit vier Rädern. Das Gemurmel erstarb, als elektrische Jalousien herunterfuhren. Gerade war das letzte Tageslicht ausgesperrt, da blendeten Spots auf und tauchten das Podest in gleißendes Licht.

Daneben stand in Jeans, Sakko und offenem Hemd, mit einem selbstzufriedenen Lächeln im kantigen Gesicht, der Vorstandsvorsitzende. Als einige Übereifrige zu applaudieren begannen, wiegelte Herrmann mit beiden Händen ab.

»Meine sehr geehrten Damen und Herren, Sie sind sehr zahlreich erschienen! In den vergangenen Jahren scheine ich also nicht alle meine Freunde verloren zu haben.«

Herrmann besaß das, was gute Redner von schlechten unterschied: Sinn für Timing. Er wartete, bis die letzten Lacher verklungen waren.

»Bevor ich mich dem eigentlichen Star der Veranstaltung widme, möchte ich Ihnen einen Ausblick geben auf die Mobilität der Zukunft.

Vor siebzig Jahren war es, da kam ein neuer Cadillac heraus. Noch nicht einmal ich war da geboren. Das Besondere an dem neuen Modell war, dass sich die Scheibenwischer beim ersten Regentropfen automatisch einschalteten – per Regensensor. Der erste Schritt. Selbst autonomes Fahren ist im Grunde ein alter Hut. In den Achtzigern entwickelte Professor Ernst Dieter Dickmanns ein selbstständig fahrendes Auto. Übrigens hatte ich das Privileg, ihn persönlich kennenlernen zu dürfen. Wenn das Wort Visionär auf jemanden zutrifft, dann auf diesen Mann!

Die eigentliche Revolution kam mit dem rasanten Fortschritt in der Computertechnologie. Ohne sie wären wir wahrscheinlich bei der Einparkautomatik stehen geblieben. Mit Ihrem Smartphone könnten Sie vielleicht eine Mondrakete in die Umlaufbahn schießen. Um ein Auto vollständig autonom fahren zu lassen, benötigen Sie eine Rechenleistung, die dem von zweihundert Laptops der Spitzenklasse entspricht.

Dass das möglich ist, haben Sie heute persönlich erlebt. Sie alle sind mit Fahrzeugen an diesen Ort gebracht worden, die aussehen wie normale Autos. Ihre Technik spiegelt jedoch den neuesten Stand der Technologie im autonomen Fahren wider. Wären wir nicht zu hundert Prozent überzeugt, dass Sie so sicher sind wie in Abrahams Schoß, hätten wir Ihnen ein Bahnticket spendiert – und Sie wären heute Nacht angekommen. Hatte jemand von Ihnen bei der Anreise ein schlechtes Gefühl? Melden Sie sich, ich bringe Sie persönlich zum Zug.

Und wo wir schon von schienengebundenem Verkehr sprechen. Ich verspreche Ihnen: Wenn das autonome Fahren in der Großserie angekommen ist, wird es eng werden für die Bahn. Stellen Sie sich einmal Folgendes vor: Fünfzigtausend Menschen fahren täglich von Mannheim Richtung Frankfurt zur Arbeit. Sagen wir mal, Sie wohnen in Bad Dürkheim. Müssen Sie nicht kennen, ich komme von dort. Herr Herrmann steigt also in sein Auto und fährt zum Park & Ride in Neustadt Böbig. Er steigt in die stickige S-Bahn, und der Nervenkitzel beginnt. Die S-Bahn hat nämlich zehn Minuten Verspätung. Herr Herrmann fährt weiter bis Mannheim und hechtet in den überhitzten und überbuchten ICE, oder aber er steht eine Stunde am Bahnsteig. Klick. Herr Herrmann steigt zu Hause in sein autonomes Fahrzeug, macht sich einen Kaffee und loggt sich ins bordeigene WLAN. Bevor er an der Autobahnauffahrt angekommen ist, hat er seine Mails gecheckt. Schon dort erfasst das Verkehrsleitsystem sein Ziel und übernimmt das Kommando. Die Geschwindigkeit wird so angepasst, dass sich der Wagen in eine Gruppe von Fahrzeugen einfädelt, die ebenfalls nach Frankfurt fährt. Sie sind digital miteinander gekoppelt, sodass sie einen wesentlich geringeren Sicherheitsabstand benötigen als herkömmliche Fahrzeuge. Durch Anwendung der Technik entsteht ein Zug mit der kleinsten anzunehmenden Waggongröße. Platooning nennt das der Fachmann. Bei Lkw im Fernverkehr gibt es das bereits. Das Fahrzeug, das als Erstes sein Ziel erreicht hat, ordnet sich am Ende des Geleitzugs ein. Der Frankfurter Hauptbahnhof ist inzwischen natürlich auch ein Parkplatz. Von dort aus steigt unser Herr Herrmann in die U-Bahn, im ersten Schritt jedenfalls. Zeitweilig würde es sonst in den Städten einen Engpass an Parkplätzen geben. Aber wenn bei Neubauten entsprechend mehr Tiefgaragenplätze vorgesehen sind, hat sich der öffentliche Nahverkehr ebenfalls überlebt. Durch die Schächte rollen dann Autos, und die Innenstadt wird komplett autofrei. Aus Verkehrsadern werden Fahrradwege. Wer hätte das gedacht? Die Automobilindustrie erfüllt den alten Traum der Radikalökos.«

Gelächter erfüllte den Saal.

»Nun werden Sie sich bestimmt fragen: Wie sollen sich diejenigen, die auf öffentliche Verkehrsmittel angewiesen sind, einen Autonomfahrer leisten können? Gegenfrage: Kennen Sie einen Rentner oder Jobsuchenden, der kein Smartphone und keine Flat hat? In wenigen Jahren wird das autonom fahrende Fahrzeug zum Smartphone auf Rädern geworden sein – und mit vergleichbaren Tarifmodellen für viele erschwinglich. Womit wir beim Thema Geschäftsmodelle wären.

Als ich in unserer Branche anfing, war das Geldverdienen ziemlich einfach: Modell, Motor, Farbe, Sonderausstattung – zack. Dieses Geschäftsmodell ist Geschichte. Wir steuern auf eine Welt zu, in der die Autos auf einer einzigen Technologie beruhen. Diese Basis wird natürlich ein Batteriefahrzeug sein. So hat es die Politik nun einmal gewollt. Wenn wir das rollende Smartphone nehmen, sehen wir eine Handvoll Anbieter: Google, Facebook, Amazon, Apple, vielleicht sogar Microsoft. Nicht wetten möchte ich, wer als Erstes dieses billige Auto baut: Ich persönlich tippe auf Google, Amazon und Facebook sind allerdings auch schon ziemlich weit. In jedem Fall lautet das Geschäftsmodell: Ich fahre, also shoppe ich. Bislang war der Mensch hinterm Lenkrad für die Technologiekonzerne unerreichbar, genau wie der schlafende Mensch. Das Erste ist erreicht, an Letzterem arbeiten sie noch.

Natürlich kann das, was diese Giganten machen, nicht das Geschäftsmodell eines kleinen deutschen Automobilherstellers sein.

Aus dem Rennen sind wir aber noch lange nicht! Bei den Vereinigten Fahrzeugwerken stand individuelle Mobilität immer im Mittelpunkt, und so wird es immer sein. Und bedenken Sie, die Zahl derjenigen, die sich nicht mehr den Datenkraken ausliefern wollen, steigt rapide. Natürlich arbeiten wir zukünftig mit einer weitestgehend identischen Plattform und einer standardisierten E-Maschine. Drumherum können Sie aber alles bekommen, was Sie sich wünschen, bis hin zu den Karosseriefarben. Traurig, melancholisch? Auf Knopfdruck verwandelt sich das leuchtende Blau in ein gedecktes Grün. Intelligente Farbpigmente machen's möglich. Dass solch eine Chamäleon-Funktion extra kostet, versteht sich wohl von selbst. Oder aber Sie fahren in den Skiurlaub und hätten gern Allrad? Sie drücken auf den Touchscreen oder sprechen es einfach aus, schon ist Four Wheel Drive dazugebucht, gegen einen kleinen Aufpreis, natürlich. Die Möglichkeiten sind gigantisch, das verspreche ich Ihnen. Erkunden Sie nachher ein bisschen Dr. Herrmanns Versuchsküche, die wir in der Fahrzeugausstellung aufgebaut haben. Sie werden staunen!

Die mit Abstand spannendste Verbindung ist jedoch die von autonomer Mobilität und Virtual Reality. Stellen Sie sich beispielsweise vor, Sie machen mit Ihrer Familie eine Offroadtour auf einer verwunschenen Insel. Irgendwo zwischen Wuppertal Nord und dem Autobahnkreuz Leverkusen begegnen Ihnen wahrhaftige Dinosaurier. Virtual Reality und autonome Mobilität – in unserer Welt, der Welt der Vereinigten Fahrzeugwerke, vereinen sie sich in einem einzigen Träger.«

Er nickte bedeutungsschwer, wieder nutzte er den Effekt einer langen Pause. Langsam drehte er den Kopf in Richtung Podest. Dann rief er, jedes Wort betonend:

»Meine Damen und Herren: VFW is proud to present: Car-e, the car that cares.«

Von der Decke senkte sich ein Flachbildschirm von der Größe einer Tischtennisplatte herunter. Eingeleitet von einer Musik, die wie eine Mischung aus *We are the Champions* und *Rocky* klang, startete das Video: Ein livrierter Chauffeur samt Mütze und weißen Lederhandschuhen lächelt und macht eine einladende Handbewegung. Die glückliche vierköpfige Familie steigt durch eine weit geöffnete Schiebetür, der Chauffeur löst sich in Luft auf wie die bezaubernde Jeannie. Schnitt. Und schon ist er wieder da, öffnet per Knopfdruck die Schiebetür eines großen, weißen Kubus, einem Wohnwagen nicht unähnlich, jedoch mit vier statt zwei Rädern und großflächiger blickdichter Verglasung. Vorn, wo die Karosserie stromlinienförmig abflacht, lächelt ein verchromter Kühlergrill der Zukunft entgegen. In seiner Mitte das wohlbekannte V, ein Victory-Zeichen, der Ring drumherum. In diesem Fall hat das VFW-Logo die Ausmaße einer Langspielplatte. Die perfekte Familie, die jetzt im Wagen sitzt, schaut dem Chauffeur beim nochmaligen Verdampfen zu, während sie Spaghetti Bolognese isst. Schnitt. Aus extremer Weitwinkelperspektive gefilmt, wirkt der Innenraum groß wie eine Wellnesslandschaft. Vier lederne Einzelsitze, davon zwei mit integriertem Kindersitz, klassisch in Fahrtrichtung angebracht, der Car-e sieht jetzt fast wie ein gewöhnliches Auto aus. Dafür spricht auch das kleine Lenkrad, das der Mann in den Händen hält. Offenbar hat er Spaß am Fahren. Lenkrad trifft es nicht ganz, fehlt doch der obere und untere Teil des Kranzes, ähnlich dem Steuerhorn eines Flugzeugs. Damit lassen sich Kurven mit weiten Radien fahren, Einparken von Hand und andere Kurbeleien sind nicht mehr vorgesehen. Schnitt.

Kein Lenkrad weit und breit. Dafür liegt auf der Mittelkonsole eine Spielkonsole. Schnitt. Die Familie blickt gebannt auf die Frontscheibe, die zu einer Projektionsfläche geworden ist. Man liefert sich ein spannendes und lustiges Gokart-Rennen. Großes Hallo, alle lachen, als die Sechsjährige gewinnt. Schnitt. Ein Pärchen. Er drückt auf einen Knopf am Bedienpaneel in der

Armlehne. Die Armlehnen der beiden Sessel senken sich ab, die Sessel gleiten zueinander, werden zum kuscheligen Zweiersofa. Er holt eine Flasche Rotwein und zwei Gläser aus der Schrankwand mit kräftiger Maserung, Palisander vielleicht, und stellt alles auf den Tisch, der sich inzwischen auf Couchniveau abgesenkt hat. Sie macht eine Wischbewegung, auf der Windschutzscheibe wirft sich Scarlett O'Hara in die Arme von Rhett Butler, die Frau wischt noch einmal, der Innenraum leuchtet im Schein des virtuellen Kaminfeuers. Es fehlt das Bärenfell – die beiden lächeln stubenrein und prosten einander zu. Blende.

Car-e. The car that cares. Das Riesen-V pulsiert. Die Buchstaben i-s-i-o-n blenden sich der Reihe nach ein.

Lingemann beugte sich herüber. »Graber, würdest du dir so einen kaufen?«, fragte er, wie immer in Kassiererinnen-Du.

»Kommt drauf an, ob die vor dem Kamin zur Serienausstattung gehört.«

Die Regionalredakteurin verzog angewidert das Gesicht und wandte sich ab.

»Soweit ich weiß, ist dieser Car-e ein reines Showcar. Da funktioniert nichts.«

»Von wem hast du das, Carlo?«

»Jetzt kann ich es dir ja sagen – tut mir leid übrigens, dass sie dich geschmissen haben –, ein Kollege von den Wochenendseiten hat etwas über den Car-e aufgeschnappt und ist gleich zu mir gekommen. Der pendelt wirklich von Frankfurt nach Mannheim. Etliche Entwickler von Opel, die nach dem Verkauf an Peugeot zu VFW gewechselt sind und nach Stuttgart müssen, steigen in Darmstadt zu. Mein Kollege hat mit an einem Vierertisch gesessen. Wäre ich der chinesische Geheimdienst, ich würde meine Leute einfach nur in den ICE setzen. Jedenfalls haben die drei Ingenieure sich lustig gemacht über die fahrende Telefonzelle. Die chinesischen Sensoren, die statt denen von Wirt eingebaut sind, taugen wohl gar nichts. Der Car-e kann vielleicht automatisch Kaffee kochen, aber richtig autonom fährt der garantiert nicht.«

Inzwischen hatten sich zwei Hostessen zu beiden Seiten des Podests platziert, die Musik dröhnte weiter, die jungen Frauen zogen ein seidig glänzendes Tuch ab und gaben den Blick frei auf den Car-e. Das rauchige Silber stand ihm wesentlich besser als Weiß.

Der VFW-Pressesprecher eröffnete die Fragerunde, der Reporter eines Fachblatts für die Automobilwirtschaft machte den Anfang.

»Herr Dr. Herrmann, wie viele Einheiten glauben Sie im ersten Produktionsjahr verkaufen zu können?«

»Der First Mover hat immer die besten Chancen. Wir rechnen mindestens mit einer halben Million.«

Ein Raunen ging durch die Reihen. Fritz beugte sich zu seinem Kollegen hinüber. »Die brauchen Sie auch, mindestens. Die Entwicklung hat neun Milliarden gekostet, alles auf Kredit. Die Eigenkapitalquote ist dramatisch niedrig. Wenn der Car-e floppt, hat Deutschland wieder einen Autohersteller weniger.«

Während er nickte, hob Lingemann die Hand: »Herr Herrmann, die Sensoren sind das Herzstück Ihres Car-e. Laut unseren Informationen stammen die, die aktuell verbaut sind, aus China. In realen Verkehrssituationen sollen sie nicht einwandfrei funktionieren. Stimmt das?«

Fritz kannte dieses Lächeln bereits, irgendwo angesiedelt zwischen Raubtiergehege und Schweigen der Lämmer.

»Ah, Herr Lingemann. Behaupten das Ihre Freunde aus München und Ingolstadt? Zugegeben, zum Anfang der Entwicklung gab es Qualitätsschwankungen, Sie dürfen aber ganz sicher sein, dass der Car-e, der über die Straßen schweben wird, mit dem Besten ausgestattet sein wird, das die Automotive-Industrie zu bieten hat.«

»Also Wirt-Sensoren?«

Herrmann lächelte und schwieg.

»Anschlussfrage: Die Wirt AG soll sich geweigert haben, Sie mit Sensoren zu beliefern. Kommt Ihnen der Tod von Sebastian Wirt gelegen?«

»Eines möchte ich zunächst betonen: Mit Sebastian Wirt hat Deutschland eine große Unternehmerpersönlichkeit verloren. Für die hier Anwesenden ist es allerdings auch sicher kein Geheimnis, dass Sebastian Wirt und ich, sagen wir mal, nicht besonders dicke waren.« Herrmann grinste und deutete mit den Händen einen Bauch an.

Lingemann schaute Fritz an und schüttelte den Kopf. »Immer für eine Geschmacklosigkeit gut, der Herr Professor. Sein eigenes Begräbnis wird vermutlich eine einsame Sache werden.«

Mit Fragen zur Ausstattung – Nespresso hat für den Car-e eine Limited Edition herausgebracht – plätscherte die Pressekonferenz aus. Das drehbare Podest, auf dem der Car-e stand, stoppte. Der Pressesprecher stellte sich vor ihn und imitierte die Geste eines Zirkusdirektors: Manege frei! Die gesamte Flanke des Wagens fuhr nach oben.

»Und nun sind Sie herzlich eingeladen, die Wohlfühlwelt für die Straße persönlich kennenzulernen.«

Fast alle Gäste sprangen auf. Tatsächlich verströmte der Innenraum das Ambiente eines edlen Einrichtungshauses. Präsentiert wurde die Kuschelkonfiguration mit Zweiersofa und Couchtisch. Auf der Windschutzscheibe, die gleichzeitig ein Flachbildschirm war, lief der PR-Spot von eben in Endlosschleife.

Nach einer halben Stunde in der Schlange öffnete sich auch vor ihm die Schiebetür des Car-e. Das Ledergestühl war bequem, das musste er zugeben. Und auch die Innenausstattung wirkte deutlich solider als Ikea.

»Ohne Lenkrad kommt man sich ziemlich ausgeliefert vor.« Eine Stimme mit einem Akzent, den er nicht einordnen konnte.

Mit einem kaum wahrnehmbaren Summen schloss sich die Tür. Der Lufthauch, der herüberwehte, trug die Geruchsnote eines teuren Parfums. Er wagte nicht, sich ganz zu ihr hinzudrehen, denn was er aus den Augenwinkeln gesehen hatte, ging schon an die Grenzen der Vorstellungskraft. Eine Asiatin, pechschwarzes, glattes Haar, das ihr bis zum Kinn reichte, heller Teint, im Farbton irgendwo zwischen Mercedes Classic Weiß und BMW Bahama Beige. Sie nahm Platz, war nur durch eine Armlehne von ihm getrennt. Er dankte dem Designer, dass der nicht auf einen klassischen Rückspiegel verzichtet hatte, denn aus dem blickten Augen heraus, die das Halbdunkel zu erleuchten schienen.

»Würden Sie sich oder Ihre Lieben so einem Auto anvertrauen?«

»Die Holländer werden ihn feiern.«

Sie lachte kurz. »Der Car-e ist die Blaupause. In drei Jahren sehen alle Autos so aus.«

»Das scheint Ihnen zu gefallen.«

»Wenn Sie meinen. Ich muss los. Hat mich gefreut.« Sie reichte ihm die Hand und erhob sich. Vor ihr teilte sich die Menge der Wartenden wie die Fluten des Roten Meeres. Bevor er hinterherkam, hatte es sich bereits wieder geschlossen. Als er sich seinen Weg durch die Journalistenmeute gebahnt hatte, war sie wie vom Erdboden verschluckt. Die Stehtische im Foyer waren verwaist, das Büffet, das die Presseabteilung hatte auffahren lassen, umso voller.

Er ging zum Anmeldetisch. »Hier ist gerade eine Kollegin rausgekommen, mit der ich zusammen studiert habe. Mir ist ihr Name entfallen, aber ich würde sie gern mal wieder treffen. Wissen Sie, wer sie ist? Asiatischer Herkunft, so etwa eins fünfundsiebzig groß …«

»Ich weiß, wen Sie meinen.« Die Pressereferentin lächelte neutral, ihre Augen aber sagten: *Klar, die im Hörsaal, du vorn am Pult!* »Ihre Kollegin steht auf der Liste als Junlada.«

»Für wen arbeitet sie jetzt?«

»Hier steht nur Freelance.«

Freie Mitarbeiter, die von Kopf bis Fuß in Designermarken eingekleidet waren – hurra, die Krise im Journalismus war überwunden.

»Und, Graber, was machst du jetzt mit der vielen Zeit?« Lingemann klopfte ihm freundschaftlich auf die Schulter.

»Carlo, ich denke, ich muss mal raus.«

»Kann ich verstehen. Wohin geht's?«

»Frankreich, Côte d'Azur.«

»Guter Plan, das Arbeitsamt überweist auch auf Auslandskonten.«

Lingemann schüttelte ihm die Hand und verließ den Saal. Fritz trat nach draußen, sah sich um und staunte. Hinter einem der VFW-Shuttles, die in Reih und Glied vor dem Gebäude parkten, lugte das Hinterteil eines Autos hervor, das so digital war wie ein Big Mäc: ein alter Ford Mustang. Er tippte auf Baujahr 1966. So einen hatte Steve in *Bullitt* gefahren, dem Film, durch den er endgültig zum Superstar wurde. Das sexy Hinterteil mit den dreiteiligen Rückleuchten sog ihn förmlich an. Neben dem Oldtimer glitzerte ein Aluminiumquader in der Sonne, etwa halb so groß wie der Mustang. Mit der abgesenkten Front erinnerte er an den Car-e.

»Kennen Sie den Film *Bullitt*? Dieser Kriminalfilm mit Steve McQueen in der Hauptrolle?«

Offenbar hatte die Hostess seinen staunenden Blick als Zeichen von Unwissenheit interpretiert.

»Klar, in so einem Mustang ist er unterwegs gewesen.«

»Nicht mit so einem Wagen. In diesem Wagen. Professor Herrmann hat ihn in den USA aufgestöbert und vollständig restaurieren lassen.«

Fritz hörte ihr nicht mehr zu. Für den Film hatten sie mehrere Autos eingesetzt. Einer war 2019 für einen Millionenbetrag auf einer Auktion verkauft worden. Der andere, in dem sich Lt. Frank Bullitt eine Verfolgungsjagd mit einem schwarzen Dodge Charger geliefert hatte, war zunächst in einen schweren Unfall verwickelt gewesen und dann verschollen. So lautete jedenfalls die Lehrmeinung innerhalb der Fakultät für Steve-McQueen-Devotionalien. Irgendeine mörderische Schrottpresse in Kalifornien lief heute noch frei herum. Auch dieses Verbrechen an einer Generation junger Männer mit Benzin im Blut war ungesühnt geblieben, wie schon die Einführung des Tempolimits auf Autobahnen.

– *Sag mal, Steve, ist das wirklich der Ford Mustang, den du in* Bullitt *gefahren bist?*
– *Woher soll ich das denn wissen? Das war 1968! Außen grün, innen schwarz, zumindest die Farbe stimmt. Allerdings hat meiner nicht so geglänzt wie der hier. Die Crew hat den Lack mit Schmirgelpapier bearbeitet, damit er schäbig aussah. Bevor die Close-ups gemacht wurden, hab ich die Kaugummis unters Armaturenbrett geklebt. Wenn die noch da sind, ist er es.*
– *Die Verfolgungsjagd, der Wahnsinn!*
– *Erzähl es bloß keinem, in den Hochgeschwindigkeitsszenen hab ich mir fast in die Hose gemacht vor Angst. Darum wurde ich ja auch gedoubelt. Heißt Mustang, die Karre, hatte aber eine Straßenlage wie ein Pferdefuhrwerk. Blattfedern eben.*

»Wollen Sie einsteigen, Lieutenant Bullitt?«

Die Hostess lächelte wie Jaqueline Bisset und hielt den Schlüssel samt Anhänger, ein Pony aus Metall, zwischen Daumen und Zeigefinger. Fritz starrte über ihre Schulter hinweg den grünen Mustang an. Nachsichtig lächelnd, schüttelte die junge Frau den Kopf und deutete auf den Aluminium-Würfel.

»Der Ford Mustang ist nur zum Anschauen. Hier geht's rein. Ist ganz einfach. Sie stecken den Schlüssel ins Zündschloss. Die Verfolgungsjagd startet nach zehn Sekunden. Das Ganze dauert zehn Minuten. Vorher müssten Sie mir noch sagen, ob Sie mit der Filmmusik fahren möchten oder ohne. Und ich bräuchte Ihre E-Mail-Adresse wegen der Verlosung.«

Sie hatten es verdammt gut hinbekommen. Fahrersitz, Lenkrad, Schaltknüppel und Pedale, also die Teile, mit denen der Fahrer in Kontakt kam, fühlten sich an wie echt, Anzeigen, Armaturenbrett und die gesamte Beifahrerseite waren ebenso detailliert ausgeführt, wenn auch als 3D-Animationen. Er musste grinsen und fasste unters Armaturenbrett. Kein Kaugummi. Dann steckte er den Zündschlüssel ins Schloss und drehte ihn. Der Anlasser eines schweren Motors ratterte, er trat aufs Gas, der V8 grollte auf, um gleich danach in seinen brabbelnden Leerlauf zu fallen. Der ganze Würfel vibrierte. Er stand an einer roten Ampel, direkt vor ihm der schwarze Dodge Charger, in dem die beiden Gangster des Syndikats saßen. Die Ampel sprang auf Grün, der Dodge gab Vollgas und bog nach links ab. Er wollte hinterher, doch inzwischen war ein gelbes Taxi auf die Kreuzung gerollt, dahinter fand er eine Lücke und gab Vollgas den Hügel hinauf. Der Charger war ihm bereits einige hundert Meter enteilt und bog nach links ab. Durch schnelles Gegenlenken hinderte er den Mustang am Ausbrechen, als er um die enge Kurve schoss, immer weiter bergauf, vorbei an weißen Holzhäusern. Er spürte einen harten Schlag im Rücken, wenn der Wagen über eine Kuppe sprang und hart aufkam. Er war sich sicher, dass er wesentlich langsamer fuhr als im Film, doch irgendein ausgeklügelter Korrekturmechanismus musste wohl seine Fehler ausgleichen, sodass er dem anderen Wagen auf den Fersen blieb. An einigen Stellen war die Kopie sogar besser als das Original, das er schon Dutzende Male auf YouTube gesehen hatte. Im Film schaltete McQueen insgesamt sechzehnmal hoch und kein einziges Mal runter, was zwar technisch unmöglich war, den Soundtrack aber dramatischer machte. Hier konnte er problemlos in beide Richtungen schalten. Allerdings verlor auch der Charger, den er jagte, mehr Radkappen, als er Räder hatte. Ein weiterer Filmfehler, doch welchen McQueen-Fan interessierte das?

Anders als auf der Leinwand gab es in seinem Spiel nur die Fahrerperspektive. Er sah den riesigen Wagen vor sich um die engen Kurven schlingern, beim Rechtsüberholen eines Trucks dessen Kotflügel touchieren, später tauchte der Charger neben ihm auf, und er blickte in die Mündung einer Pumpgun, die aus dem hinteren Seitenfenster auf ihn gerichtet war. Er duckte sich so gut er konnte unter das Armaturenbrett. Ein Schuss, die Windschutzscheibe platzte rechts unten auf. Lt. Fritz bekam es mit der Angst zu tun, doch er musste seine Mission zu Ende bringen. Schließlich gelang es ihm, den Charger von der Straße abzudrängen. Der Wagen raste in eine Tankstelle. Ein Feuerball nahm den gesamten Bildschirm ein. Der Mustang raste auf einen Graben zu, Fritz bremste, doch nicht rechtzeitig, die Vorderräder hingen frei über dem Graben, das Auto ruhte auf dem Unterboden. An dieser Stelle war Lieutenant Bullitt ausgestiegen, Fritz blieb sitzen, kam nur langsam wieder zur Ruhe. Er war bei der spannendsten Autoverfolgungsjagd der Filmgeschichte dabei gewesen, nicht als Zuschauer, sondern als Schauspieler, als ultracooler Hauptakteur. Er öffnete die Tür.

»Dass ich dich hier finde, war ja klar.«

Herrmann grinste. Dahinter, halb verdeckt vom Riesen, bemühte sich Marie erfolglos, entspannt auszusehen.

»Darf ich vorstellen: unsere zukünftige Pressesprecherin für den Bereich Autonomes Fahren. Demnächst steigt Frau Leitner bei den VFW ein. Ihr habt euch bestimmt einiges zu erzählen. Wenn ich deinen Gesichtsausdruck von eben richtig interpretiert habe, macht dir Verbrecherjagen Spaß. Übrigens kann man auch umschalten und das Gangsterauto fahren. Das probiere ich jetzt mal aus.«

Er öffnete die Tür, zog den Kopf ein und verschwand in der Alubox.

»So jung und schon so käuflich? Erstaunlich.«

»Sei nicht so arrogant, Fritz. Und erspar mir deine simplen Interpretationen.«

»Was ist daran kompliziert? Journalisten, die die Nase vollhaben von anderthalb Zimmern und Aldi, verkaufen halt ihre Seele. Nur passiert das normalerweise erst, wenn Kinder kommen. Wie viel zahlen sie dir? Die dreihundert, die sie mir angeboten haben? Dein Blick sagt mir, es ist deutlich weniger. Zweihundert? Noch weniger? Vielleicht hättest du mich vorher um Rat fragen sollen.«

»Menschenleben spielen für mich jedenfalls eine Rolle, Herr Starjournalist. Du hast es ja eher mit totem Blech.« Fritz betrachtete über ihre Schulter hinweg den grünen Bullitt-Mustang. Eine halbe Minute, und schon herrschte wieder Funkstille. Er hätte sich ohrfeigen können. Niemand konnte es ihr verübeln, wenn sie sich gegen einen Verlagszombie und das Wohnklo in Griesheim entschied. Und, Hand aufs Herz, war es nicht vor allem die Wut auf sich selbst? Wie leicht hätte er seine Existenzängste ein für alle Mal hinter sich lassen können. Eine Unterschrift unter einen Arbeitsvertrag – fertig.

»Habt ihr einander upgedatet?« Herrmann faltete sich aus dem Würfel. Er klopfte Fritz auf die Schulter. »Macht Spaß, nicht wahr?«

»Genial gemacht, aber wozu das Ganze?«

»Du wirst es vermissen, wenn du ein Auto nicht mehr selbst lenken darfst, mir geht es genauso, Millionen Männern und etlichen Frauen natürlich auch. Im Car-e kannst du weiter fahren, ohne zu fahren. Du wirst zum Filmhelden und machst in der realen Welt nichts kaputt. Den Großen Preis von Monaco haben wir auch schon programmiert. Selbst in der kleinen Flatrate sind die Formel-1-Strecken mit drin.«

»Eine Gummipuppe für Petrolheads.«

»Vielleicht kein guter Werbeslogan, aber ja, es gibt Parallelen. Also ich habe jetzt Hunger. Kommt ihr mit?«

Fritz lehnte dankend ab, Marie folgte ihrem neuen Dienstherrn in Richtung Hauptgebäude. Er sah ihr lange hinterher. Da ging sie hin, die junge, engagierte Journalistin. Er schüttelte den Kopf.

Im Foyer traf er den VFW-Pressesprecher.

»Gilt Ihr Angebot, mich zum Bahnhof zu bringen?«

»Selbstverständlich, Herr Graber, aber warum?«

»Ich muss morgen früh auf eine Geschäftsreise nach Südfrankreich. Ihre Weinkarte ist vielversprechend – wie ich meine Kollegen Lingemann und Dahms kenne, geht das hier bis tief in die Nacht.«

Der Pressechef telefonierte kurz, und wenige Minuten später fuhr ein Kleinbus mit wahrhaftigem Fahrer vor, der ihn nach Ulm brachte.

Der ICE fuhr auf die Minute pünktlich ein. So schnell er konnte, durchquerte er den »Ambi-Waggon«, das jüngste Ergebnis einer Modernisierungsstrategie, mit der die Deutsche Bahn versuchte, die Kunden auf den Sitzen zu halten. Lederbezogene Sessel und kleine Snacks in allen Klassen hatten genauso wenig geholfen wie kostenloses LTE-Netz für alle. Das mied er auf Empfehlung von Titus. Wer öffentliche Drahtlosverbindungen nutzte, kann seine Passwörter auch gleich auf Facebook einstellen, meinte der. Zehn Minuten habe es ihn gekostet, das »sicherste und schnellste Netz beim schnellen Reisen« zu knacken.

Der ICE 5 verfügte über drei Typen von Wohlfühlwelten: Da war zum Beispiel der »Spa Waggon«, ausgestattet mit Ruheliegen und einer wöchentlich wechselnden »Sound and Light Experience«, bestehend aus Leuchtbändern, die überzeugend immerwährende Abenddämmerung imitierte, und Wellnessmusik, die weniger erfolgreich peruanische Panflötenklänge nachahmte. Im »Coach Jym«, der seinen Namen einem Kreativschub der bahninternen Werbeagentur verdankte, wartete ein vollständig ausgestattetes Fitnessstudio auf Bahncard-Besitzer, Kunden der ersten Klasse bekamen kostenlos Handtücher und Zugang zu den Duschkabinen. Die dritte der neuen Erlebniswelten war der »Culinary Coach«, die Wiedergeburt des guten alten Bordrestaurants mit den Mitteln des Convenience Food, einschließlich des gebackenen Camemberts mit Preiselbeeren an Blattsalaten und anderer Bundesbahn-Klassiker.

Er atmete auf, als er den konventionell ausgestatteten Waggon erreichte. Dieser war fast leer, am Nebentisch nur ein Pärchen, chinesische Touristen, unschwer zu erkennen an den ausgebreiteten Karten und Listen. Wie ein Feldmarschall auf der Suche nach Schwachstellen in des Gegners Stellungen, so beugte er sich über das Kartenblatt. Sie schaute dem Strategiedesaster gelassen zu. Ansonsten war der Waggon fast leer, lediglich ein schwarzer Herrenschuh schob sich weiter hinten in den Mittelgang. Er harmonierte erstklassig mit einer anthrazitfarbenen Anzughose. Gut zwei Stunden später leuchteten Fritz Abertausende von Lichtern entgegen. Frankfurt, der Scheinriese unter den Metropolen, machte mit seiner abendlichen Skyline mal wieder richtig einen auf dicke Hose.

- 43 -

Werktags mit dem Auto von Gießen nach Frankfurt oder ein Direktflug nach Nizza, zeitlich tat sich das nichts. Sich für Ersteres entscheiden zu können, war Luxus, wenn man »dem Arbeitsmarkt zur Verfügung stand«. »Bienvenue à Nice Aéroport« nuschelte die Stewardess. Auf die Minute genau hatte die Maschine aufgesetzt. Im Terminal angekommen, staunte er über die kurzen Wege. Von der Ankunftshalle waren es nur wenige Schritte bis zum überdachten Busterminal.

Eine Viertelstunde später saß er in der Linie 10, deren Klimaanlage ächzte, und genoss die Aussicht wie ein Tourist. Auf der Promenade des Anglais, von Palmen gesäumt und schnurgerade, ging kaum etwas voran. Im Schritttempo näherte sich der Bus der weißen Fassade des Hotel Negresco, mit seiner bauchigen roten Dachkuppel einem WC-Pömpel nicht unähnlich. Gerade war ein roter Bentley vorgefahren. Aus dem Auto stieg ein Paar ganz in Weiß, das sich offensichtlich stritt. Zwei Hotelangestellte, ebenfalls in Weiß, ignorierten das Wortgefecht, öffneten die Kofferraumklappe und luden das Gepäck auf einen verchromten Handkarren.

Die Flut hatte den Strand zum größten Teil verschluckt. Dicht an dicht standen blau-weiße Sonnenschirme. Von den Badegästen waren nur Unterschenkel in allen Tönungen zu sehen. An einem kleinen Park bog der Bus ab in Richtung Norden.

Schon von weitem leuchtete ihm die weiße Neonreklame mit der bordeauxroten Schrift entgegen: Retrovitesse. Im Verkaufsraum der ehemaligen Citroën-Vertretung standen Retrofahrräder, nicht wesentlich billiger als die Kleinwagen, die dort früher gestanden hatten. Hinter dem gelb verputzten Hauptgebäude lag die Werkstatt. Die Nachmittagssonne war bereits hinter einer Reihe schlanker Eukalyptusbäume abgetaucht, dort, wo sie das Grün durchdrang, war die Hitze noch immer unerträglich.

Das graue Tor erinnerte ihn an Mahmuds automechanische Wunderkammer, es war verschlossen. Er klopfte erst vorsichtig, dann lauter. Eine Flex heulte für ein paar Sekunden auf, durch die Drahtglasscheiben sah er ihren Kometenschweif aus Funken. Dann erstarb das Geräusch. Er klopfte wieder und hörte Schritte. Das Tor wurde geöffnet. Sie blinzelte. Und er war fast dankbar, dass sie wie ein normaler Mensch aussah, nicht wie ein Model im Overall. Zwar war sie fast so groß wie er, doch ihre Haut war stark gerötet und voller Sommersprossen. Das rote Haar, das ihm schon auf den Fotos der Boulevardmagazine aufgefallen war, hatte sie nachlässig zu einem Knoten gebunden, der aus einem abgewetzten schwarzen Basecap hervorquoll. Beherrscht wurde das Gesicht von Augen in exakt demselben Farbton wie das Stahltor.

»Hello, Sie sind der Deutsche.« Eine Feststellung, keine Frage. Er nickte.

»Kommen Sie schnell rein, dann bleibt es kühl. Nizza im Hochsommer ist die Hölle.«

»Sie sehen nicht so aus, als stammten Sie von hier.«

Sie zeigte auf ihr T-Shirt, das von Öl- und Fettflecken übersät war. Darauf war ein Grill zu sehen, über den ein Regenschirm gespannt war. »Barbecue Normand« stand darunter.

»Dem Regen in der Normandie bin ich entkommen, dafür habe ich jetzt einen Dauersonnenbrand.«

Als sich seine Augen an das Halbdunkel gewöhnt hatten, sah er ihn: Auf der Hebebühne stand ein Autowrack, vollständig deformiert, aber anhand einiger Details als früher 911er zu identifizieren.

»Mögen Sie einen Kaffee?«

»Gern. Was ist mit dem Flügeltürer?«

»Ich habe eine Fotodokumentation erstellt, darauf sehen Sie jedes Detail.«

Sie setzten sich an einen ehemals weißen, runden Tisch aus Plastik, der aus zwei an den Spitzen zusammengesetzten Kegeln bestand. Die Sechziger ließen grüßen. An der Wand hingen Blechschilder, teilweise stark verrostet, ein Streifzug durch die große Zeit der französischen Automobilindustrie: das Peugeot-Logo, ein aufgerichteter Löwe oder eine Citroën DS in voller Fahrt. Neben der Hebebühne stand eine wirkliche DS, in Grau, ein gestrandeter Wal, dahinter ein sportliches Motorbötchen, eine Renault Caravelle. Eigentlich fehlte nur noch Lino Ventura im beigefarbenen Trenchcoat, der durch die Tür gebulldozert kam, um den rätselhaften Tod des deutschen Fabrikanten zu untersuchen. Das iPhone auf der Werkbank und der speckig graue Laptop waren die einzigen Fehler am Filmset.

Carole fing an, ausführlich von den Schweißarbeiten beim Flügeltürer-Mercedes zu erzählen. Er tat so, als interessiere es ihn.

Es begann zu dämmern. Carole ging nach hinten zu einem amerikanischen Kühlschrank aus der Heckflossenära und kam mit zwei Dosen Bier zurück. Zwanzig Minuten später zerdrückte sie lässig die leere Dose, warf sie in den Mülleimer, der immerhin drei Meter entfernt war, und holte eine neue. Lino Ventura hätte vielleicht weiterhin Pokerface gezeigt, doch je länger er mit der Wahrheit hinterm Berg hielt, desto schwerer würde er die Kurve bekommen. Und, so wie er Carole einschätzte, war sie keine Plaudertasche. Also los, raus mit der Wahrheit!

Er begann zu erzählen. Angefangen von seinem Job über den Dino bis hin zu Polanskis Selbstmord. Sie hatte sich vorgebeugt, die Ellbogen auf die Knie gestützt, das Kinn auf die Hände gestützt. Sie unterbrach ihn nicht.

»Eigentlich sollte ich dich vor die Tür setzen«, sagte sie schließlich. Sie stand auf, verschwand wieder in den Tiefen des dunklen

Garagenraums und kehrte mit einer Flasche Rotwein und einer Metallbox zurück.

»Den Porsche hast du ja schon beim Reinkommen gesehen. Erst hab ich gedacht, hinter mir steht Audrey Tautou. Hier. Deswegen bist du doch wohl gekommen.«

Der Kasten war schwer, seine Lackierung verbrannt. Die Schrauben des Deckels waren lose. Er nahm ihn ab.

»Elektromotor, Zahnräder, Hochdruckschläuche, Kabel mit großem Querschnitt. Für mich sieht das aus wie das Innenleben eines ferngesteuerten Automodells. Stark angekokelt – logisch, bei der Hitze.«

»Die Stellmotoren könnten in die Lenkung oder die Bremse eingegriffen haben, mit so was kenne ich mich nicht aus. Aber bei einer Sache bin ich mir sicher: Dieses kleine Kästchen hat dafür gesorgt, dass Herr Wirt geradeaus in die Leitplanke gefahren ist. Wo genau war es befestigt?«

»Der Kasten baumelte lose im Kofferraum, wahrscheinlich beim Aufprall abgerissen.«

»Allerdings fehlt der Impulsgeber, vielleicht hat jemand mit einer Fernsteuerung in der Nähe gestanden.«

»Woher soll der Jemand wissen, wohin das Opfer fährt? Das muss anders funktionieren.« Sie zog eine Zigarette aus der Packung, schob sie sich in den Mundwinkel, nahm ihr Handy und hielt es an den Tabak. Ein leises Fauchen war zu hören. Die Zigarette glühte auf.

»Nicht schlecht, oder? Eins der wenigen Gadgets, die wirklich etwas bringen. Habe es von Vincent aus dem Fahrradladen. Natürlich kommt die Flamme nicht direkt aus dem Handy. Ein Feuerzeug im Format eines Stylo, das man am Smartphone festklebt. Bei der Gelegenheit ...« Sie eilte, nur auf den Fußballen tänzelnd, zum völlig verkohlten linken Vorderkotflügel des Porsche und öffnete die Tankklappe. Mit dem Tankdeckel in der Hand kam sie zurück.

»Das hier ist wirklich noch ein bisschen cooler.«

Sie hielt ihm den Deckel hin. »Erkennst du die Elektroden? Es funktioniert wie eine Zündkerze. Gib einen Stromimpuls drauf, ein Funke – und Bäng.« Sie machte die entsprechende Handbewegung. Sie hatte schöne Hände: schmale Handflächen und feingliedrige Finger. Die Fingernägel waren kurz geschnitten, sie hatte Castrol 10W-40 als Nagellack aufgelegt.

»Eigentlich sind diese alten Porsche echte Mistkarren. Tausend Ecken und Winkel, Bleche, die übereinander geschweißt sind, Hohlräume, in denen der Rost Partys feiert. Fast schon Französisch.«

»In Deutschland nennen wir sie Flach-Käfer.«

Sie kicherte wie ein kleines Mädchen, im Halbdunkel leuchteten ihre weißen Zähne auf. Sie schenkte beide Weingläser voll.

»Was verschlägt eine Normannin an die Côte d'Azur?«

»Ich mach's kurz: Junge Frau, deren Vater im normannischen Trouville eine Werkstatt betreibt, hat keine Lust mehr, nur die Buchhaltung zu schmeißen. Sie schreibt einen Haufen Bewerbungen, um Automechanikerin zu werden. Der Einzige, der antwortet, ist ein alter Mann aus Nizza, Adolph Deschamps. Ein netter betagter Mann, aber unfähig. Immerhin hält sie zwei Jahre später ihren Gesellenbrief in der Hand. Sie will zurück in die Normandie, doch dann taucht da dieser Koch auf, tätowiert von oben bis unten, Souschef im Casserole folle, unten in der Altstadt, zwei Michelin-Sterne. Zwei Magnetpole, die sich unwiderstehlich anziehen – oder eben abstoßen. Keine sechs Monate später ist Claudio wie vom Erdboden verschluckt. Von Mexiko war in seiner letzten Nachricht die Rede, was aber auch ein Versuch sein kann, die Polizei auf die falsche Fährte zu führen. Die taucht ein paar Tage später auf. Er hatte Steuerschulden, jede Menge, und dann hat er in die Restaurantkasse gegriffen. Eine Kellnerin, die er wohl auch gebumst hat, half ihm dabei. Und dann stirbt der alte Deschamps, mit vierundsiebzig. Seine Frau fleht mich an, das Lebenswerk ihres Mannes weiterzuführen. Wenn das ein Lebenswerk war, dann besser früh sterben! Wirtschaftlich war es totaler Schwachsinn, die Garage weiterzuführen. Das Werkzeug stammte aus der Ära de Gaulle, erste Amtszeit, wir hatten noch nicht einmal eine Hebebühne, sondern stiegen für einen Ölwechsel in die Grube. Das war vor acht Jahren. 2015 habe ich angefangen, mich auf Oldtimer zu konzentrieren. Seitdem geht es bergauf.«

»Wenn Gefühle im Spiel sind, sitzt das Geld wesentlich lockerer. Man kann ein Auto nicht wie einen Menschen behandeln – ein Auto braucht Liebe. Hat ein berühmter Deutscher gesagt …«

»Walter Röhrl. Viermal hat er die Rallye Monte Carlo gewonnen. An so etwas erinnert man sich hier in Nizza, viel mehr als an irgendwelche schnöseligen Formel-1-Weltmeister.«

»Dass er eure Michèle Mouton mit einem fahrenden Affen verglichen hat, weißt du aber schon?«

»Die Details kenne ich nicht so genau. Das war vor meiner Zeit.«

»Apropos altmodisch. An den Mann mit dem Funksender glaube ich nicht. Das ist zu sehr früher James Bond. Eine Bombe lässt sich mit dem Handy auslösen. So etwas muss es sein. Suchen wir danach!«

Zischend senkte sich die Hebebühne. Er kletterte ins Innere des Wagens und tastete die klebrige Masse ab, die das Armaturenbrett gewesen war.

Sie untersuchten Koffer- und Motorraum.

»Schau dir das an, Fritz.«

Mit der Taschenlampe ihres Feuerzeug-Handys erleuchtete Carole einen Hohlraum am rechten hinteren Kotflügel. Im Blitzlicht der Handykamera leuchteten goldene Drähte auf. Sie ragten aus einem schwarzen Kunststoffkästchen heraus, das auf der Oberseite leicht angeschmolzen, aber ansonsten intakt war. Sie sahen einander an. Er musste ein Stück zurückweichen, um sie scharf zu sehen. Der Preis der Eitelkeit bei Altersweitsicht.

»Wollen wir es ausbauen?«

»Das geht nicht. Ich muss morgen die Präfektur anrufen, die schicken einen Fotografen, der alles dokumentiert. Wahrscheinlich nehmen sie das Teil mit und lassen es von einem IT-Spezialisten untersuchen. Du kannst gerne alles fotografieren.«

»Hast du einen Handscheinwerfer?«

Nach einem Dutzend Handybildern kehrten sie zum Tisch zurück. Sie hob ihr Glas.

»Auf Sebastian Wirt.«

»Auf die Wahrheit.«

»Männer! Immer gleich die volle Dosis Pathos!«

»Sagt die Französin. *Les jours de gloire sont arrivés* und so weiter.«

»Jetzt aber raus mit dir. Ich rufe dir ein Taxi.«

Er fragte nach der Toilette. Sie zeigte nach hinten: »Zweite Tür rechts, nicht zu verfehlen.«

An der Tür hing ein kleines Reklameschild: Ford Vedette. Über dem Ved klebte ein Papier: »Clos.« Er hatte Glück. Das Fenster war groß genug. Er öffnete die Verriegelung, lehnte das Fenster an, betätigte die Spülung und wusch sich die Hände.

Wieder am Tisch, leerte er sein Glas, nahm Rucksack und Handy und ging ins Dunkel Richtung Werkstatttor. Sie erwartete ihn mit einer Zigarette in der Hand. Noch immer gab der Stahl die Wärme des Tages ab. Sie küsste ihn auf die Wangen, dann schob sie ihn sanft, aber nachdrücklich hinaus. Die Wanduhr hinter ihr, deren Zifferblatt aus dem Bauch einer Orangina-Flasche aus Plastik bestand, zeigte Viertel vor zwei.

»Ich schaue dann mal, ob das mit 24/7-Check-in wirklich stimmt.«

»Fritz, pass auf dich auf! Du legst dich mit den großen Jungs an.«

Er nickte. Er hörte das Taxi, das sich den Hügel hinaufquälte, und drehte sich noch einmal um. Das Tor war bereits verschlossen.

Er wies den Fahrer an, ihn an der nächsten Straßenecke wieder rauszulassen – wenn Blicke durch den Rückspiegel töten könnten –, und zahlte. Keine fünf Minuten musste er warten. Ein Wagen fuhr vorbei, im Licht einer Laterne leuchtete ihr rotes Haar auf. Fünf Minuten später stand er in der Werkstatt. Er fluchte. Offenbar hatte sie die Metallbox weggeschlossen. Von der Werkbank nahm er einen Schraubenzieher. Der Miniaturserver, der noch im Auto steckte, war nur mit zwei Blechschrauben am Innenkotflügel befestigt. Er löste sie, nahm einen Lappen, wickelte das Kästchen sorgfältig darin ein und steckte es in die Jackentasche. Dann schaltete er das Licht aus. Man sah die Hand vor Augen nicht. Er zuckte zusammen. In der völligen Stille klang der Vibrationsalarm wie eine Alarmklingel. Nachricht von Carole: *Wir hatten einen interessanten Abend. Dors bien!*

Er seufzte, stieg auf den Toilettensitz, stemmte sich hoch und hievte sich über den Fensterrahmen.

- 44 -

Er hatte das Handy erst wieder in Deutschland eingeschaltet. Drei Anrufe und ein halbes Dutzend Textnachrichten von Carole. Er würde ihr alles erklären, aber erst einmal gab es Dringenderes. In der Wohnung angekommen, legte er die Platine auf ein weißes Blatt Papier. Im Stillen dankte er seinem Ausbildungsredakteur, der den Volontären der NFZ noch richtiges Fotografieren beigebracht hatte. Unter heruntergelaufenen Turnschuhen, einem Bikinioberteil von Sophie und dem zerknitterten Strohhut aus dem Karibikurlaub fand er die Digitalkamera und ein kleines Stativ. Er fotografierte die Platine im Ganzen von allen Seiten und zusätzlich jedes Einzelteil im Makromodus. Als er fertig war, dämmerte es bereits. Er zog die Bilder auf einen USB-Stick und zog die Jacke über. Jetzt im Feierabendverkehr ginge es mit dem Rad am schnellsten. Doch bei Dunkelheit Fahrrad fahren, das fühlte sich im Moment nicht gut an. Ausnahmsweise sprang der Jensen sofort an.

Im Dunkeln erinnerte das alte Tankstellenhäuschen an ein Gemälde von Edward Hopper, das mit den drei Gästen in einer verglasten Bar. Vor Sophie war der Druck im Wechselrahmen das künstlerische Highlight seiner Studentenbude gewesen. Der perfekt ovale, weiß verklinkerte Bau war ab Hüfthöhe rundum verglast. Das Flachdach, ebenfalls oval, kragte weit heraus, so, als hätte der Architekt die Grenzen des in den 1920er-Jahren statisch Möglichen austesten wollen. Gelblich funzelten die Uralt-Glühbirnen in die Nacht, wohl die Letzten ihrer Art in ganz Frankfurt. Inmitten des verwaisten Areals aus Stahltoren, weiß verputzten Hallenwänden und von Stahldrähten durchzogenem Ornamentglas fühlte sich der Besucher wie ein Bergsteiger, der in letzter Sekunde vor dem Wettersturz die Hütte erreicht hat.

Die Inneneinrichtung von Mahmuds Firmenzentrale bestand aus zwei abgeschabten Cocktailsesseln aus schwarzem Leder, einem messingbeschlagenen, orientalisch anmutenden Teetischchen, auf der eine rosafarbene Kleenex-Box stand. Der Schreibtisch in Eichenholzoptik könnte früher in einem deutschen Finanzamt gestanden haben, darauf ein Briefbeschwerer, ein Werbegeschenk, der Griff stellte den Kolben eines Verbrennungsmotors dar.

Mahmud saß auf der Billigkopie eines Chefsessels. Am Kopfteil und an den Armlehnen, dort, wo es mit aggressiven Substanzen wie Benzin oder Bremsenreiniger aus Mads Overall in Berührung gekommen war, erinnerte das von Rissen durchzogene Kunstleder an eine Wasserstelle in der Serengeti bei Trockenzeit.

»Das hier steckte in der hinteren rechten Seitenwand.«

»Im Porsche von Wirt, sagst du?«

Mahmud drehte die Platine zwischen Daumen und Zeigefinger wie einen appetitlichen Maiskolben.

»Was, meinst du, könnte es sein?«

Mahmud zuckte mit den Schultern. »Jedenfalls nichts, das wie Anfang Siebziger aussieht.«

Er legte die Box auf den Schreibtisch und schob einen Schraubenzieher unter den Deckel. Der sprang sofort auf und gab den Blick frei auf eine Art Smartphone hoch drei. Mehrere Platinen lagen wie bei einer Cremewaffel übereinander, und für Leute wie Titus war das Ganze mindestens so appetitlich. Eigentlich ein klarer Fall für den Computerprofi, doch der war mit seiner Mutter ein paar Tage an der Ostsee. Er hatte sich selbst während dieser Zeit Online-Verbot auferlegt. *Digital Detox, Fritz! Das bringt's. Besser als Ayurveda.*

Die oberste Platine sah aus, als seien Roboter-Tausendfüßler zum Appell angetreten. Prozessoren, die konnte er identifizieren, sage und schreibe sechzehn Stück. So weit erkennbar, waren die unteren Platinen ebenfalls vollgepackt mit Bauteilen.

Fritz würde ihm die Bilder trotzdem schicken und aktivierte die Lupen- und die Taschenlampen-App gleichzeitig. In wenigen Minuten würde der Akku in die Knie gehen.

»Bedienungsanleitung war keine dabei?« Mahmud grinste und nahm einen tiefen Schluck aus seiner Bierflasche. Der Handy-Akku leerte sich in ähnlicher Geschwindigkeit. Gerade wollte Fritz die Suche aufgeben, da entdeckte er am inneren Rand der Platine Unebenheiten in regelmäßigem Abstand. »Mehr Licht!« Mahmud zückte sein Handy.

»Reicht?«

»MADE IN HO-NG-KO-NG. Steht zumindest auf dem schwarzen Ding. Daneben eine Art Spirale, nein, eine Spinne.«

»Das muss nichts heißen. Vielleicht haben sie bloß die chinesische Standardbox für Frühstücksreis umfunktioniert, und die Innereien stammen aus den USA.«

»Möglich, aber unwahrscheinlich. Taiwan liegt direkt nebenan, und das ist der größte Chipproduzent der Welt.«

»Wie lange fliegt man? Fünfzehn Stunden?«

»Nach Hongkong? Keine Ahnung.«

Sie schwiegen.

»Find es raus!«

»Was?«

»Was wohl. Du bist deinen Job los, weil irgendein Spacko versucht, dich abzulenken. Grund genug, ihn zu finden und plattzumachen. Also nimm diese komische Spiderbox und mach dich los!« Mahmud nickte und hielt die Bierflasche prüfend gegen das Licht. Sie stießen an.

Fritz nahm einen letzten langen Schluck. »Ich glaube, ich weiß, wer mir helfen kann. Marc, der ist Eingeborener. Wenn einer Kontakte in jeden Winkel hat, dann er. Vorausgesetzt, er ist nüchtern.«

»Wer kann das schon von sich behaupten. Grüß mal schön!« Mad grinste und hob die Flasche.

Titus hatte sich gemeldet:

»Auf den ersten Blick nichts Spektakuläres. Ein Raspberry-Minicomputer, würde ich sagen.«

So viel zum Thema Digital Detox.

Dem Handy ging jetzt endgültig der Saft aus, und Mad hatte nur Apple-Kabel. In einem Car-e hätte man es auf ein Induktions-Ladekissen legen können, im Jensen funktionierte noch nicht einmal der Zigarettenanzünder.

– *Asien, da kenne ich mich aus!*
– *Woher kennst du Asien, Steve?*
– *Neile ist in Manila geboren. Wusstest du eigentlich, dass sie mit Enrique Iglesias verwandt ist, diesem Schlagersänger?*
– *Wusste ich nicht, aber das macht dich zum Asienkenner?*
– *Wir haben* Kanonenboot am Yangtse-Kiang *bei den Schlitzaugen gedreht. Thailand oder Taiwan, weiß nicht mehr so genau. Auf jeden Fall waren es Chinesen.*
– *Also Taiwan. Hast du irgendwelche Tipps für mich?*
– *Nichts an diesen Imbissständen essen. Und wenn es nicht anders geht, mit Reisschnaps nachspülen.*
– *Noch etwas?*
– *Bier nur aus der Flasche.*

- 45 -

Mahmud schaute zur Uhr. Die Zwölf war eine Zündkerze, und diese hatte der Minutenzeiger fast erreicht. Kurz vor drei begann die Übertragung. Seit zwanzig Jahren tat die Wanduhr, ein Werbegeschenk, klaglos ihren Dienst. So muss Technik, dachte Mahmut, während er jeden Schraubenschlüssel mit einem Tuch von Öl und Fett säuberte und in die vorgefertigte Aussparung in der Schublade des Werkzeugwagens legte. Sonntags arbeiten, das war kein Fluch, sondern ein Segen: keine Anrufe, keine Dummschwätzer in der Werkstatt, selbst die Radiomoderatoren klangen weniger wie auf Droge.

Er schaute aufs Schlüsselbrett oberhalb der Werkbank. Welchen Wagen sollte er nehmen, um hinüber zum Orange Beach zu rollen? Alfa, Jaguar, ein BMW-Coupé aus den Sechzigern? Der Hof stand voll, Arbeit für mindestens zwei Jahre. Klassische Schrauber wie er, die einen Kotflügel sauber lackieren konnten und außerdem wussten, was sie taten, wenn sie einer Vorderachse neue Lager verpassten, gab es noch ungefähr so häufig wie Konditormeister, die eine gute Buttercremetorte hinbekamen. Er entschied sich für ein Mercedes-Coupé aus den Siebzigern, Strichachter, Spitzname »rasender Kofferraum«, was sich auf die verunglückten Karosserieproportionen bezog. Der Mercedes musste sowieso Probe gefahren werden, also nahm er den Autoschlüssel vom Haken und schloss das Tor der Werkstatt ab.

An der Galluswarte bog er nach rechts ab auf die Camberger Brücke, die das Gallus mit dem Gutleutviertel verband. Wie jedes Mal staunte er über das Gewürm der Bahngleise, die sich vor der dreischiffigen Halle des Hauptbahnhofs in die verschiedensten Richtungen wanden, um am Ende wie durch ein Wunder ganz brav in vierundzwanzig parallel laufende Geraden zwischen den Bahnsteigen zu enden. Ein Dutzend Trainspotter nutzten den milden Sonntagnachmittag, um den ICE Hamburg Altona oder den TGV aus Marseille vor Bahnhofshalle und glitzernden Hochhaustürmen zu fotografieren. Einige Bilder würden mit Sicherheit verwackelt sein. Er selbst zuckte zusammen bei dem Rums, den es tat, als er an der Brückenauffahrt aufs Gas ging. Direkt unter seinen Füßen schien der Auspuff fast zu explodieren. Fehlzündungen, irgendetwas stimmte mit der Einstellung nicht, am Montag musste er da ran.

Doch jetzt würde die Eintracht erst mal ihr Feuerwerk abbrennen. Das Rhein-Main-Derby gegen Mainz 05, das Orange Beach war der ideale Ort, um an einem Frühsommertag Fußball zu schauen. Entspannte Atmosphäre, volle Kühlschränke, Bierbänke in der Sonne, die Leinwand des Beamers aber im Schatten, befestigt an einem Brückenpfeiler. Vor acht würde ihn niemand zu Hause erwarten. Die Kinder im Bett, Sanya auf dem Sofa. Er glücklich über eine Frau, die ihm das kleine bisschen Freiheit am Wochenende gönnte. Geh mit den Kindern doch mal ins Schwimmbad, sie sehen dich so selten – das hörte er im Freundeskreis andauernd.

Fast im Standgas rollte er die Gutleutstraße stadtauswärts, machte kurz vor der Autobahnauffahrt einen U-Turn und bog nach rechts auf einen geschotterten Platz ein. Zwischen der Halle eines Stahlgroßhändlers und dem von Brombeeren überwucherten Bahndamm parkte er. Schon von weitem hörte er lautes Rufen und Gesänge, ungewöhnlich für den kleinen Kiosk mit drei Dutzend Sitzplätzen. Viertel nach drei, in einer Viertelstunde war Anpfiff.

Als er um die Ecke bog, erkannte er den Grund für den Aufruhr. Zu den Eintracht-Fans hatte sich eine Gruppe Mainzer gesellt, die auf ihrer Fahrradtour mainaufwärts im Orange Beach gelandet war. Wieder einmal stellte Mahmud fest, dass bei Männern ab vierzig Shorts fast schon stylish aussahen, wenn man sie mit denen verglich, die hautenge Radlerhosen mit Werbeaufdrucken trugen.

Er trauerte dem alten Orange Beach nach. Das war echter Favella-Style im Gutleutviertel gewesen, eine Bretterbude mit einem Dach aus Teerpappe, direkt unterhalb der Main-Necker-Brücke mit ihren Hunderten von Zugdurchfahrten pro Tag. Ein paar hundert Meter flussabwärts rauschten auf der A5 Tag wie Nacht Räder in Richtung Süden. Siebentausend Autos überquerten stündlich die Europabrücke, um ein paar Kilometer weiter südlich den Frankfurter Flughafen zu passieren, wo Jets im Endanflug in Baumwipfelhöhe die Autobahn kreuzten. Am Anfang hatte die Kneipe sich den Strom für die Kühlschränke und den Fernseher von einer überirdischen Stromleitung abgezapft. Ob es Brandstiftung war oder ein durchgekokeltes Kabel, würde für immer unklar bleiben, jedenfalls war der Laden abgebrannt und mit ihm die spaghettiartige Netzstruktur. Das neue Gebäude sah ähnlich phantasielos aus wie ein Infohäuschen der Stadtwerke, doch wie bei Autos zählten vor allem die inneren Werte, in diesem Fall Kühlung zu jeder Jahreszeit. Fünf Kühlschränke mit Glastüren, randvoll mit diversen Biersorten, schwarzen Dosen mit Jackie Cola, Jägermeistern, kleinen Feiglingen, dazu Knabberzeug und Schokoriegel, dieses Sortiment und ein Kaffeevollautomat befriedigte neunzig Prozent der Bedürfnisse, zumindest der Stammkundschaft.

Mahmud entschied sich für einen kleinen sauergespritzten Apfelwein und eine Packung Pistazien, ging nach draußen und setzte sich auf die zentrale Bierbank, die für die Eintracht-Fans reserviert war.

Die Anzeige links oben im Bild zeigte gerade die neunundzwanzigste Minute, als jemand schrie: »Da kommt einer.«

Die Stammgäste stöhnten auf, als sie den weißen Zug sahen, der gemächlich Richtung Brücke rollte. S-Bahnen, Güterzüge, alles okay – doch nicht so einer. Ein Dutzend Elektriker und sogar Mahmud selbst hatten versucht herauszufinden, warum ausgerechnet dann der Strom für ein paar Sekunden ausfiel, wenn ein ICE über die Brücke fuhr – und immer im falschen Moment. In Mahmuds Fanseele tat es noch heute einen Stich, wenn er daran dachte: 19. Mai 2018, Pokalfinale, zweiundachtzigste Minute. Ante Rebic setzte zum unwiderstehlichen Sprint in Richtung Bayern-Tor an, hatte nur noch Torhüter Manuel Neuer vor sich, da erreichte der verspätete ICE 273 in Richtung Karlsruhe den ersten Pfeiler. Nur das Gebrüll von Radiohörern auf der Wiese nebenan ließ vermuten, dass Rebic das zwei zu eins gemacht hatte. Einer der bekloppten Semikriminellen, mit denen er damals noch zusammen war, hatte eine Pistole und die roten Schlusslichter anvisiert. Einer musste ihn festhalten, ein anderer riss den Arm herunter, sodass die Kugel inmitten einer Familie schlafender Schwäne in den Main einschlug.

»Die Frankfurter habbe seit letztes Jahr fließend Wasser, Strom kimmt erst nächstes Johr.« Die Mainzer, deren Gesichter immer mehr Farbe bekamen, klopften sich vor Freude auf die Schenkel.

Eine Laugenbrezel flog in Richtung ihres Tisches.

»Schickt gleich noch e bissi Butter hinterher?«

»Gleich schlägt e Handkäs bei euch auf, ihr Weinschläusch!«

Alles lachte. Man beharkte sich weiter, trotz des Stromausfalls blieben die Gesichter freundlich, so wie es sich für einen solchen Tag gehörte.

Kioskbesitzer Christian, genannt Krissi, drückte wie wild auf der Fernbedienung herum. Statt grünem Rasen tauchten Drohnenbilder auf. Aus der Luft waren gewundene Bänder zu sehen, Straßen, die sich zu breiten Fahrbahnen vereinten und wieder trennten, ein riesiges Autobahnkreuz. Los Angeles stand auf der Bauchbinde am unteren Bildrand. Dann Nahaufnahmen: ein schwerer Unfall. Ein kleines Auto war unter einen Sattelschlepper gerast. Großaufnahme, ein klassischer Ferrari. Mahmud zuckte zusammen. Er hatte ihn sofort erkannt, so wie ein Vater sein Kind erkennt, wenn er nur eine Stirn oder eine Hand sieht. Das war er, tausendprozentig, so einen gab es kein zweites Mal: der Ferrari Dino, mit dem Fritz vor ein paar Wochen auf seinen Hof gerollt war. Dann zwei Fotos: ein Mann und eine Frau, beide attraktiv wie Filmstars, erstens, weil sie den landläufigen Vorstellungen attraktiver Gesichter entsprachen, vor allem aber, weil sie so optimistisch aussahen. Offenbar die Unfallopfer. Dann wieder grüner Rasen, gefolgt von allgemeinem Gejohle. Mahmud zog sein Handy aus der Tasche.

Nachricht an Fritz:
»Hab deinen Dino gesehen. Im Nachrichtenfernsehen.«
»Wann?«
»Gerade eben.«
»Kann nicht sein. Bis du dir sicher? Woran erkannt?«
»Die Farbe, und der Auspufftopf hing leicht durch. Glaub es mir einfach. Unten im Text stand dann noch Archer und Softroad, glaube ich. Findest du raus, ist ja dein Job. Übrigens: Die Eintracht spielt grottig.«
»Prüfe ich sofort. Danke, Mad.«

Der Lärm der Fans wurde von einem Jaulen übertönt, das vom Fluss herkam. Direkt unterhalb der Brücke jagte ein Jetski kreuz und quer durch die Fahrrinne. Dann ein Ton, so tief, dass er zuerst den Bauch in Schwingung brachte, bevor er die Ohren erreichte. Das Nebelhorn des Frachtschiffs zeigte sofort Wirkung. Der Jetski reduzierte seine Geschwindigkeit und machte den Weg frei. Mahmuds Augen stellten sich zuerst auf den Frachter scharf, der ohne Ladung und entsprechend hoch aufragend flussabwärts fuhr. Unwillkürlich fokussierte er dann auf ein anderes Objekt. Direkt am Ufer waren Sonnenstühle aufgestellt für diejenigen, die sich mehr für den Ausblick als für das nächste Bier interessierten. Mahmut wunderte sich, warum der filigrane Holzliegestuhl noch nicht zusammengebrochen war unter der Masse des Mannes, der darin lag. Trotz des warmen Wetters trug der Riese ein Holzfällerhemd und eine Lederhose. Einen Fuß, der in einem beigefarbenen Cowboystiefel aus Wildleder steckte, hatte er lässig auf einen anderen Liegestuhl gestützt. Oberhalb seines Ohrs hockte eine schwarze Spinne auf nackter, geröteter Kopfhaut. Vielleicht war es aber auch das Tattoo eines Kreuzes. Am Ohr selbst glitzerte ein Kreolenring. Kurz begegneten sich ihre Blicke, dann wandte sich der riesige Mann ab in Richtung Fluss.

Vor der Halbzeitpause machte die Eintracht richtig Druck. Als der Halbzeitpfiff ertönte und sich alle erhoben, um Bier zu holen oder welches abzulassen, drehte sich Mahmud noch einmal um. Der Mann war verschwunden. Als die zweite Halbzeit begann, verfolgte er das Geschehen auf der Leinwand wesentlich konzentrierter.

- 46 -

56B, ungeliebter Mittelplatz irgendwo in den Tiefen der Economy Class. Wer drei Tage vor Abflug einen Hongkong-Flug buchte, durfte nicht wählerisch sein. Immerhin die 56, wie Porsche 956, der legendäre Rennwagen des ebenso legendär in Spa Francorchamps verunglückten Stefan Bellof. Aus dem Lautsprecher drang »Boarding completed«, die Türen schlossen sich, kurz darauf meldeten sich der Kapitän und sein Kopilot mit einem »Guten Tag aus dem Cockpit«. Was für ein Anachronismus! Unbemannte Kampfdrohnen landeten auf Flugzeugträgern, und ein Verkehrspilot hätte die Maschine problemlos per Joystick aus dem Fernsehsessel steuern können. Okay, so ganz ohne den Mann mit den vier Streifen fliegen, das würde sich merkwürdig anfühlen, aber warum mussten es unbedingt noch zwei sein? Ryan Air hatte es vergangenes Jahr probiert: halber Preis bei einem Piloten. Am Ende gingen sie runter auf ein Euro pro Ticket – keine Chance.

Statt vorne eine halbe Nacht lang Däumchen zu drehen, schlenderte einer der beiden Piloten spätestens nach dem Abendessen durch die Kabine, ließ sich mit Kindern auf dem Arm fotografieren und machte auf *Sendung mit der Maus*: *Warum fallen Flugzeuge nicht vom Himmel*? Arabische und asiatische Airlines luden für schlanke zweitausend Dollar Aufpreis zum Captain's Dinner ein, bei dem der Mann mit den vier Streifen zum Sechs-Gänge-Menü aus dem Nähkästchen der Verkehrsfliegerei plauderte.

Fritz ging seinen Zeitplan durch. Zwei Tage, das war knapp, aber machbar in einer Stadt, die man laut Reiseführer von Nord nach Süd in einer guten Stunde durchquerte.

Die Stewardess stellte ihm seinen Gin Tonic hin. Das war auch Marcs Lieblingsgetränk. Er war ein bisschen aufgeregt, fast wie vor einem Rendezvous. Marc war genauso brillant wie unterhaltsam. So schnell und so exakt wie sonst niemand verknüpfte der Freund aus Hongkong Wissen aus den unterschiedlichsten Gebieten. Diese Qualitäten hatten ihm seine Professur für Volkswirtschaft an der Hongkong University gerettet. Im Hörsaal auf einem Tisch stehend »Der Osten ist rot« vor siebenhundert Studenten abzusingen, das warf Fragen auf: War das ein Witz, oder war das Konterrevolution? Wieso sprach dieser *Gweilo*, dieser Fremde, Mandarin in Perfektion? Wie hatte er es in seinem Zustand überhaupt bis in den Hörsaal und dann bis auf den Tisch geschafft? Die Moralkommission beließ es bei einem Verweis und einer Strafversetzung zu den Erstsemestern.

Auf den Grund für seine Alkoholeskapaden angesprochen, gab Marc an, er müsse sein Hirn für spätere Generationen haltbar machen. Früher hatte er immer einen Band der Encyclopedia Britannica mit sich herumgetragen, den er während der Mittagspause las. Noch bevor der Verlag die gedruckte Ausgabe eingestellt hatte, war Marc auf die Online-Edition umgeschwenkt und sog noch mehr Wissen in sich auf. Vor sich chinesische Nudeln oder einen Drink, dahinter der Tablet-Computer, eingehüllt in ein maronenfarbenes Etui aus Connolly-Leder. Bei einem Autoschrauber in den New Territories hatte Marc den Sitz eines Rolls Royce Phantom aus den Sechzigern entdeckt und sich den Bezug für ein paar Hongkong-Dollar gesichert. Ein indischer Schneider in Kowloon bezog damit den Aktenkoffer, der Rest reichte noch für die Einkleidung des Tablets.

War die Sicht auf den Touchscreen nach Verzehr einer Nudelsuppe eingeschränkt, wandte Marc seine patentierte Reinigungsmethode an: 1. Bestellung eines Gin mit Zitrone. 2. Benetzung des Zeigefingers. 3. Schnippen der anhaftenden Flüssigkeit auf den Schirm. 4. Verwischen mit einer der pergamentartigen Papierservietten seiner bevorzugten Garküche (Klopapier? *No way*, das löste sich auf). 5. Weiteres Eintauchen des Zeigefingers, um durch Rubbeln besonders hartnäckigen Schmutz zu entfernen. 6. Verbrauch der Restmenge Gin zur inneren Reinigung.

In jungen Jahren hatte er eine gewisse Ähnlichkeit mit Sean Connery gehabt. Harmonische Gesichtszüge, sinnliche Lippen, kräftige Augenbrauen, ein gewinnendes Lächeln. Letzteres war geblieben.

Fritz fürchtete sich ein wenig vor Marcs Säufervisage. Die letzten Videotelefonate ließen nichts Gutes ahnen.

Aus professioneller Gewohnheit durchblätterte er den Wirtschaftsteil der FAZ.

Thailändischer Finanzinvestor übernimmt Wirt AG
Frankfurt/FAZ.
Golden Harvest aus Bangkok sticht die VFW AG aus.
Der thailändische Finanzinvestor Golden Harvest Pte Ltd. hat die Mehrheit am Automobilzulieferer Wirt aus Stuttgart Vaihingen übernommen. Das hat der mit den Verhandlungen betraute Anwalt der Wirt-Familie mitgeteilt. Über den Kaufpreis sei Stillschweigen vereinbart worden. Gerüchten zufolge dürfte er im mittleren dreistelligen Millionenbereich gelegen haben. Bislang war Golden Harvest, deren Hauptsitz sich in Bangkok befindet, vorwiegend als Investor in der Immobilienbranche in Erscheinung getreten. Das Unternehmen ist nicht börsennotiert und gibt traditionell keine Geschäftszahlen heraus. Die Wirt AG stellt Sensoren her, die vor allem in autonom fahrenden Fahrzeugen zum Einsatz kommen. Das Unternehmen, das sich selbst als Weltmarktführer in der LIDAR-Produktion bezeichnet, erwirtschaftete im vergangenen Jahr einen Umsatz von 412 Mio. Euro. LIDAR (Light Detection and Ranging) ist eine lasergestützte Methode zur Abstands- und Geschwindigkeitsmessung. Sie gilt als Schlüsseltechnologie für selbstfahrende Fahrzeuge. Nach dem Tod von Vorstandschef Sebastian Wirt, der bei einem Autounfall in Frankreich ums Leben kam,

waren immer wieder Automobilhersteller als mögliche Käufer genannt worden, darunter auch die in unmittelbarer Nachbarschaft beheimatete Vereinigte Fahrzeugwerke AG.
Der VFW-Vorstandsvorsitzende Viktor Herrmann zeigte sich überrascht von der Transaktion: »Unsere Gespräche mit der Wirt-Familie waren schon weit fortgeschritten. Jetzt haben sie sich sehr kurzfristig für einen anderen Bieter entschieden. Das ist enttäuschend für uns.« Dass die Wirt-Familie der VFW AG eine Abfuhr erteilte, steht möglicherweise in Zusammenhang mit persönlichen Rivalitäten zwischen Sebastian Wirt und Viktor Herrmann. Der Streit war vor einem halben Jahr eskaliert, als Wirt den VFW vorwarf, Preissenkungen für LIDAR-Sensoren mit erpresserischen Mitteln erzwungen zu haben. Auch wurde dem DAX-Konzern Technologiediebstahl vorgeworfen. Zur weiteren Strategie für die Wirt AG wollte sich Golden Harvest nicht äußern. Bislang hat sich das Unternehmen vor allem als Finanzinvestor betätigt und sich weniger für die strategische Weiterentwicklung eines Unternehmens interessiert. Der Kurs der im S-Dax notierten Wirt AG gab nachbörslich um 3 Prozent nach. Die Börse hatte offenbar auf einen Käufer aus der Automobilbranche gesetzt.

Viktor Herrmann und sein Car-e, das schien Jahre zurückzuliegen. Er blätterte weiter, doch das eintönige Rauschen der Triebwerke umhüllte ihn bald wie der sanfte Strahl einer warmen Dusche. Nach dem Essen und einem Glas Wein hätte eigentlich Müdigkeit einsetzen müssen, doch in seinem Kopf ging es zu wie in einem Flipper.

*

Ein flaues Gefühl in der Magengegend ließ ihn hochschrecken, die Maschine war in den Sinkflug übergegangen. Eine Stewardess beugte sich über ihn, um die Fensterblenden zu öffnen. Ihre Fingernägel hatten denselben Rotton wie ihre Uniformbluse. Ein schöner Kontrast zum stumpfen Hellgrau des Südchinesischen Meeres. Die Wasseroberfläche war gesprenkelt mit grünen Tupfern, mancher davon kaum größer als ein Tennisplatz. Hunderte kleiner und kleinster Eilande umsäumten die einstige Perle des Commonwealth, die Großbritannien vor einem Vierteljahrhundert an China zurückgegeben hatte. Inzwischen war die einstige Kolonie eine nahezu ganz normale chinesische Großstadt, immerhin mit einer höheren Dichte an Pubs. Das Zimmer im Langley Hotel würde sowieso erst in ein paar Stunden bezugsfertig sein, und der Airport Express brauchte gerade zwanzig Minuten für die fünfzig Kilometer vom Flughafen bis nach Kowloon, dem Teil der Stadt, der auf dem Festland lag.

In Kowloon Station angekommen, wechselte er in die Untergrundbahn. Vor der MTR-Station hatten sich zwei Polizisten mit Maschinenpistolen postiert. Auch China bekam Separatismus zu spüren, und im liberaleren Hongkong war es leichter, sich eine Sprengstoffweste zu besorgen. Die Ampel schaltete auf Grün, der akustische Warnton unterschied sich nur durch seine Lautstärke von einem Presslufthammer, der an der nächsten Straßenkreuzung auf den Asphalt prasselte. Ein Lautsprecher quäkte im Fünfsekundentakt »Mind the steps«, dasselbe noch einmal auf Chinesisch. An der Rolltreppe empfing ihn das Gebrüll einer auf Hochtouren laufenden Klimaanlage, unter ihm mahlte die Rolltreppe, neben einem Ohr bimmelten Handys, neben dem anderen tönten Beats dumpf aus Kopfhörern, klackernde Absätze deckten die hohen Frequenzen ab. Wie sanft klang dagegen die asiatische Verwandte von Elsa, die die Haltestellen ansagte. Zehn Minuten später säuselte sie »Mongkok«.

An der Erdoberfläche schien die englische Sprache mit einem Schlag abgeschafft zu sein, selbst das Wort »Computer Center« projizierte dem Verkäufer in einem der Sneakerläden nur ein Fragezeichen ins Gesicht. In dem mehrstöckigen IT-Supermarkt konzentrierte sich laut Reiseführer die gesamte Computer-Kompetenz der Stadt. Gerettet wurde Fritz von Wegweisern, die versprengten Ausländern halfen, auf ausgetretene touristische Pfade zurückzufinden.

Er überquerte die schmale Straße, hörte links ein lautes Quietschen. Der Fahrer des rostigen Lieferwagens, der eine Vollbremsung hingelegt hatte, gestikulierte wild. *Look left*! Die auf den Asphalt gepinselte Schrift war unübersehbar. Linksverkehr, ein Überbleibsel aus Kolonialzeiten und Immigranten vom Festland, wo rechts gefahren wurde, Resultat dieses Kulturkampfes war ein dramatischer Anstieg der Unfallzahlen und die Asphaltmalerei.

Das Foyer des Computer Center glich einer Lagerhalle für Hardware. Der Aufzug war so groß wie eine Telefonzelle. In einem Anfall von Melancholie lauschte er dem Schaben und Rumpeln, als es nach oben ging. Im zweiten Stock keine Wally und keine Marie, nur ein schwach mit Neonröhren ausgeleuchteter schmaler Gang. Stahlrolladen zu beiden Seiten, das Ganze hatte etwas von *Flucht von Alcatraz*. Er hatte Glück: Scheppernd schob sich einer der Läden nach oben. Der Verkäufer war Ende zwanzig, trug eine große, goldgeränderte Brille, ausrasierte Seiten und langes, streng gescheiteltes Deckhaar. Vermutlich war das Highscore auf der Hongkonger Hitliste für coole Jungs.

Fritz zog das schwarze Plastikkästchen aus der Tasche und legte es auf den Tresen. Der Coole zückte sein Smartphone und betrachtete die Box mithilfe der Lupen-App. Dann öffnete er eine weitere. Diese schien ähnlich wie eine Kamera zu funktionieren. Der Mitarbeiter hatte das fragende Gesicht der Langnase bemerkt und lächelte ein wenig mitleidig über dessen Rückständigkeit. »*Yes, we scan*«, sagte er nur. Ein Objekterkennungsprogramm, das im Web nach Übereinstimmungen suchte und auch etwas fand. Ja, es waren Plastikkästchen, und ja, sie waren viereckig: die Köderbox für Mäusegift und der alte Next-Computer von Steve Jobs, der nichts konnte außer gut aussehen, das waren noch die besten Treffer. Mit der Spiderbox hatte das rein gar nichts zu tun.

Fritz bedankte sich, nahm das Kästchen von der Theke und ging. Die Looks der Ladeninhaber wechselten, das Rechercheergebnis blieb dasselbe. Gerade wollte er das Center verlassen, da ratterte neben ihm ein Rollladen nach oben. Vielleicht ein letzter Versuch. Der Mann, geschätzt Mitte fünfzig, was mit dem üblichen Aufschlag für Chinesen wahrscheinlich mindestens sechzig entsprach, schob sich die Brille auf die Nasenspitze. Er drehte das Kästchen zwischen den Fingern wie einen Apfel, den man auf faule Stellen untersucht. Auch er nahm eine Lupe zur Hand. »Made in Hongkong«, sagte Fritz resigniert. Der Mann nickte.

»Darf ich öffnen?«, fragte er in fast akzentfreiem Deutsch, das mit einem leichten Singsang unterlegt war.

Auf den erstaunten Blick hin lächelte er. »Technische Hochschule Aachen, zwei Auslandssemester Elektrotechnik.«

»Das muss ein paar Jährchen her sein. Dafür sprechen Sie extrem gut.«

»Deutsche Welle TV einmal pro Woche.«

Der Chinese griff unter die Theke des mit Tastaturen, Handyhüllen und Digitalkameras vollgestopften Ladens. Aus einem Etui in Hello-Kitty-Design zog er einige Miniaturschraubenzieher, eine kleine Zange und eine Uhrmacherlupe. Mit dem stählernen Ring der Lupe um die Stirn sah er aus wie ein Hardcore-Abba-Fan. Er setzte einen Schraubenzieher als Hebel ein und öffnete den Deckel des Kästchens. Nach wenigen Augenblicken nahm er die Lupe ab.

»Woher haben Sie das?«

»Sagen wir von einem Freund.«

»Interessante Freunde haben Sie. Das ist eine Steuereinheit, aber was für eine! Könnte aus einer Kampfdrohne stammen oder vielleicht von einem Rennwagen. Nicht nur, dass darin wahrscheinlich mehr Rechnerkapazität steckt als in allen Computern zusammen, die hier im Center herumstehen. Sie können Steuerbefehle geben, Geodaten senden und empfangen, der Sensor reagiert auf seine Lage im Raum, auf Temperaturunterschiede, Luftdruck und ich weiß nicht was noch alles. Schrauben Sie Flügel dran, und das Ding wird abheben. Kaum zu glauben, dass das Kästchen aus Hongkong kommen soll. Ich kenne keine Firma, die in der Lage wäre, so etwas herzustellen. Am ehesten vielleicht noch eins von den Start-ups im Incubator.«

»Was ist das?

»Ein Kooperationsprojekt zwischen der Stadtregierung und der Volksrepublik. Der Incubator ist ein IT-Campus. Computertalente aus aller Welt sind eingeladen worden, um sich in allen IT-Fächern auszutoben: Big Data, Künstliche Intelligenz, Autonomes Fahren. Finanziert wird das Ganze vom IT-Excellence-Institute, das direkt dem chinesischen Wirtschaftsministerium unterstellt ist.«

»Wie komme ich dorthin?«

»Mit der Metro. Allerdings glaube ich kaum, dass man Sie hineinlässt. Wir Chinesen lernen gerne von anderen, unsere eigene Technologie halten wir lieber unter Verschluss.«

Fritz bedankte sich und versprach Herrn Leng, ihm eine Schachtel Aachener Printen (bitte keinen Schokoladenüberzug!) zu schicken. Auf dem Weg zurück zur U-Bahn kam ihm eine Handvoll Chinesen entgegen, Besucher vom Festland offenbar. Jeder von ihnen blickte nach unten, auf seine geöffnete Hand. Die Sekte der Mapianer, die mit Googles Hilfe einen Shop oder ein Bar suchten. Der vorderste lief direkt auf einen Wegweiser zu. Im letzten Moment wich er aus, blickte leicht irritiert nach oben. Er zeigte nach oben. Wie auf Kommando ließen sie die Hände sinken und überquerten die Straße.

Zum Glück war das rote MTR-Zeichen der Station Mongkok weithin sichtbar. Fritz steuerte direkt darauf zu. Ein schwarzer Van, der vor dem Computer Center gewartet hatte, rollte mit dem Tempo eines Bestattungsfahrzeugs hinter ihm her.

Er sah auf die Uhr. Das Hotelbett würde ihn ansaugen wie ein Ameisenbär die fette Termite. Er spürte, wie das Gewicht des schwarzen Kästchens sein Jackett nach unten zog. Das Klügste war, nicht über Schlaf nachzudenken, sondern die Spur weiterzuverfolgen. Laut Smartphone dauerte die Fahrt zum Hong Kong China Technology Incubator gerade eine halbe Stunde. Auf der Salisbury Road angekommen, wandte er sich nach Osten in Richtung Metrostation Tsim Sha Tsui East. Von dort aus mit der MTR bis nach Lok Ma Chau, das lag im Nordwesten und war so etwas wie Hongkongs Checkpoint Charlie.

Das Taxi rumpelte über eine betonierte Hauptstraße. In regelmäßigem Abstand zweigten Feldwege von ihr ab. Sie führten in eine Landschaft aus Sandbergen und Teichen so groß wie Fußballplätze, in denen sich ein regenverhangener Himmel spiegelte. Lastwagenreifen und Ketten von Planierraupen hatten tiefe Spuren hinterlassen. Der von den Regierungen Hongkongs und Chinas gemeinschaftlich betriebene Technologiepark war mehr Truppenübungsplatz als Künstliche Intelligenz. Unkraut überwucherte die Abraumhalden, in einem Entwässerungsgraben lag ein umgekippter Radlader. Hongkongs Wirtschaft hatte in der letzten Krise schwer gelitten, viele der hochtrabenden Pläne waren im Matsch steckengeblieben.

Es hatte viel Überredungskunst bedurft, den Taxifahrer zu dieser Tour zu bewegen. Verständlich, das Technologiezentrum befand sich direkt auf der Grenze zur Volksrepublik. Nur widerwillig folgte er mit seinem grasgrünen Toyota dem Verlauf der Panzerstraße, an dessen Ende ein dunkelgrauer, fensterloser Kubus aufragte, gespickt mit Dutzenden von Antennen, dem direkten Draht nach Beijing. Das Taxi rollte im Schritttempo weiter. Zu beiden Seiten kündigten rote Warntafeln einen Kontrollposten in fünfhundert Meter Entfernung an. Vor ihnen tauchte ein Stahltor auf, durch das ein Containerschiff gepasst hätte. Das rot-weiß gestreifte Schilderhaus daneben schien von einer Modelleisenbahn zu stammen. Zu beiden Seiten des Eingangs schloss sich ein drei Meter hoher Zaun aus dunkelgrauen Kunststoffpaneelen an.

Es lebe die Freiheit der Wissenschaft, dachte Fritz kopfschüttelnd. Zwei Männer, ganz in Schwarz, erwarteten sie bereits. Sie hielten etwas in den Händen, Blumen waren es keine. Der Taxifahrer sagte etwas und gestikulierte in Richtung Tor. Man musste kein Chinesisch können, um zu verstehen: Nicht einen Meter fahre ich weiter. Sie waren noch zwanzig Meter vom Tor entfernt. Ein Logo und eine Handvoll Schriftzeichen, für einen Riesenkomplex war das Firmenschild lächerlich klein. Fritz stieg aus, winkte freundlich und ging auf die Wachleute zu. Er zückte das Smartphone, schaltete die Kamera ein und löste aus. Ein Wachmann hob abwehrend die Hand, der andere stellte sich vor das Schild. Nummer eins beschleunigte seinen Gang, direkt hinter sich hörte Fritz, wie ein Gang eingelegt wurde und ein Motor aufheulte. Er warf sich herum. Das Taxi war dabei zu wenden. Er hechtete in die noch geöffnete Tür. In einem Kinofilm hätte er jetzt so etwas sagen müssen wie »Machen Sie schnell!«.

Das war überflüssig. Er atmete tief durch, niemand schien ihnen zu folgen. Als er wieder in der Metro in Richtung Stadt saß, schaute er sich die Fotos an. Der Bildschirm war zu klein, um Details auszumachen. Erst als er zwischen Hunderten von Fahrgästen in der überfüllten S-Bahn stand, fühlte er sich wieder sicher.

- 47 -

Er sandte ein Dankesgebet zum Himmel und zum Hubschrauberpiloten, der dicht über das Hotel geflogen war. 11.44 Uhr, um eins war er mit Marc verabredet. Er hatte dreizehn Stunden geschlafen und fühlte sich trotzdem wie ein Müsli, das zu lange gestanden hatte. In Deutschland war es schon fast wieder Schlafenszeit. Der Harbour View, den das Zimmer fünfundzwanzigsten Stock verhießen hatte, verschwand hinter Vorhängen aus Regen und Dunst. Der Himmel war ein Greis, der sich auf die Hochhäuser stützen musste, um nicht in den Victoria Hafen zu fallen. Dort, wo genug Raum zwischen Wolkendecke und Dächern war, kreisten Seeadler, jederzeit bereit, sich für Fischabfälle oder einen toten Hund, der im Hafenbecken trieb, aus hundert Metern Höhe hinunter in die See zu stürzen. Regen tropfte außen auf die Aluminiumfensterbank. Das Geräusch glich einem Taktmesser auf Speed.

Er sah zu, wie das LED-Display von der Größe eines Squash-Courts, das sich auf dem Wolkenkratzer gegenüber befand, langsam zum Leben erwachte. Zunächst erschienen auf der rechten Seite auf schwarzem Grund die Buchstaben »TV«, wie das Bild eines alten Schwarzweißfernsehers. Später, wenn die anderen Dioden mit dem Frühstück fertig waren, würden sie mit vereinten Kräften eine krachend bunte Werbung für die neueste Fernsehergeneration eines chinesischen Konzerns ergeben, dessen Name in Deutschland so gut wie niemand kannte, der aber so groß war wie Samsung und Sony zusammen. Für ein Frühstück war es zu spät, die nächste Garküche auf dem Weg zu Marc würde seine. Doch erst mal war die Dusche dran.

Sie hatten sich an der Kowloon Station verabredet. Schon von weitem erkannte Fritz die hagere Gestalt des Briten, der gemächlich auf ihn zu schlenderte.

»Hi, Fritz, lange nicht gesehen!«

Er streckte den Arm aus wie einen Besenstiel und schüttelte ihm die Hand. Fritz blickte in klare, braune Augen, sah ein frisch rasiertes Kinn, selbst der Teint schimmerte rosig.

»Du gefällst mir gar nicht – ich wollte was erleben, wenn ich mal wieder hier bin, und du siehst nach grünem Tee und Fitnessstudio aus.«

»Heute Morgen hatte ich sogar Müsli.«

»Hast du dem Teufel abgeschworen?«

»Waffenstillstand.«

Sie stiegen in ein Taxi. »Hotel Peninsula.« Der Fahrer reagierte auch bei der dritten Wiederholung nicht. Resigniert nannte Marc die nächstgelegene Metrostation »Tsim Sha Tsui«. Der Fahrer grunzte kurz, kurbelte das Fenster herunter, sog über die Nase schnorchelnd Luft ein, spuckte und setzte den in den typischen Hongkonger Taxifarben Rot und Weiß lackierten Toyota Crown in Bewegung. Zu ihrer Rechten schob sich ein weißes Kreuzfahrtschiff von Star Cruises durchs Hafenbecken. Der Dampfer brachte Hongkonger in internationale Gewässer, damit sie ihrer Spielsucht frönen konnten. Offiziell war Glücksspiel in China verboten.

Hinter dem Schiff ragte wie eine Wand die Skyline von Hongkong Island auf. Ein Collier aus Glas und Metall, das sich um die gesamte Bucht legte, in ihrer Mitte wie ein Solitär der Turm der Bank of China, der nur aus scharfen Kanten zu bestehen schien. Die Abergläubischsten wagten sich nicht in seine Nähe. Im Hinblick auf sein Feng-Shui, der uralten Lehre von den Erdelementen, war das Gebäude die reinste Katastrophe.

Das Taxi kreuzte die Nathan Road, eine Shoppingmeile, auf der sich Elektronikläden, Schneidereien und Wechselstuben aneinanderreihten, und rollte auf eine Glasfront zu, vorbei an den dunkelgrünen Rolls-Royce der hoteleigenen Fahrzeugflotte. Marc zeigte darauf, beim Fahrer fiel der Groschen. Mit jaulendem Motor kämpfte sich der Toyota die steile Auffahrt hinauf. Sie zahlten und stiegen aus. Ein Doorman in weißer Livree hielt einen Regenschirm hoch, ein zweiter zog die Glastür auf.

Die Lobby hatte etwas von Barockkirche, war aber bereits um diese Zeit weitaus besser besucht. Roter und beigefarbener Marmor, dazwischen ragten mit Blattgold verzierte Säulen auf. Sie setzten sich an einen Kaffeetisch hinter Palmen, die aussahen, als seien sie aus Plastik.

»Was tust du hier in Hongkong?«, fragte Marc, nachdem er einen Breakfast-Tea und Fritz einen doppelten Espresso bestellt hatte.

Er zeigte ihm die Spiderbox, erzählte, was der Ladenbesitzer im Computer Center festgestellt hatte, von den Geschehnissen im Incubator, von der Übernahme der Wirt AG durch Golden Harvest. Marc hörte aufmerksam zu.

»Golden Harvest, die sind hier in Hongkong eine große Nummer. Hast du auf dem Weg vom Flughafen das International Commerce Centre gesehen? Nicht übel, mitten in einer Finanzkrise den höchsten Turm der Stadt zu kaufen, dazu noch weitere Büroimmobilien in Toplagen. Die haben von der Krise profitiert, weil sie extrem liquide waren und zu Schnäppchenpreisen einkaufen konnten.«

»Woher stammt das Geld?«

»Das weiß keiner so genau. Angeblich sind die Lims um drei Ecken mit dem roten Kaiser verwandt.«

»Mit Staatspräsident Li?«

Marc nickte.

»Erzähl!«

»Okay, ein Teil steht auf Wikipedia, der Rest sind Gerüchte. Golden Harvest gehört der Lim-Familie. Das ist uralter Unternehmeradel, wie bei euch Krupp, nur nicht pleite, sondern quicklebendig. Als Stanley Lim die Firma gründete, hat Klein-Gandhi noch gegen seinen Reisbrei protestiert, und unser gutes altes Empire stand in vollem Saft. 1871 war das.

Der alte Lim kam mit einem dieser Seelenverkäufer, die chinesische Kulis in alle Welt verschifften, nach Südthailand, genauer gesagt in die Zinnminen auf Phuket. Fünf Jahre lang hat er geschuftet und jeden Cent beiseitegelegt. Dann hat er einen Textilhandel eröffnet und weiter gespart, gespart, gespart. Vor allem für die Ausbildung der Kinder. Typisch chinesisch eben! Mit zwölf, er konnte lesen und schreiben, vor allem aber rechnen, stieg der älteste Sohn in die Firma ein. Zu dieser Zeit haben sie ihr erstes Grundstück gekauft und eins dieser chinesischen Shophouses darauf errichtet: Laden im Erdgeschoss, eine schulterbreite Treppe – bloß keine Verkaufsfläche vergeuden – hinauf in den Wohnbereich, der gleichzeitig Büro und Lager war.

Stanley Lim wäre wahrscheinlich ein solider Textilhändler mit einem Honda-Moped geworden, wären nicht Ende der Sechziger, auf dem Höhepunkt des Vietnamkriegs, ein paar GIs, gelangweilt von Suff und Nutten, die Küste der Andamanensee hinuntergefahren. Auf Phuket gab's Hasch für fast nichts, die Mädchen waren noch billiger. Colin Lim, die heutige Nummer eins, war damals ein Teenager. Er lernte schnell Englisch und kapierte auch gleich, was die Farangs, die Fremden, wollten. Mit Sicherheit hat er dabei glänzend verdient.

1970 zogen die Lims in die Nähe von Bangkok, ihren Grund und Boden hatten sie natürlich behalten. In Samut Prakan, das ist die angestammte Provinz der Lederverarbeiter, kauften sie eine Gerberei. Während ihre Konkurrenten billige Arbeitskräfte aus Nordthailand holten, investierten die Lims in Maschinen. Als einziges lokales Unternehmen bekam »Golden Harvest Leather Corp« einen Auftrag von der US Army zur Reparatur von hunderttausend Kampfstiefeln. Optimales Timing scheint bei den

Lims in den Genen zu stecken. 1970 verkauften sie den Laden für unglaubliche zwei Millionen US-Dollar an einen Konkurrenten. Ich vermute allerdings, Colin Lim verfügte über Insiderinformationen. Er sprach fließend Englisch und hatte mitbekommen, dass die Amerikaner trotz aller Siegesparolen bereits begannen, ihren Rückzug zu planen.

Den Rest kannst du wirklich auf Wikipedia nachlesen. Vielleicht noch eins. Rate mal, wem ein Großteil des Landes gehörte, auf dem der neue Bangkoker Flughafen errichtet wurde? Jemand mit besten Beziehungen wusste sehr, sehr früh über den Standort Bescheid.«

Marc blickte auf die Uhr. »So, jetzt muss ich. Makroökonomie II um vier. Kaum zu glauben, aber den Namen Keynes kennen die wenigsten. Wie lange bleibst du? In Wan Chai gibt es inzwischen ein paar echt abgefahrene Bars.«

»Heute Abend geht es wieder zurück. War nicht anders zu machen.«

»Grüß mir das Fox and Hounds im Frankfurter Westend, da hatte ich mal ein paar wirklich gute Lager. Ich werde aber noch ein bisschen über dieses Labor auf dem Gelände des Incubator recherchieren, dann chatten wir.«

Sie schüttelten einander die Hände. Fritz blieb einen kurzen Moment sitzen.

»Sir, Sie können hier nicht schlafen!«

Er schreckte von der Tischplatte hoch. Der Kellner lächelte, Fritz entschuldigte sich und verließ das Peninsula und machte sich auf den Rückweg in sein Hotel. Um auf Nummer sicher zu gehen, sollte er in drei Stunden im Zug Richtung Flughafen sitzen.

*

»No!« Der Beamte an der Sicherheitskontrolle zeigte auf das schwarze Kästchen in der grauen Plastikwanne, das am Ende des Rollbands lag.

»Raspberry Pi.« Titus jedenfalls hatte behauptet, die Box sei ein Minicomputer. Doch der Flughafenmitarbeiter schüttelte müde den Kopf. Immerhin erlaubte er ihm, in den Abflugbereich zurückzukehren. Flutlichtstrahler leuchteten die Halle bis in den letzten Winkel aus. Eine Uniformierte schaute ihn verständnislos an, als er nach dem Postamt fragte, bis er erkannte, dass es sich um eine koreanische Stewardess handelte. Dann lief das WLAN und leitete ihn in den hintersten Winkel einer Einkaufspassage. Auf die Frage nach einer Verpackung musste der Mann am Postschalter passen. Neben einem Geschäft, das Pralinen offenbar in Karat abwog, wurde er fündig: Ein ungeduldiges Kind hatte seinen ferngesteuerten Ferrari gleich am Flughafen ausgepackt, der Pappkarton samt Blasenfolie war hinter einem Pflanzenkübel gelandet.

Er wickelte die Box sorgfältig in Folie ein, knickte die Pappe so, dass sie eine Art Kuvert ergab, und schob die Spiderbox hinein. Die Verkäuferin aus dem Pralinengeschäft steuerte Tesafilm, Adressetiketten und einen dicken Filzstift bei.

To:
Titus Boyst
Berliner Straße 48
61348 Bad Homburg
<u>Germany</u>

Der Postbeamte wies darauf hin, dass er einen Absender angeben müsse.

Friedrich Graber
-Hongkong-

Sicherheitskontrolle, die Zweite. Sie nahmen es sehr genau. Gerade als er die Schuhe zugeschnürt hatte und den Gürtel wieder durch die Schlaufen schob, hörte er:

»Final call for Cathay Pacific CX 289 to Frankfurt.«

Die Frau am Abfluggate riss wortlos die Bordkarte ab und nickte Richtung Passagierbrücke. Beim Check-in hatte ihr Lächeln noch gewärmt wie ein Viersterne-Cognac. Der Weg durch den Flieger zum letzten freien Platz war auch nicht gerade ein Schaulaufen. Dreihundertvierundvierzig Augenpaare starrten mürrisch den schlanken Grauhaarigen an, der ihnen eine Verspätung von fünfundzwanzig Minuten eingebrockt hatte.

- 48 -

Gloria war früh nach Hause gekommen, sofern man ein *serviced apartment* im dreiundzwanzigsten Stockwerk, das aussah wie eine Titelstory des *Architectural Digest* in unaufgeräumt, als solches bezeichnen konnte. Und drei Uhr nachmittags war tatsächlich früh für sie, jedenfalls an einem Sonntag. Pünktlich um Viertel nach drei verfärbte sich der Bildschirm zur Videokonferenz. Gloria setzte ihr Headset auf und wandte ihre Aufmerksamkeit dem Boss zu. Ihrem Vater. Sie bemühte sich, nur das zu hören, was er sagte, und seine Stimme und seine Gestik zu ignorieren. Gefühle hatten hier nichts zu suchen! Sie blinzelte. Die Sonne schien ins Fenster, das sonntägliche Joggingprogramm nach der Konferenz würde ein Genuss werden. Hinter der Silhouette ihres Vaters glitzerten Abertausende Lichter – Bangkoks Financial District.

»Wie ihr wisst, sucht Archer Technologies nach einem Investor, nachdem der Gründer Jim Archer überraschend verstorben ist. Dieser Investor wird Golden Harvest sein. Tom, wie weit sind Sie in LA?«

»Meine Strategie ist, ein wenig zu warten und Gespräche mit den beteiligten Banken zu führen, aber erst nach der Beerdigung.«

Gloria schnippte mit dem Finger, und genauso lange dauerte es, bis die rechte Hand ihres Vaters die Luft wie ein Hackmesser zerteilte. Den folgenden Satz konnte sie mitsprechen: »Ich weiß, was Sie meinen.«

Nicht: Ich verstehe, oder: Das sehe ich ähnlich. Übersetzt hieß das: *Beweg deinen Arsch, sonst kannst du dein Büro mit Blick auf den Pazifischen Ozean gegen einen Schreibtisch in unserer Legebatterie in Bangkok tauschen.*

»Je später wir kaufen, desto mehr stabilisiert sich die Lage.« Er sagte es ruhig, betonte jede Silbe. Colin Lim wollte bei Archer Technologies Nägel mit Köpfen machen. Traurige Parallele, dass Golden Harvest schon wieder vom Tod eines Unternehmers profitierte. Jim Archer und seine Frau Ewa, sie hatte die Fotos der beiden auf CNN gesehen, dazu Bilder vom Unfallort mit einem Reporter vor Ort, der so enthusiastisch klang, als liefe hinter ihm eine Thanksgiving-Parade. Schöne Menschen, die beiden. Schön weniger durch physische Merkmale als durch dieses unsichtbare Leuchten, das manche einfach in sich hatten.

»Wer führt bei Archer die Verhandlungen?«

»Auch ein Jim, Jim Leach, der Finanzvorstand. Er hat das Mandat von der Haupterbin erhalten, Anna Archer, das ist die Tochter, ihr einziges Kind. Sie ist nicht allzu sehr aufs Materielle fixiert.«

Gloria wusste, wie es laufen würde, nämlich so, wie es immer lief: Der Finanzvorstand würde eine Prämie von etwa zwanzig Millionen einstreichen, falls er Archers Tochter davon überzeugte, die Mehrheit der Anteile zum Spottpreis abzugeben. Ihr Vater dachte wahrscheinlich an vierhundertfünfzig Millionen Dollar für ein Unternehmen, das Software und Kameras für autonom fahrende Fahrzeuge herstellte und das kurz vor dem Börsengang an die Technologiebörse Nasdaq gestanden hatte. Für den eigentlichen Käufer, der dann so etwa in einem halben Jahr auftauchen würde, hatte er vorher einen Fair Value ermittelt. Von der Differenz zwischen diesem und dem tatsächlich gezahlten Dumpingpreis würde Golden Harvest die Hälfte bekommen. Im Fall von Archer Technologies, die – konservativ kalkuliert – gut eins Komma zwei Milliarden wert waren, waren das dreihundertfünfundsiebzig Millionen Dollar. Als Geschäftsmann war ihr Vater ein Genie. Ansonsten ein Arschloch. Das eine schloss das andere nicht aus.

»Will er anschließend einen Beratervertrag von uns?«

»Er scheint cash and carry vorzuziehen.«

Lim lächelte kurz. Also ein anonymes Konto auf den Caymans.

Das war's, die Videokonferenz tröpfelte aus, Gloria wollte sich wieder ihrer Arbeit zuwenden.

»Moment, noch eins. Es gibt da einen deutschen Journalisten: Friedrich Graber heißt er, kommt aus Frankfurt. Kennt den irgendjemand? So langsam wird er anstrengend. Hat einen Artikel veröffentlicht. Darin unterstellt er, dass Wirts Auto manipuliert gewesen sein könnte. Was selbstverständlich ausgemachter Blödsinn ist. Aber ich muss wohl nicht betonen, dass es heutzutage ziemlich egal ist, ob Berichte stimmen oder nicht. Bei seiner Zeitung ist Graber wegen dieses Fake-Artikels rausgeflogen. Heute Morgen allerdings ist er bei GH Technologies in Hongkong aufgetaucht. Natürlich ist er nicht reingekommen. Wir sollten ihn unter Kontrolle bekommen, bevor er die finalen Verhandlungen ernsthaft stört. In spätestens drei Tagen sind wir sowieso durch.«

Gloria checkte parallel ihre E-Mails, als das Bild eingeblendet wurde.

»Das ist dieser Graber.«

Das Bild stammte aus einem Überwachungsvideo, trotzdem erkannte sie ihn sofort: Der Mann aus dem Car-e! Eindeutig, dieselben Augen, dieselben hohen Schläfen, das Hemd sah genauso zerknittert aus wie bei dem Event. Hatte er sich nicht sogar mit vorgestellt, als sie zusammen in diesem merkwürdigen Wagen saßen?

»Sobald er wieder in Deutschland ist, übernimmt das Europabüro. Gloria, bekommst du das hin? Jetzt, wo wir mit dem Wirt-Deal durch sind, müsstest du Zeit haben.«

»Klar, Ich kümmere mich um diesen Journalisten.«

»Graber müsste bereits auf dem Rückweg nach Deutschland sein. Sobald er gelandet ist, gehört er dir.«

Ihr Vater nickte in die Runde, der Bildschirm erlosch.

*

»Friedrich Graber, Journalist, Frankfurt.« Sie sprach abgehackt, die Spracherkennung des Handys forderte es so, dann zog sie sich aus bis auf die Unterwäsche, Fliederton mit viel Spitze. Die kleine Prise Romantik unter humorloser Jil Sander. Sie schlüpfte in einen grauen Kapuzenpulli, zog eine hautenge schwarze Laufhose an, dazu Joggingschuhe, die sich per Bluetooth mit der Fitness-App koppelten. Sie betrachtete sich kurz im Spiegel, knurrte übertrieben, während sie sich in die Bauchfalte zwickte, drehte sich um, warf noch einen letzten, diesmal wohlwollenden Blick auf ihre Rückansicht.

Sie nahm das Handy vom Bett, tippte auf Bilder und musste laut auflachen. Er war es. Eindeutig. Weißes Hemd, zwei Nummern zu groß, weinrote Fliege, der Haarschnitt irgendwo zwischen Fußballermatte und Fönwelle, das musste Friedrich Graber sein. Dieser nicht gerade schöne, doch irgendwie ansprechende Typ aus der Pressekonferenz. Seine Augen waren ihr aufgefallen, die Ruhe, die in ihnen lag, und das kleine Fleckchen Traurigkeit dahinter. Sie loggte sich in ihr Business-Netzwerk ein. Ein Treffer, sogar mit zeitgemäßem Bild. Dieselben Augen, bessere Kleidung, abgerundetes Erscheinungsbild. Sie tippte auf den Kontaktbutton und schrieb.

»ICH WETTE, SIE HÖREN NOCH IMMER A-HA. CHEERS, JUNLADA, wir kennen uns aus Blaubeuren von der Car-e-Präsentation.«

Sie lud das alte Bild in den Anhang. Ein Smiley dazu? Nein, wenn er es nicht so kapierte, wäre jeder weitere Buchstabe ohnehin überflüssig. Würde er sich an sie erinnern? Was für eine Frage.

Sie sprang auf, warf das Smartphone aufs Bett und tänzelte zur Tür.

- 49 -

Marie saß da wie ein Stein. Nein, sie war ein Stein. Sie saß an seinem Bett und streichelte ihm übers Gesicht. Minute für Minute entwich mehr Leben aus seinem Körper. Was so nicht stimmen konnte. Ihr Bruder war ja schon lange tot. Sechs Stunden und dreiundvierzig Minuten. Vor fünf Stunden und zwölf Minuten hatte das Krankenhaus angerufen. Der handgeschriebene Brief ruhte auf ihrem Schoß. Sie kannte ihn auswendig.

Liebste Lee,
bitte verzeih, dass ich mich einfach davongestohlen habe. Ich kann nur hoffen, nein, eigentlich weiß ich, dass du mich verstehst. Wenn ich dran denke, wie du gestern neben mir gesessen und meine Hand gedrückt hast, könnte ich gleich wieder losheulen. Alles wird gut, hast du gesagt. Mit dem neuen Job könntest du einen Kredit aufnehmen. Du hast mir von dieser Immuntherapie vorgeschwärmt, die den Körper wieder aufbauen soll. Volle Kraft voraus!
Aber du weißt, Lee, dein Bruder ist kein großer Kämpfer. Wegen dir und dank dir hab ich schon viel länger gekämpft, als ich es jemals für möglich gehalten hätte. Zwei Jahre und vier Monate, das ist für Speiseröhrenkrebs erste Liga. Hat mir übrigens Dr. Altmeyer bestätigt. Du darfst mich nicht falsch verstehen. Du bist diejenige, mit der ich immer glücklich war (mal abgesehen davon, dass du Gerd auf dem Gewissen hast, als du dem armen Hasen Kaugummi zu fressen gegeben hast). Und ich glaube, du bist auch ein bisschen stolz auf mich gewesen, wie ich mit diesem verfickten Krebs umgegangen bin.
Hätte ich einen Wunsch frei gehabt, dann hätte ich mir nichts sehnlicher gewünscht, als dass der letzte Mensch, den ich sehe,

wenn ich meine Augen schließe, du bist. Das Dumme ist nur, dass du's mir nicht erlaubt hättest, zu gehen. Kneifen gilt nicht, Max! *So sind wir damals auch auf die drei Jungs zu, die hinten im Wäldchen den Hund tottreten wollten. Obwohl sie einen Kopf größer waren.*
Die Römer fand ich schon als Kind cool, das weißt du ja. Hab euch ja immer mit meinen Was-ist-was-Büchern genervt. Aber die Römer hatten Stil, auch wenn es an den letzten Akt ging. Früher, als ich immer noch dachte, neben dir sieht mich niemand, hab ich mir vorgestellt, wie ich in einer Badewanne sitze und mir die Pulsadern öffne. Wie Mama und Pa ins Badezimmer kommen, die Augen aufreißen und mich versuchen zu retten – zu spät. Total behämmert, aber ich wollte wenigstens einmal derjenige sein, der im Mittelpunkt steht. Vierzehn waren wir da, glaub ich.
Und jetzt und hier, bei klarem Verstand und fast schmerzfrei, fühle ich mich geradezu leicht. Ich bin erfüllt, denn ich weiß ja, dass ich eigentlich weiterlebe, in dir.

Salve,
Dein Max, der dich liebt und immer lieben wird.

PS: Lee, vielleicht bin ich es ja jetzt, der auf dich aufpassen kann! (Blödsinn, als wenn du das nötig hättest.)

Sie weinte nicht mehr, ihr Körper war ausgetrocknet. Sie strich ihm sanft über den Kopf, an dem kein Haar mehr war. Dort hatte die Chemo Wirkung gezeigt.

Gegen sechs Uhr morgens öffnete sich zischend die automatische Tür des Krankenhauses vor ihr. Vögel zwitscherten. Ein junges Pärchen eilte ihr entgegen, sie trug schwer an einem Bauch von der Größe eines Medizinballs, aufgeregt, er an einer großen Reisetasche, noch aufgeregter. Zum Glück fragten sie nicht nach dem Weg zum Kreißsaal.

Sie blickte nach oben. Wenige hundert Meter über ihr donnerte ein riesiger Jet mit einem Drachensymbol auf dem Leitwerk über das Klinikum hinweg. Niederrad lag in der Einflugschneise des Frankfurter Flughafens. Wie Perlen an einer Schnur reihte sich Maschine an Maschine, Langstreckenflüge, zumeist aus Richtung Asien. Bilder vom gemeinsamen Bali-Urlaub vor drei Jahren blitzten auf. Für einen Augenblick lang wendete der werdende Vater den Blick von seiner Partnerin ab. Kurz fragte er sich, warum die Frau beim Anblick eines Flugzeugs so laut schluchzte, dass sie sogar den Höllenlärm übertönte.

- 50 -

Vogelzwitschern, das war es. In Hongkong hatte Fritz vieles gehört: rauschende Flugzeugtriebwerke, jaulende Rettungssirenen, brummende Klimaanlagen, Aufzüge, die Musik machten, Ampeln wie Maschinengewehrfeuer, aber nichts, was auch nur entfernt an den zarten Morgengesang einer Amsel erinnerte, selbst wenn sie auf einer Ampel am Flughafenzubringer hockte. Er schloss die Augen und fuhr sein Fenster herunter, der Taxifahrer fing an zu meckern. Ja, das war sie, die Heimat. Dazu passte auch das Gefühl, jemand habe alles Leben auf Zeitlupe gestellt. Gegen sieben Uhr waren sie am Terminal losgerollt, hatten sich in den Verkehr eingefädelt, der am Samstag kaum der Rede wert war. Das Schnellste waren die Beats des Jugendsenders, den der Student hinterm Steuer reingedreht hatte.

Nachtflug mit einem verschwitzten schwäbischen Rolltreppen-Vertriebler, an Schlafen war nicht zu denken gewesen. Doch wer jetzt klein beigab und sich aufs Ohr legte, dem drohte ein kapitaler Jetlag. Das bedeutete, mindestens eine Woche lang um drei Uhr hellwach sein und sich durch Shoppingkanäle zappen.

Bis auf ein paar Gassigänger mit hängenden Mundwinkeln lag die Howaldstraße in tiefem Schlaf. Er schloss die Haustür auf, der unverwechselbare Geruch auf der Treppe, nur vergleichbar mit dem in der Küche des Elternhauses. Seltsam, die Wohnungstür war nur zugezogen. Im Flur roch es säuerlich. Unordentlich war es außerdem. Schubladen standen offen, Kleidungsstücke lagen wahllos im Schlafzimmer verteilt.

Ohne Jetlag hätte er ein paar Sekundenbruchteile schneller geschaltet, doch das Ergebnis blieb dasselbe. Sie hatten die gesamte Wohnung auf den Kopf gestellt. Ganz ruhig und systematisch zu bleiben, das half. Schlafzimmer: Kleiderschrank ausgeräumt,

Staukästen unterm Bett ausgeräumt, Bett abgezogen, peinlich, ein paar unschöne Flecken auf der Matratze lagen blank, aber wenigstens hatten sie sie nicht zerschnitten. Küche: Sämtliche Vorratsdosen zerdeppert, Sophies Art-déco-Dose nicht. Mist. Kaffee, Zucker, Mehl verteilten sich auf den Fliesen, vermengt mit Orangensaft. Im Kühlschrank schien alles seine Ordnung zu haben, die tausend Euro eisige Reserve steckten noch in der Pappschachtel »Kräuterlinge Petersilie« im Gefrierfach.

Der Flur übersät mit Scherben, etliche Weinflaschen waren aus dem Regal gerissen worden. Im Wohnzimmer hatten sie sämtliche Poster in Wechselrahmen von der Wand gerissen. Steve McQueen mit einem Revolver in der Hand, aufgezogen in Bettlakenformat. *Hättest du sie nicht stoppen können?* Los, sagt was! Die Arbeitsecke war zerwühlt – drei Ordner, Rot für Rechercheunterlagen, Weiß für Wohnung und Blau für Bescheide lagen aufgeklappt auf dem Boden und ahmten gekonnt die holländische Flagge nach. Der Computer sah okay aus. Er fasste unter den Tisch auf der Suche nach dem Startknopf und blieb an etwas hängen, das im Gehäuse steckte: Er zog daran. Zwischen zwei Fingern betrachtete er ihn, den roten USB-Stick in der Form von Lightning McQueen, dem Rennwagen aus »Cars«, der sich immer mies benahm, dem seine Freunde trotzdem die Treue hielten. Er musste sich setzen. Derselbe Stick hatte neben Titus auf der Theke gelegen, als sie sich im Moseleck zur Feier des Polanski-Artikels getroffen hatten. Zwischen zwei Fingern drehte er nachdenklich den Stick hin und her. Anfang vergangener Woche hatte Titus sich in den Digital-Detox-Urlaub verabschiedet, ins Rentnerparadies Südtirol mit Mutti. Andererseits, war das nicht ein ideales Alibi? Vergiss es! Titus ist dein Freund, nur daran zu denken, schon unterirdisch.

Inzwischen lief ein Windows-Reparaturprogramm, das normalerweise nur nach Abstürzen startete. Dann erschien der vertraute Startbildschirm, alles schien in Ordnung. Er öffnete den

Polanski-Ordner, benannt mit »KP«, *sehr originell, Herr Graber,* der sich exakt in der Mitte des Bildschirms befand. Die darin enthaltenen Dateien ordnete er nach Änderungsdatum: 02.06. 02.36 Uhr. Vorgestern. Die Nacht, nachdem er in Hongkong dem Incubator einen Besuch abgestattet hatte. Er schob den USB-Stick in den Slot. Fünf Dateien, alle nicht älter als vier Wochen, riesig groß mit kryptischen Endungen wie .rar, .vmp, .pst. Bloß Finger weg von so was, das hatte Titus ihm eingetrichtert. Titus, der Freund. Der Freund?

Wer den ganzen Tag mit Chaosbeseitigung beschäftigt war, schlief wenigstens nicht ein. Es dämmerte bereits, der Küchenboden knirschte noch immer ein wenig, als er einen Rotwein öffnete.

»Bist du gut nach Hause gekommen?«

»Wie war es in Hongkong?«

»Wollen wir uns mal wieder treffen?«

Nichts dergleichen, die Inbox des Messengers war leer. Sogar über eine beleidigende E-Mail von Carole aus Nizza hätte er sich gefreut. Auch der Mail-Posteingang enthielt nichts außer Spam. Klar, er hatte immer über die Büro-E-Mail korrespondiert.

Titus, der immer Kommentare in seiner verqueren Barocksprache absonderte, er schwieg. Digitale Entgiftung, also alles erklärlich. Der USB-Stick mit den Kryptodateien, der geänderte Polanski-Ordner, nein, das war alles andere als normal.

Illusion war bekanntlich eine der segensreichsten menschlichen Eigenschaften, das Beste in diesem Fall war wohl, selbst so zu tun, als interessierten sich andere für das eigene Schicksal.

Nachricht an Marc:

»Hi Marc, bin gut gelandet. Ist schon irgendwas bei deinen Recherchen herausgekommen?

Es gab noch mehr einsame, schlaflose Seelenverwandte auf der Welt.

»Hi Fritz, schön, dass du dich meldest. Hab ein paar Freunde wegen Infos zum Labor angespitzt. Wenn man nichts bezahlen kann, dauert es etwas länger.«

Marc gegenüber den Einbruch erwähnen? Wozu, wenn man das alles selbst nicht versteht?

Der Rotwein tat seine Wirkung, die Ferrari-Bettwäsche aus Kindertagen sah zwar scheußlich aus, war aber als einzige nicht von Fußabdrücken kontaminiert. Nach Titus sahen die nicht aus, viel zu groß, und sie stammten mit Sicherheit nicht von Turnschuhen, sondern eher von Motorrad- oder vielleicht Springerstiefeln. Möglicherweise einer seiner Helfer, der berühmte Mann fürs Grobe.

Nachdenken war schwierig mit einem Kopf, dessen Inhalt die Konsistenz von Bananenbrei hatte. Er kapitulierte und streckte sich aufs Bett.

– Steve, ich habe höllische Angst, meine Freunde zu verlieren.

– Mach dir keinen Kopf. Echte Freunde, die bleiben. An deinen Feinden zeigt sich, ob du es draufhast.

– Was weißt du denn schon von Feinden, Mr Cool?

– Die gab es reichlich. Wahrscheinlich ein paar Ehemänner, vor allem aber Präsident Nixon, dieser Schmierlappen, der führte eine geheime Liste, auf der standen seine Hauptgegner. Ein paar Schauspieler waren auch darunter.

– Zu denen du gehört hast …

– Genau, hat mich allerdings geärgert, dass Paul Newman auch dazugehörte.

– Was ist daran so schlimm?

– Das ist wie mit euch und den Holländern, zu viel Ähnlichkeit. Außerdem bekam er den Oscar, den ich mir immer so sehr gewünscht hab. Was noch viel schlimmer ist, manche Leute halten ihn für den besseren Rennfahrer.

– *Na ja, er ist in Le Mans Zweiter geworden, du …*
– *Du bist es, der hier gerade unsere Freundschaft strapaziert.*

Er erwachte im Halbdunkel. Regentropfen lieferten sich ein Slalomrennen auf der Fensterscheibe. Er tastete nach dem Handy. Viertel nach vier, beste Zeit für Kaffee und Käsekuchen. Und eine noch bessere für Fiege Pils. Gerade hatte er den Gedanken vollendet, da riss die Wolkendecke auf, ein Sonnenstrahl erfasste ihn wie Moses in *Die Zehn Gebote*. Wenn's der Herr so wollte, wer war er, dass er sich widersetzte? Er zog sich an, nahm den Schlüssel des Fahrradschlosses aus dem Kistchen mit der Papierbanderole »Romeo y Julietta«, vor Ewigkeiten aus Kuba mitgebracht mitsamt zwanzig gefälschten Zigarren, und zog die Tür hinter sich zu.

Knapp fünf Minuten von der Stute entfernt, endete die Regenpause abrupt. Das Wiehern klang irgendwie noch hämischer als sonst, als er klatschnass durch die Tür trat. Von Slobo war nichts zu sehen, dafür saß hinten in der Ecke an einem Zweiertisch eine hübsche Frau mit Locken, wie sie sonst nur Cockerspaniel an den Ohren trugen, und ein Mann, eher ein Junge mit Bartflaum.

»Ist das hier ein Remake von Harry und Sally?«

Sie schienen überrascht, Marie rang sich sogar ein Lächeln ab. »Hallo, Fritz.«

Für ihre Verhältnisse und trotz des gnädigen Halbdunkels sah sie mies aus. Hohlwangig, ungewaschenes Haar, dazu die tiefen Ringe, die ihre Augen gespenstisch groß erscheinen ließen. Dass sie vollständig schwarz gekleidet war, verstärkte diesen Eindruck noch. Vor ihr stand ein Tee, Titus trank seine obligatorische Cola light.

»Willst du dich zu uns setzen?«

»Ich wollte eigentlich in Ruhe ein Bier trinken.«

Marie kniff die Augen zusammen. »Was haben wir dir getan? Haben wir Lepra oder Aids oder beides? Dass ich mir einen neuen Job suche, hat dich überhaupt nicht zu interessieren. Und Titus, hast du unserem alten Kumpel Fritz vielleicht einen Virus auf die Platte gespielt?«

»Wer weiß das schon, Marie. Unser Titus scheint eine ganze Menge mieser Tricks auf Lager zu haben.«

»Wenn ich wollte, mein lieber Fritz, könnte ich dir dein komplettes Leben zur Hölle machen. Kostet mich keine fünfzig Programmzeilen.«

»Hast du das nicht schon? Von dem Augenblick an, in dem ich dir vertraut habe, ist alles zerbröselt. Mein simulierter Unfalltod in der Playstation, Polanskis angebliche Mails, die Box aus dem Porsche, die deiner Meinung nach völlig harmlos ist. Das Teil ist tödlich, so viel ist sicher. Manchmal glaube ich, du hast das alles gemacht.«

»Alles? Er spricht in Rätseln.«

»Mich dünkt … Spar dir dieses Geschwurbel. Ich hab das nicht vergessen, Autofahrer sind Steinzeitmenschen, das hast du gesagt. Wenn es nach dir ginge, würden wir alle wie Babys in einem Car-e sitzen und infantile Online-Games spielen. Ein altes Auto zu hacken dürfte für dich ja wohl kein Problem sein.«

»So was mach ich mit links, aber eigentlich stehe ich mehr auf Flugzeuge. Das ist spektakulärer. Gestatten, Blofeld mein Name.« Titus schüttelte den Kopf.

»Vermisst du nicht etwas, Titus?« Fritz zog den Cars-USB-Stick aus der Tasche und knallte ihn auf den Tisch. »Hast ihn vergessen bei mir in der Wohnung, als du meinen Computer bearbeitet hast. Deine Auftraggeber brauchten wohl zusätzliche Infos über mich.«

»Drehst du jetzt völlig am Rad? Das ist mein USB-Stick mit allen Daten, die ich vom Polanski-Rechner heruntergezogen hatte. Dein Auftrag übrigens, vergiss das nicht. Hab ihn dir im Moseleck gegeben als kleines Souvenir.«

»Ist schon merkwürdig: Erst wird meine Playstation gehackt, und du kannst dich sofort auf meinen Rechner schalten. Dann werde ich gekidnappt, direkt nachdem wir uns im Ekmek getroffen haben.«

»Ich war es doch, der dich da rausgeholt hat! Ohne mich lägst du im Krankenhaus, ach was, auf dem Südfriedhof.«

»Umbringen wollten die mich nicht, das war eindeutig. Du hast mich gerettet, besser kann man sich wohl kaum unverdächtig machen. Theoretisch könntest du sogar das Steuergerät gebaut haben, das in Wirts Porsche gesteckt hat. Wenn ich nur an deine Ergüsse denke über das Auto, eine technische Totgeburt und so weiter. Hast du mir nicht erzählt, wie leicht die Firewall bei Autos zu knacken ist?«

»Fritz, bitte, das mit dem USB-Stick stimmt. Titus hat ihn dir gegeben, und du hast ihn eingesteckt, als wir aus dem Laden raus sind. Du hattest schon ein paar Gin Tonic intus. Dass du mich ein bisschen oft angefasst hast, hab ich dir darum nicht weiter übelgenommen.«

»Stimmt, ich war ja nicht mehr zurechnungsfähig. Vielen Dank auch, dass du gnädig darüber hinweggesehen hast, dass der notgeile Typ dich begrabscht hat.«

»Hör auf, um dich zu keilen. Du bist nicht der Einzige, der eine harte Zeit hat.«

»Zwölftausend im Monat bei den VFW, ein flotter Dienstwagen und ab und zu mal nett zum Big Boss Herrmann sein – stimmt, das ist hart.«

»Weißt du eigentlich, dass Marie gerade ihren …«

»Lass es!« Sie legte die Hand auf Titus' Unterarm. Dann wandte sie sich wieder ihm zu. Ihre Hände umfassten die seinen, ihre Fingernägel taten weh. Ihre Gesichter berührten sich fast. Zwei riesige Kristalle fixierten ihn. Er fror auf seinem Stuhl fest.

»Friedrich Graber, du bist ein Arschloch!«

Sie schloss kurz die Augen, schob die Hände von sich und stand auf. Auf dem Handrücken hatten sich kleine weiße Halbmonde gebildet.

»So was macht einsam, alter Freund.«

Titus legte ihm die Hand auf die Schulter, nahm ebenfalls seine Jacke und ging. Er schloss die Augen.

»Hast du eigentlich kein Zuhause?« Slobo lächelte sein Landpfarrer-Lächeln. »Was hast du gegen die beiden? Die sind doch sehr nett.«

»Slobo, ich weiß es nicht. Ich weiß überhaupt nichts mehr.«

»Der Jüngling, den du zusammengeschissen hast, war da, um die Grazile zu trösten. Ein Trauerfall, irgendwas im engsten Familienkreis. Krebs. Hab ich aufgeschnappt, als ich mit den Getränken kam. Sie fühlt sich wohl ziemlich einsam in Frankfurt.«

Fritz verfolgte den Flug einer Fruchtfliege, die sich in immer kleiner werdenden Kreisen seinem Bier näherte. Bevor sie zum Landeanflug auf die Schaumkrone ansetzen konnte, wedelte er sie mit der Hand weg. Das mit Marie war traurig. Er dachte an den Tod seines Vaters. Dunkle Monate waren das gewesen danach. Ein absurder Gedanke schoss ihm durch den Kopf: Kreuze oder Ölzweige als Emoticons, gab es so was? Ans Telefon ging sie mit Sicherheit nicht, wenn er anrief, aber per Chat kondolieren, das ging ja wohl gar nicht. Zeit würde es brauchen, bis sie sich wieder annähern könnten, und jede Menge Feingefühl. Letzteres war bekanntlich seine Spezialdisziplin. Nachdenklich nippte er an seinem Bier.

»Brauchst du noch was?«

Er zuckte zusammen, Slobo, den hatte er völlig vergessen.

»Slobo, wie ging doch dieses Sprichwort? Sei ein Schaf, und ein Wolf wird dir die Kehle durchbeißen. Kannst du mir sagen, was ich bin? Schaf oder Wolf?«

»Keine Ahnung, was du bist. Vielleicht ein Schaf im Wolfspelz? Fiege Pils ist übrigens alle. Musst auf Warsteiner umsteigen.«

Zumindest Hammel waren nicht wehrlos, diesen Überraschungseffekt galt es zu nutzen.

»Slobo, zahlen!« Er stemmte sich hoch. Doch kaum war er aus der braun gesättigten Gemütlichkeit der Stute unter einen wolkenverhangenen Himmel getreten, war es wieder da, das Gefühl, nicht mehr tief und ruhig einatmen zu können. Fritz, was du jetzt brauchst, ist Schlaf, morgen sieht die Sache schon wieder anders aus.

- 51 -

Mahmud freute sich auf den Arbeitstag. Samstags ließen ihn die Kunden meistens in Ruhe. Und die war auch nötig. Das alte Jaguar-XJS-Coupé, das direkt vor der Werkstatt stand, benötigte eine Vergasersynchronisation. Weber-Sechsfachvergaser, das hatte mehr von Herzchirurgie als von Autoschrauben. Hinterher würde die Zwölfzylinder-Katze wieder schnurren. Aber erst einmal war das Brot- und Buttergeschäft dran: VW-Golf, dessen Auspuff nur gerade so vom Unterbodenschutz zusammengehalten wurde.

»Hier ist Mad. Bist wohl noch in Asien unterwegs. Meld dich!«

Vielleicht schlief Fritz auch einfach. Mahmud lag rücklings auf dem Rollbrett, eine Handbreit über sich der Endtopf des Golf, der anhaltend Widerstand leistete. Das kleine Headset mit Sprachsteuerung steckte in seinem Ohr. Extrem praktisch, beim Schrauben telefonieren zu können. Die Tür zur Werkstatt quietschte leise. Zwei Paar Stiefel, große Stiefel, eins davon Cowboystiefel in Beige, darüber schwarze Hosen. Ein Film in Zeitraffer lief in seinem Kopf ab: Eintracht gegen Mainz 05, der glitzernde Main, das Nebelhorn des Schiffes, der riesige Mann mit den Stiefeln. Er versuchte, sich auf den Bauch zu drehen, um unters Auto zu robben. Keine Chance, mit dem Brustumfang eines Möbelpackers, dazu noch mit eins Komma zwei Tonnen über sich. Er knurrte vor Schmerz, als sich der mit den Cowboystiefeln auf seine Schienbeine kniete. Der andere umwickelte seine Fußknöchel mit Panzertape.

Das waren Profis. Er wusste, was als Nächstes kommen würde, hatte selbst oft genug Verdächtige »verhört«. Angst kroch in ihm hoch, doch Angst lähmte das Hirn. Er flüsterte »Wahlwiederholung« und betete – ob zu Gott oder Allah, scheißegal, Hauptsache einer hörte hin.

Dann prüfte er seine Optionen. Wie einen Haken legte er den Arm um das Auspuffrohr. Sie zerrten an seinen Beinen, ohne Erfolg. Dann hörte er das Kreischen der Trennscheibe. Er lockerte den Griff und ließ sich widerstandslos unter dem Wagen hervorziehen.

Mahmud rief an. Ein Lichtstrahl wie ein Scheinwerfer, der die Nacht durchschnitt und den Weg wies.

»Mahmud, Alter, gibt viel zu erzählen.«

Keine Antwort. Er lauschte, stellte auf volle Lautstärke, musste trotzdem genau hinhören, um etwas zu verstehen:

»So, Freundchen, du warst das doch, der unseren Kumpel aus dem Hochhaus geschmissen hat.«

»Ich weiß nicht, was du meinst.«

»Dann frische ich dein Erinnerungsvermögen mal ein bisschen auf. Vor ein paar Wochen hatten wir den Schreiberling im El Grande. Wollten ihn nur bisschen erschrecken. Aber du musstest ja gleich Ernst machen. War total überflüssig. Selbst schuld. Schlage vor, du erzählst uns, was du weißt.«

»Arschloch, vergiss es.«

Eine Mischung aus Knirschen und Rauschen übertönte jedes weitere Geräusch.

Zehn Uhr – Fritz kalkulierte. Der Morgenstau war vorbei, mit dem Auto ging es am schnellsten. Im alten Glas-Aschenbecher in Form eines Autoreifens wühlte er nach den Schlüsseln, fand sie schließlich, stürzte zur Tür hinaus.

Die Fahrertür des Jensen quietschte beim Öffnen erbärmlich. Er drehte den Zündschlüssel. Klack. Stille. Herrgott, immer dann, wenn man sie brauchte, sprang die Karre nicht an. Den Anlasser hatte er schon ewig reparieren lassen wollen. Er entriegelte mit links die Motorhaube und tastete mit der Rechten in den dunklen Weiten des Beifahrerfußraums, bis er den Hammer zu greifen bekam. Er sprang aus dem Auto, riss die Motorhaube auf, langte an Vergasern und Kabelgewirr vorbei nach unten. Zwei Hammerschläge auf den Anlasser brachten den Einrückmechanismus normalerweise in Gang. Er sprang zurück hinters Lenkrad. 3-2-1-liftoff. Der V8 brüllte los, Schwaden bläulichen Nebels zogen am Seitenfenster vorbei. Er drückte das Gaspedal voll durch und wählte gleichzeitig die 110.

Ruhig lag das Werkstattgebäude in der Spätnachmittagssonne. Er parkte den Wagen eine Straße weiter. Eine Ziegelmauer bot Sichtschutz bis zum umzäunten Freigelände. Er sprang in einen Hauseingang, als ein schwarzer Mercedes-Geländewagen mit quietschenden Reifen vom Hof fuhr. Die Seitenscheiben waren so gut wie undurchsichtig, er riss das Handy hoch und fotografierte das hintere Kennzeichen. Vorsichtig schlich er sich zur Tür der Werkstatt, in deren Innerem Licht brannte. Er horchte, Spandau Ballet jodelten voll achtzigermäßig, HR1 war Mahmuds Lieblingssender. Am Ende war alles nur ein kleines Missverständnis, und Mahmud stellte gerade quietschfidel bei irgendeiner Karre die Zündung ein.

Er öffnete den Torflügel einen Spalt weit. Schloss die Augen. Öffnete sie wieder. Starrte auf die riesige Puppe, deren Glieder merkwürdig verdreht zu sein schienen. Sie hatten ihm die Hände hinterm Rücken zusammengebunden und ihn mit den Armen am Ausleger der Hebebühne aufgehängt. Dann hatten sie ihn hochgehievt. Das Panzertape, das den Mund verschloss, glänzte metallisch.

Auf Kniehöhe war der blaue Arbeitsoverall dunkel verfärbt.

Auf die Trennscheibe hatten sie verzichtet, wohl nur, um Spuren auf ihrer Kleidung zu vermeiden. Von den Fingern der rechten Hand war nur noch Brei geblieben. Auf einem Werkzeugwagen neben dem leblosen Körper des Freundes lag ein Dreikilohammer, überzogen von einer glitschigen Substanz. Er starrte nach oben. Zwischen grauen Locken sickerte Flüssigkeit heraus und lief in Fäden über die Schläfe bis zum Kieferknochen, von wo aus sie auf den Boden tropfte. Fritz erbrach sich ins Waschbecken. Ein Martinshorn kam schnell näher. Mit einem öligen Lappen in der Hand drückte er die innere Klinke des Tores herunter, die äußere reinigte er, warf den Lappen in eine Öltonne, bevor er das Werkstattgelände verließ. Er erreichte seinen Wagen und ließ sich auf den Sitz fallen. Sein Kopf sank aufs Lenkrad.

Die Sirene des Rettungswagens löste ihn aus seiner Erstarrung. Er startete den Wagen und rollte im Leerlauf am Hof vorbei. Zwei Sanitäter kamen mit einer Trage aus der Tür. Sie schien fast zusammenzubrechen unter einem länglichen, schwarzen Kunststoffsack.

Mit Mühe gelang es ihm, auf dem Rückweg niemanden zu überfahren. Die Treppe in den zweiten Stock schien unendlich steil. In der Wohnung brannte Licht. Er überwand seine Angst und schloss auf. Die Wohnung war leer. Er erinnerte sich an die Zeitschaltuhr, die er bei jeder Reise aktivierte. Er zog sie aus der Steckdose, die Lampe erlosch. Er verriegelte die Tür, schob eine mit Leergut gefüllte Bierkiste davor und kippte sie hochkant, sodass Flaschen herausfallen würden, sobald jemand versuchte, die Tür zu öffnen. Er verdunkelte sämtliche Fenster, zog den Stecker des Internetrouters, schaltete das Handy aus. Wenn sie ihn jetzt orten wollten, mussten sie Infrarotsensoren einsetzen, wie Großwildjäger. Er zog sich aus, kroch unter die Decke und krümmte sich zusammen wie ein Embryo.

Unerbittliches Dauerklingeln ließ ihn hochschrecken. Hatte er zwei Minuten geschlafen oder zwanzig Stunden?

Er schob den Vorhang im Wohnzimmer zur Seite und blickte auf die Straße: Kommissar Gottlieb. Er betätigte den Türöffner.

Selbst im Halbdunkel des Hausflurs war zu spüren, dass Gottlieb heute nicht den Charmeur geben würde.

»Herr Graber, was haben Sie um zehn Uhr dreißig auf dem Gelände der Werkstatt in der Krifteler Straße im Gallus gemacht?« Die erste Frage, als der Polizist gerade auf der Türschwelle stand.

»Worauf wollen Sie hinaus?«

»Wir haben einen Zeugen, der einen Mann aus der Werkstatt hat kommen sehen, etwa um die mutmaßliche Tatzeit. Soweit ich weiß, haben Sie keinen Zwillingsbruder. Vielleicht wissen Sie es ja bereits. Herr Allouche ist ermordet worden.«

Keine Ahnung, ob der Polizist ihm den überraschten Gesichtsausdruck abnahm.

»Mahmud war mein Freund!«

»Bei der Frankfurter Kripo kümmern wir uns andauernd um Freundschaften, das übernimmt meistens die Mordkommission. Frauen oder Geld, in neun von zehn Fällen ist es eins von beidem. Ich denke, die Geodaten Ihres Handys haben wir schnell ausgelesen.«

»Okay, ich bin gesehen worden. Aber natürlich war ich es nicht. Wie sollte ich die Tat denn ausgeführt haben? Mahmud hatte Arme so dick wie meine Oberschenkel. Vielleicht habe ich ihn ja auf die Hebebühne gebeamt.«

»Möglicherweise hatten Sie Helfer. Ein zweiter Zeuge hat weitere Personen gesehen, wohl eher Leute für die schmutzigen Arbeiten. Und im Übrigen, was haben Sie eigentlich dort gemacht?«

Warum schweigen? Die Mörder mussten gefasst werden. Er erzählte Gottlieb, was er wusste, und schickte ihm das Foto von dem Geländewagen samt Kennzeichen. Der Kommissar wirkte ein wenig besänftigt. Zumindest sagte er Danke.

»Hatte Herr Allouche Feinde?«

»Hat ein Hund Flöhe? Hören Sie seinen letzten Anruf ab.«

Als er ging, sah ihn der Polizist fast freundlich an, um eine Zehntelsekunde später wieder die Ermittlerfalte zwischen die Augen zu montieren.

»Das mit Ihrem gestohlenen Auto, dem Ferrari, da besteht ebenfalls noch Klärungsbedarf.«

Sein Händedruck war kräftig, seine Hände kühl.

»Herr Gottlieb?«

Der Kommissar drehte sich in der Tür um.

»Sie kriegen diese Schweine, oder?«

»Wenn Sie uns unterstützen, kommen wir mit Sicherheit besser voran.«

»Darauf können Sie sich verlassen. Lassen Sie mich Ihre Handynummer einspeichern.«

Gottlieb gab sie ihm und verabschiedete sich. Fritz schloss die Tür hinter ihm und atmete durch.

Wieder stellten sich die Haare auf dem Unterarm auf. Das Kreischen der Flex hatte sich in seinem Kopf festgesetzt. Mad war tot. In den El Grande hätte er nicht kommen müssen. Er hätte Titus' Nachricht nur ignorieren müssen. Mad war verheiratet. Wie viele Kinder? Er schämte sich, dass er es nicht wusste. Besaß er irgendetwas, das ihn an Mad erinnerte? Er schaute sich um. Da war nichts. Dann lächelte er, doch, da war etwas, es hatte Platz »für zwei Golfbestecke oder ein Polo-Pony«. Er lächelte, blinzelte, wischte sich mit dem Handrücken über die Augen.

Die Nachrichtenvorschau im Handy lenkte ihn ab:
E-Mail von: junlada@loxinfo.co.th

Hallo Fritz,
hier ist Junlada. Sie erinnern sich? Die VFW-Präsentation des Car-e. Gestern erhielt ich eine Mail von einem guten Bekannten aus der Medienbranche. Jedes Jahr veranstaltet die *Bangkok Post* zusammen mit Google eine Konferenz zu digitalen Geschäftsmodellen im Publishing. Dem Veranstalter ist gerade ein Referent abgesprungen für einen Workshop: »*The Untouchables* – glaubwürdiger Journalismus als Erfolgsfaktor«. Wenn ich mir Ihr Profil bei LinkedIn anschaue, könnten Sie ein hervorragender Ersatz sein. Wenn Sie zusagen, leite ich das so-

fort weiter. Die Bestätigung bekommen Sie spätestens morgen direkt von der *Bangkok Post*. Flüge und Hotelaufenthalt werden übernommen, Honorar ist leider keins vorgesehen. Und noch ein kleines Problem: Sie müssten übermorgen fliegen. Ich selbst werde auch anwesend sein, vielleicht können wir uns treffen und unser Kamingespräch im car-e fortsetzen.

Junlada

– *Steve, erst mein Freund Mahmud, jetzt diese Einladung, bin total überfordert.*
– *Macht nichts. Der Plot von* Bullitt *hat mich auch überfordert, hat auch kein Mensch verstanden. War trotzdem ein Megakassenschlager.*
– *Was wohl ausschließlich an dir lag. Du warst der King of Cool.*
– *Witziges Wortspiel, finde ich immer noch. Stammt übrigens von einem deiner Berufskollegen, so ein Jim oder John vom* Hollywood Reporter. *In* Gesprengte Ketten *nannte man mich nämlich den Cooler King, den Karzer-König.*
– *Seit wann sprichst du Deutsch?*
– *Siggi hat mir in den Drehpausen ein paar Brocken beigebracht.*
– *Siggi?*
– *Siegfried Rauch, der war mein deutscher Rivale in* Le Mans. *Ich Porsche, er Ferrari. Guter Typ, auch wenn er weder schauspielern noch Auto fahren konnte. Ist er nicht später Seemann geworden?*
– *So etwas in der Art. Er war Kapitän vom* Traumschiff, *bei euch heißt das wohl* Love Boat.
– *Hauptsache, der Job zahlt die Rechnungen. Wie geht es ihm?*
– *Vor ein paar Jahren gestorben.*

– Oh, das tut mir leid. Autounfall?
– Die Treppe runtergefallen, vielleicht fünf Stufen.
– Da fragt man sich dann doch, ob Jimmy Dean es nicht besser gemacht hat.
– Karzer-König, für mich klingt das irgendwie nach Käse. Aber ich denke, ich weiß jetzt, was ich tue.

Wie war Junlada auf ihn gekommen? Hatte er sich irgendwann bei Business-Netzwerken angemeldet? Egal, fünf Tage Bangkok für null Euro, die Chance, sie wiederzusehen. Vor allem aber die Chance, diese ganze Scheiße für ein paar Tage zu vergessen – fünf Minuten später drückte er auf Senden.

Übermorgen schon sollte es losgehen, und der Typ im Spiegel neben der Wohnungstür besaß erschreckende Ähnlichkeit mit einem Profifußballer aus den Achtzigern.

Die Linie 11 brachte ihn direkt auf die Münchner Straße, genauer gesagt zum Nazar City Kuaför, einer von geschätzt achtzehn türkischen Friseuren auf hundert Metern. Die türkisfarbene Straßenbahn vor dem in der Farbe vertrockneter Zitronen gestrichenen Salon mit orangeroten Fensterleibungen – nicht nur die Frankfurter Verkehrsbetriebe, auch Friseurmeister Selim zeigte Mut zur Farbe. Im Schaufenster des Ladenlokals hing ein gläserner bunter Vogelschiss, Dimension Anden-Condor. Nazar wegen Nazarlik, ein magisches Auge, das alles Unglück abhalten sollte, was einem türkischen Friseur so drohen konnte. Gleich hinter dem Schaufenster lag der Wartebereich von der Größe einer Telefonzelle. Drei Klappstühle, ein orientalischer Beistelltisch, begraben unter Zeitschriften, darunter die türkische Variante der *Gala* und das Monatsblättchen der Handwerkskammer Frankfurt, alle übersät von kreisförmigen Teeflecken.

Selim war nicht da, das gab Anlass zur Sorge: Würde es die stark geschminkte Friseurin werden, die sich so sehr für das interessierte, was auf der Straße passierte, dass sie ihm beim letzten

Mal mit dem Fön die Kopfhaut fast kross gebraten hatte? Oder der junge Mann mit Talibanbart, der wie kein Zweiter in rasender Geschwindigkeit mit dem Elektroschneider Kopfhäute freilegte. Unschlüssig blieb er mitten im Laden stehen, umrahmt von Friseurstühlen aus schwarzem Kunstleder und umdröhnt von türkischer Popmusik aus dem Fernseher über der Tür. Wächst doch wieder nach, sprach er wie ein Mantra vor sich hin, wollte dennoch den Laden verlassen. Zu spät, der Bärtige nickte ihm zu und wies ihm einen Sessel zu. Warum nicht einfach »Nein danke« sagen und rausgehen oder wenigstens nach dem Chef fragen?

Er ließ sich in den Friseurstuhl sinken. Während der Friseur ihm den Umhang in der Farbe eines Teichmolches umlegte, umfasste er den linken Zeigefinger mit Daumen und Zeigefinger der rechten Hand: So viel! Der andere nickte, sagte »Zwölf Millimeter« und warf den Elektrorasierer an. Schon bei den ersten Bahnen war offensichtlich, dass er seit seiner Ausbildung zum Schafscherer nichts verlernt hatte. Rosafarben schimmerte die Kopfhaut durch, binnen Sekunden hatte sich auf dem Umhang eine dicke Matte aus Haaren abgelagert. Mit geübten Handgriffen, sanft wie eine Fischverkäuferin beim Entschuppen einer Dorade, vollendete Mehmet sein Werk.

Keine zwanzig Minuten später lagen ein Haarteppich auf dem Fußboden und fünfzehn Euro auf dem Tresen aus dunkelrotem Marmorimitat. Autonomes Fahren, Drohnen, künstliche Intelligenz, alles war längst Realität, doch wann würde es ihn endlich geben, den Friseurroboter, der fehlerfrei immer denselben Haarschnitt ausführte und nicht dauernd mit seinem Unterleib an Schultern und Rücken entlangschubberte?

- 52 -

Fritz ließ sich in den Sitz fallen. Mittelplatz, was sonst. Ihre wirklichen Namen, die klangen wie aromatische Teesorten, hatten die thailändischen Stewardessen ihrer westlichen Kundschaft zuliebe gegen die von Darstellerinnen amerikanischer Vorabendserien getauscht: Nancy, Brenda oder Eleanor. Die Haare streng zurückfrisiert und zu einem Knoten zusammengebunden, schnürten sie die Gänge hinauf und hinab wie gute Schäferhunde, schlossen Gepäckabteile, ermahnten thailändische Kleinunternehmer, den Pappkarton mit Autoteilen beim Start nicht auf dem Schoß zu behalten, teilten Pauschaltouristen mit, dass es kein Bier gebe, wenigstens jetzt noch nicht, halfen der letzten verirrten Großmama, ihren Platz zu finden, forderten Geschäftsleute auf, ihr Handy auszuschalten.

Fritz freute sich auf zwölf Stunden Passivität. Seit Tagen fühlte er sich wie eine durchgelegene Matratze. Wie in einen Schraubstock gezwängt dasitzen, Anweisungen gehorchen, Essen, Getränke, Filme, Zahnstocher und Erfrischungstücher dargebracht zu bekommen – was war eigentlich zu sagen gegen Pflegestufe 2?

Vor allem fühlte er sich zum ersten Mal seit Tagen geborgen. Durch die Maschine ging ein sanfter Ruck, als sie vom Schlepper rückwärts auf das Vorfeld geschoben wurde. Die Tragflächen, an deren Spitzen die Positionslichter aufblinkten, gerieten leicht ins Schwingen. Thai Airways setzte noch immer den vierstrahligen Airbus A380 ein, eine Art Brontosaurus der Lüfte. Wie eine ungefederte Straßenbahn rumpelte die Maschine, deren Startgewicht etwa dem von dreihundert Jensen Interceptor entsprach, über den Taxiway. Er verfolgte den rituellen Formationstanz im Mittelgang, der mit einem angedeuteten Aufblasen der Rettungswesten und dem Hochhalten der Sicherheitsinstruktionen endete. Dann gab der Pilot vollen Schub. Er drückte sich in seinen Sitz, krallte sich in die Armlehnen. Endlich hob sich der Bug der Maschine, und als sich auch das Hauptfahrwerk vom Boden gelöst hatte, fiel die Anspannung von ihm ab. Das Rauschen der Triebwerke, drei Campari Orange und *Forrest Gump*, fertig war der Cocktail für einen elf Stunden währenden Trancezustand.

Der setzte sich nach der Landung nahtlos fort. Selbst im klimatisierten Flughafengebäude roch es wie verrottende Orchidee im Dschungel. Tausende Trolleyräder veranstalteten auf dem Noppenboden einen Höllenlärm. Hinter der Zollschranke schien eine Demo stattzufinden. Dutzende Schilder, manche mit Glöckchen, wurden hochgehalten, Mitarbeiter von Reiseveranstaltern und Limousinenservices suchten nach ihren Gästen. Direkt vor sich las er »Freidrik Grabber« unter dem Logo der *Bangkok Post*, Thailands größter englischsprachiger Tageszeitung. Klang gut, vielleicht der Anstoß für den Karriereneustart in Skandinavien?

Eintönig dudelte Thai Pop aus den Lautsprechern, er rutschte auf den spiegelglatten Kunststoffpolstern herum, eine Kleenexbox in einem Kästchen aus Holzimitat, dazu die obligatorischen nassen Waschlappen zur Erfrischung – *the car that cares.* Hinterm Steuer des Van saß kein verkappter Rallyefahrer, sondern ein mittelalter Mann, der sich durch nichts aus der Ruhe bringen ließ, außer von Cartoons, die ununterbrochen auf seinem Handy liefen, das auf dem Beifahrersitz lag. Vorbei an Mopeds und Motorrädern, Pick-ups und Lkw pflügte sich der Van durch den dichter werdenden Verkehr. Rechts und links der Straße standen abwechselnd Palmen und Wasserverkäufer, beide zugestaubt und trotzdem erhobenen Hauptes. Je mehr sie sich dem Zentrum Bangkoks näherten, desto höher wurden die Gebäude. Als sie über eine lange Auffahrt den aufgeständerten Stadtring erreichten, kamen die ersten Hochhaustürme in Sicht. Der Fahrer deutete darauf: »Financial District.«

Anderthalb Stunden später drückte ihm der Fahrer seine Visitenkarte in die Hand und betätigte den Knopf der elektrischen Schiebetür. Er stehe während des gesamten Aufenthalts zur Verfügung, erklärte er in radebrechendem Englisch. Im Hintergrund wildes Geballer, Lucky Luke brachte die Daltons zur Strecke.

Von außen war das Hotel Green Apple nicht von Zehntausenden anderer Betonkästen zu unterscheiden, die bis zum Klopapiermuster standardisiert Reisenden auf der ganzen Welt ein Gefühl von Sicherheit vermittelten. Was hier fehlte, war Nestwärme in Form einer lächelnden Rezeptionistin. Ersatzweise leuchteten in der Lobby zehn Automaten in herzerwärmendem Apfelgrün. Von den angebissenen Äpfeln, die darauf geklebt hatten, waren noch die Umrisse zu sehen. Die Rechtsabteilung von Apple-Thailand hatte offenbar humorlos auf den ursprünglichen Logo-Entwurf reagiert. In einem einsamen Kassenhäuschen, das ganz am Rand der Halle hinter einer Säule und einer Palme versteckt war, döste ein Wachmann vor sich hin. Fritz gab den Buchungscode ein und wurde scheppernd aufgefordert, seinen Ausweis auf das Glas des Lesefelds zu legen. Danach die Kreditkarte. Am Ende der Prozedur zog er die apfelgrüne Chipkarte aus dem Schlitz. Ins Fach daneben fiel zusammen mit dem Beleg, auf dem die Zimmernummer und die Lage des Frühstücksraums vermerkt war, eine kleine Packung Pfefferminzbonbons – *Welcome to Green-Apple-Hotels* krächzte es wie in einem Edgar-Wallace-Film: der Hexer forderte zur Eingabe der Kreditkartennummer auf.

Im Aufzug hatten die Maler Mist gebaut. Er war mintgrün. Das Zimmer im achtzehnten Stockwerk war nur ein bisschen apfelgrün, hatte eine durchdachte Ausstattung und einen Panoramablick über die Fluten des Chao Phraya River hinweg, die so aussahen, als könnten Säugetiere darin keine zehn Minuten überleben.

Es war dreizehn Uhr, in weniger als einer Stunde erwartete ihn Khun Watapong im Oriental. Keine Chance, pünktlich zu sein, jedenfalls nicht mit dem Van. Und sein thailändischer Journalistenkollege hasste Unpünktlichkeit. Wolle er in Bangkok schnell von A nach B kommen, dann sei das Motorradtaxi die einzige Möglichkeit. Das hatte vor Ewigkeiten ein Geschäftsmann behauptet, einer von diesen Bin-dieses-Jahr-schon–dreimal-um-die–Welt-gejettet-Typen. Kleine, wendige Maschinen, gefahren von jungen Männern in knallbunten Westen, die aussahen wie zwölf und es vielleicht auch waren. Zehntausende von ihnen versuchten ihren Lebensunterhalt zu verdienen, indem sie sich und ihre Fahrgäste durch den alltäglichen Stau schlängelten. Am Ende blieb ihnen kaum mehr Geld für eine Absteige, Zigaretten und eine Mahlzeit. Reich wurden die Inhaber der Transportlizenzen und die Kredithaie, die den Motorradkauf zu horrenden Zinsen finanzierten.

Der grüne Läufer vor dem Hotel war glitschig vom letzten Tropenschauer. Schräg gegenüber wartete eine Gruppe Motorradtaxis auf Kundschaft. Die Erinnerung an die Übernachtung in der Penthouse-Etage des El Grande war noch frisch, der Blick für unangenehme Gestalten geschärft. Halb verdeckt von einer Bushaltestelle standen da zwei Männer, beide eine Kreuzung aus Kühlschrank und Buddha, die versuchten, möglichst unauffällig zu wirken. Das misslang schon wegen ihrer schweren Motorradjacken, während alle anderen um sie herum versuchten, sich möglichst luftig zu bedecken. Er spürte ihre Blicke. Er drückte sich eng an einer Hauswand entlang, um dann wie ein Hase einen Haken nach rechts zu schlagen.

Oriental Hotel, sagte er zu dem Fahrer, bei dem sich immerhin schon ein Bartflaum andeutete. Hoffentlich verstand der ihn auf Anhieb. Er erhielt wortlos einen eierschalenförmigen Helm in die Hand gedrückt. Trotz Flipflops an den Füßen sprang die Maschine nach dem ersten Tritt auf den Kickstarter an. Die beiden Stiernacken traten aus dem Schatten einer Markise hervor. Fritz wedelte mit den Händen, um die Sache zu beschleunigen. Ein Lastwagen bremste quietschend, als ihm die Vorfahrt genommen wurde. Geschickt zirkelte der Junge das kleine Motorrad um ein Taxi herum, das auf einer verstopften Kreuzung stand. Im letzten Moment presste Fritz das Bein an die Hüfte des Fahrers. Der lachte und rief: »Quick!« Mit geschätzt hundertzwanzig – der Tacho zeigte nichts an – jagten sie über die Rama V Road. Sein Fahrer verfügte über einen siebten Sinn, denn er schien intuitiv den Weg zu finden zwischen mäandernden Tuktuks, hemmungslos ausscherenden SUVs und abrupt bremsenden Linienbussen. Der Rückspiegel zitterte leicht, doch die beiden Muskelprotze waren auf vier Wagenlängen herangekommen. Sein Mann schien die Situation erkannt zu haben. Er setzte sich vor eine Reihe der gelb-roten Bangkoker Stadtbusse, die auf der äußersten rechten Spur der nächsten Haltestelle entgegenkrochen, den Verfolgern war kurzzeitig die Sicht genommen. Das Motorrad schoss in eine kleine, dunkle Soi, eines jener schmalen Sträßchen, von hohen Mauern begrenzt, von den Ästen mächtiger Mangobäume überwuchert. Direkt nach der Einmündung ein scharfer Rechtsknick. Das Hinterrad des Motorrads brach aus, der Fahrer lenkte kurz gegen und fing die Maschine wieder ein.

Keine zehn Minuten später standen sie auf der Zufahrt des Oriental. »James Bond!«, sagte der Junge, hob den Daumen und grinste noch breiter, als die Zwanzigdollarnote auf seiner Handfläche landete. Er blickte dem Farang, dem Fremden, hinterher, wie er die Hotelauffahrt hinaufjoggte.

In der Lobby dufteten riesige Blumenbouquets wie ein Berg Gummibärchen. Fritz durchquerte die Halle und folgte den Schildern zu *Author's Lounge*. Eine zweiflügelige Freitreppe führte hinunter in den mit Rattansesseln und Glastischen möblierten Saal.

Watapong wartete bereits. Der feingliedrige Mann mit den großen Ohren und dem feinen Schnauzbart nippte gerade an seiner Teetasse. Im Vergleich zum ersten Kennenlernen vor zwölf Jahren wirkte er kaum verändert, schon von weitem allerdings waren einige graue Strähnen im ansonsten pechschwarzen Haar auszumachen.

»Nur zehn Minuten zu spät, du weißt anscheinend noch, dass man hier anders planen muss. Aber rennen musstest du nun auch nicht. Du bist ja völlig aus der Puste.«

Sie schüttelten einander die Hände, Fritz bestellte sich ebenfalls Tee.

Der Finanzkolumnist der Zeitung *Nation* war früher Banker gewesen: Morgan Stanley, Goldman Sachs, HSBC, die Crème de la Crème der Kreditbranche.

Watapong nahm einen kurzen Schluck Tee, schloss genießerisch die Augen und lehnte sich zurück. »Wie lang ist es her, dass wir uns zum letzten Mal gesehen haben? Der Europa-Asien-Gipfel in London, richtig? Acht Jahre, und immer noch keine Kinder? Eine Frau wenigstens?«

Er wartete die Antwort nicht ab.

»Ich nehme an, dein Interesse an Golden Harvest hängt damit zusammen, dass sie die Wirt AG übernommen haben.«

»Gegen Golden Harvest scheint die CIA ein Haufen von Plaudertaschen zu sein.«

»Für Familienunternehmen ist Verschwiegenheit nichts Ungewöhnliches.«

»Golden Harvest macht in Immobilien. Und jetzt kaufen sie ein Technologieunternehmen?«

»Ehrlich gesagt hat mich das auch erstaunt. Vielleicht übernimmt die jüngere Generation das Ruder. Der aktuelle Patriarch heißt Colin Lim. Offiziell kümmert er sich um ein paar Apartmenthäuser in Bangkok, die seinen Kindern gehören, in Wahrheit aber ist er bei allen Deals dabei. Zum letzten Mal habe ich ihn beim thailändisch-chinesischen Automotive-Summit gesehen. Er saß am Ehrentisch von Wu Zhufang, dem chinesischen Industrieminister. Lim schien sich blendend mit Wu unterhalten zu haben, soweit ich das von den billigen Plätzen aus erkennen konnte. Möglicherweise stecken also die Chinesen dahinter. Sie kaufen jedes Technologieunternehmen, das sie kriegen können. Lim spricht perfekt Chinesisch und Englisch, beides eine Ausnahme unter Topmanagern hierzulande. Er ist also genau der richtige Mann für solche Geschäfte.«

»Hat er Englisch von den GIs gelernt?«

»Genau. CL, so nennen sie ihn hier ehrfürchtig, ist mit den amerikanischen Offizieren durch die Bars gezogen als eine Art Mischung aus Socializer und Übersetzer. Die eine oder andere Spezialität, nach der die Soldaten in den Sex-Clubs verlangten, war wohl nicht ganz leicht zu umschreiben. Bei den Amerikanern hieß er nur GIL, das stand für GI-Lim. Damals war er zwanzig.«

»Kannst du dir vorstellen, dass er Konkurrenten umbringen lassen würde, um billig ihre Firmen zu übernehmen?«

Watapong führte die Tasse an den Mund und sog den Tee ein. Leises Klaviergeklimper füllte die lange Pause.

»In den Neunzigern kaufte Lim in großem Stil Land auf, genau dort, wo heute das Frachtterminal des Flughafens steht. Ob es Spürsinn war oder der Tipp eines Buddys, dazu gibt es nichts Offizielles. Wahrscheinlich eine Kombination aus beidem. Fast wäre es schiefgegangen, denn einer der Landbesitzer stellte sich quer. Immobilien verkauft man nicht, sie werden vererbt. So wird man hier erzogen. Außerdem hatte er gerade erst in neue Webstühle für seinen Textilbetrieb investiert. Er besaß nur ein paar Rai, das ist das thailändische Flächenmaß, doch die befanden sich genau im Zentrum des Areals, das Lim entwickeln wollte. Zum Schluss bot ihm Golden Harvest das Zehnfache des

Marktüblichen. Der Mann blieb stur. Eine Woche später war er tot. Schlangenbiss.«

»Passiert das nicht öfters in Thailand?«

»Gefunden wurde der Mann in einem Schuppen, in dem auch der Dieselgenerator lief. Wenn es etwas gibt, was Schlangen nicht ausstehen können, dann sind es Lärm und starke Vibrationen.«

»Lim ein Mörder?«

Watapong zuckte mit den Schultern.

»Die Ermittlungen verliefen im Sande, und drei Wochen später rollten die Bagger an. Lim zahlte der Familie einen wirklich fairen Preis und finanzierte den Kindern ihre Ausbildung. Alle vier konnten die Uni besuchen, einer der Söhne arbeitet sogar bei Golden Harvest. Beantwortet das deine Frage?«

Sie tauschten noch ein paar Namen von Kollegen aus, um sich auf den neuesten Stand zu bringen. Dann wurde Watapong unruhig, war aber zu höflich, um zu sagen, dass er losmusste.

»Khun Watapong, bitte entschuldigen Sie, aber die Redaktion ruft an.«

»Selbstverständlich, Khun Fritz, der Job geht vor.«

Sie verabschiedeten sich voneinander und verabredeten, in Kontakt zu bleiben.

- 53 -

Chatnachrichten von Junlada und Marc, eine E-Mail vom Arbeitsrechtler in Frankfurt, der ihn über die Chancen einer Kündigungsschutzklage unterrichten wollte. Er begann mit den guten.

Von: Junlada

»Sawadi Kha Khun Fritz,

Sie sind gut gelandet, wie ich gehört habe. Hätten Sie Lust auf ein Dinner heute Abend? Natürlich nur, wenn der Jetlag Sie nicht zu sehr im Griff hat.«

Was für eine Frage!

»PS: Wir treffen uns um acht im Seafood Terrace. Zeigen Sie Ihrem Fahrer das hier:

Das Foto einer Visitenkarte baute sich auf, bestehend aus einer langen Reihe würmchenartiger Buchstaben.«

Für Originelles war er zu müde, also lieber neutral verbindlich bleiben:

»Hi Junlada,

schön, Sie wiederzusehen! Ich werde pünktlich da sein.

Fritz«

Er fuhr ins Hotel zurück, um sich für die Konferenz umzuziehen. »Smart Casual«, so lautete der Dresscode, frei übersetzt Bundfaltenhose plus Polohemd. Gegen sechzehn Uhr betrat er das Queen Sirikit Convention Center durch den Haupteingang, der einem spitzgiebeligen thailändischen Palast nachempfunden war. Nach einer Treppe hinauf und zwei Treppen wieder hinab fand er schließlich Raum D.47, ausgelegt für vierzig Personen, besetzt mit siebzehn.

Der Vortrag war nicht der Rede wert, vor allem nicht, weil die Zuhörerschaft aus mehr oder weniger angegrauten Ex-Journalisten bestand, die beifällig nickten, so als schauten sie sich Bilder aus dem Familienalbum an: »Guck doch mal, die gute alte Pressefreiheit, als sie noch jung und knackig war. An was ist sie eigentlich gestorben? Schwerer Fall von Misshandlung? Ach ja, stimmt! Und dieser Facebook, der läuft noch immer frei rum!«

Old-school-Journalismus war einfach ein Ladenhüter.

»Feder und Papier entzünden mehr Feuer als alle Streichhölzer der Welt.« Immerhin, das Schlusszitat von Verleger Malcolm Forbes sorgte für ein leichtes Glimmen.

Er kam im Foyer an, als sich die Doppeltüren öffneten und Menschenmassen aus dem riesigen Hauptsaal in Richtung Kaffeetresen strömten. Tausende für Roboterjournalismus, ein gutes Dutzend für die Pressefreiheit.

Junlada stand inmitten einer Gruppe von Anzugträgern, Asiaten allesamt. Sie trug ein schwarzes Kostüm. Über Köpfe hinweg lächelte sie zu ihm herüber, deutete auf ihre Wange und drehte den Zeigefinger – die italienische Geste für »Ich habe Hunger«. Er nickte und hob die Hand zum Gruß. Die große Digitaluhr am Eingang zeigte halb sechs. Er musste sich sputen, um Bundfalten gegen Jeans auszutauschen. Vor der Tür wartete bereits der Van.

Für jemanden, der gern die Showtreppe hinunterschritt, war Junlada erstaunlich pünktlich. Sie hatte das Businesskostüm gegen einen Hosenanzug aus Leinen in Wollweiß getauscht, halt das, was sich anbot, um ölige Tigergarnelen in roter Sauce mit der Hand zu pulen. Im Stillen verwettete er seine Abfindung darauf, dass ihre Kleidung das Essen ohne einen einzigen Fleck überstehen würde. Wesen aus anderen Sphären kriegten das hin. Sie trug keinen Schmuck außer einem Armreif. Der allerdings ersetzte alles andere. Fünf Bänder aus Gelbgold umschlossen ihr schmales Handgelenk. Auf dem Handrücken liefen sie in fünf Schlangenköpfe aus, deren Augen aus Rubinen gearbeitet waren. Die Sonnenbrille mit den runden grünen Gläsern auf der Nasenspitze senkte sich in Richtung ihrer eigenen Hand, Yoko Ono de luxe hatte seinen Blick bemerkt.

»Die fünfköpfige Nagaschlange, Beschützerin des meditierenden Buddha. Ein Erbstück.« Sie zog einen der verwaschenen blauen Plastikstühle zu sich heran.

»Guten Abend, Junlada.«

»Gleich mal als Erstes, nennen Sie mich Gloria. Junlada sagen meine Mitarbeiter.«

Sie saßen auf einer Terrasse, die weit in den Fluss hineinragte. Unter ihnen plätscherte Wasser um Holzpfähle, die Lichter der Hochhäuser spiegelten sich im Wasser. Speedboats, schmal wie Bleistifte, aber mit riesigen Automotoren im Heck, jagten dröhnend den Fluss hinauf. Graue Fähren querten den Fluss, stoisch wie Mulis. Auf der mit Plastikfolie überdachten Terrasse saßen neben ihnen junge Pärchen, sie in Kostüm, er mit Shorts und Badelatschen, Familien mit zwei oder drei Kindern, alle durcheinanderschnatternd. Sie alle beäugten Gloria mit einer Mischung aus Ehrfurcht und Bewunderung.

Die Wirtin trat an den Tisch und begrüßte sie herzlich in melodischem Thai.

»Wir sollen uns etwas aussuchen und ihr dann den Bestellzettel geben. Da vorn schwimmt übrigens die Mahlzeit. Gehen wir rüber?« Gloria nickte in Richtung Ausgangstür.

In Dutzenden von Aquarien, Zinkwannen, Plastikfässern, Steinbassins fristeten sie ihrem Ende entgegen: Tüpfelmuränen und Glasaale, Zackenbarsche und Seegurken, Tigergarnelen und Katzenfische.

»Ein merkwürdiger Anblick, nicht wahr?« Gloria hatte ihn beobachtet. Er nickte.

»Ich nehme ein halbes Dutzend Tigergarnelen. Die gucken weniger vorwurfsvoll, wenn sie auf dem Grill landen.«

Gloria übernahm die Bestellung, der Restaurantbesitzer, der an einem Pult neben den Aquarien stand, drückte ihr einen durchnässten Zettel in die Hand und kramte aus einer Schublade einen Haushaltshammer hervor.

»Ich weiß, was du denkst. Diese Chinesen, völlig gefühllos gegenüber anderen Lebewesen.«

»Zumindest gewöhnungsbedürftig, auf dem Wet Market Fische zu sehen, denen das Fleisch bis auf die Gräten heruntergeschnitten wird, während das Herz noch schlägt. Niemand leidet gern.«

»Wenn Schweine durch halb Europa zum Schlachthof gekarrt werden, ist das nicht so offensichtlich, das Leid jedoch gewiss nicht kleiner.«

Das fing ja gut an. Sie setzten sich, und die Konversation kam langsam in Gang. Gloria interessierte sich für die Konferenz und seinen Vortrag, seine Eindrücke von Bangkok, die deutsche Automobilindustrie. Sie war eine aufmerksame Zuhörerin, die wenig von sich selbst preisgab.

Die Kellnerin unterbrach das Gespräch, unterstützt von einer Kollegin. Sie beluden den Tisch mit einem Dutzend Schalen und Schälchen: Dim-Sum-Teigbällchen, jedes so fahlweiß und perfekt rund wie der Vollmond, der hinter Glorias Rücken aufgegangen war, gegrillter Fisch, gesprenkelt mit knallroten Peperonischnipseln, dunkelgrünem chinesischem Brokkoli, geviertelten Limonen, dazu Reis so weiß wie Porzellan, Tiegel mit Saucen, die genauso gefährlich zu sein schienen, wie sie aussahen. Es duftete himmlisch, irgendwo zwischen Gewürzkontor und Barbecue.

Die Kellnerin stellte Gläser vor sie, zog die Weinflasche auf, umwickelte sie mit dem fleckigen Spültuch, das wie eine Schürze vor ihrem Bauch baumelte, und schenkte im Stil einer professionellen Sommelière ein. Ihre Kollegin stellte eine Klopapierrolle mit Kirschblütenmuster auf den Tisch. Kellnerin Nummer eins unterzog derweil ihr Werk einer Prüfung, stutzte, tunkte einen Finger in Glorias Glas und schnippte, zufrieden einatmend, einen Korkenrest in den Fluss.

In den folgenden fünf Minuten sprachen sie kaum. Der erste Hunger wollte gestillt sein. Gloria tranchierte den Fisch und legte ihm ein Filet auf den Teller. Dann zeigte sie mit ihren Essstäbchen auf den Fischkopf. Er machte ein angewidertes Gesicht, sie zuckte nur mit den Achseln, pulte mit ihren Sticks das Auge des Fisches heraus, schob es sich in den Mund und lutschte darauf herum wie auf einem Drops.

»In Asien gehören Essen und Business untrennbar zusammen.«

»Ist das hier ein Geschäftsessen?«

Sie legte den Kopf schief und schaute ihn an wie die Katze den Kanarienvogel. »Mmmh.«

Er entschied sich für einen Themenwechsel. »Gloria, hast du die Podiumsdiskussion heute auf dem Kongress verfolgt? Ohne Freiheit keine Innovation.«

»Eher nebenbei, im Livestream. Ich habe gearbeitet.«

»Wenn man sich China anschaut, scheint es auch ohne Freiheit zu funktionieren.«

»Der Beweis ist noch nicht geführt, Fritz. Die Chinesen stoßen immer häufiger an ihre Grenzen. Ihre Autohersteller bekommen in Übersee kein Bein an die Erde, im Maschinenbau haben sie keine Chance gegen Japaner, Koreaner oder Deutsche. Hundertfünfzig Jahre Industrialisierungsgeschichte macht man nicht in vierzig Jahren wett.«

»China hat Lenovo oder Huawei.«

»Elektronik können sie. Transistorradios wurden in Hongkong schon vor sechzig Jahren zusammengeschraubt.«

»Als Kind hatte ich eins. Ich konnte mir nicht vorstellen, wie Menschen in einem so kleinen Kästchen derart viel unterbringen konnten – kann ich übrigens bis heute nicht.«

»Wir Asiatinnen sind sehr geschickt, Mister«, piepste sie mit verstellter Stimme und hob mit Essstäbchen eine glitschige Erbse vom Teller.

»Wo wir doch unser erstes Date im Auto hatten – wie sieht es mit dem autonomen Fahren aus?«

»Chinesische Software ist Weltklasse, die Sensoren sind Schrott. Viel früher als in Deutschland wurden integrierte Verkehrskonzepte eingeführt. Die bestehen aus autonomen Fahrzeugen und einem Verkehrsleitsystem, einer Art von chinesischem Uber, bezahlt wird das Ganze über WeChat.«

»Noch nie davon gehört.«

»Davon weiß deine Altavista-Suchmaschine auch noch nichts. WeChat ist die chinesische Ausgabe von WhatsApp, eins Komma fünf Milliarden Nutzer aktuell. Wird übrigens auch im Westen immer beliebter. Null Kosten gegen null Datenschutz. Fairer Deal.«

Sie biss mit Nachdruck ein Stück Tigergarnele ab, spülte mit viel Weißwein nach und schob zufrieden den Teller von sich.

»Gloria, darf ich dich etwas Persönliches fragen?«

»Eine Frage, mehr nicht. Und ich stelle auch eine.«

»Bitte sehr. Du zuerst.«

»Warum wird jemand wie du Journalist? Hast du ein Gelübde zu ewiger Armut abgelegt? Wer in Thailand Schreiber wird, hat entweder nichts Anständiges gelernt oder hat anderswo in die Firmenkasse gegriffen.«

»Einige haben auch reich geerbt. In meinem Fall würde ich es mit professionellen Bindungsängsten erklären. Einem einzigen Herrn zu dienen, das wäre wie eine alte Ehe, in der man sich nur aus Loyalität die Treue hält.«

Sie grinste. »Und die Bindungsängste sind ausschließlich beruflicher Natur?«

»Nur eine Frage, das hatten wir vereinbart. Jetzt bin ich dran. Du hast diese Narbe unterhalb der Schläfe. Hat dir schon einmal jemand gesagt, dass sie dir …«

»… etwas unglaublich Aufregendes gibt. Das sagt jeder, aber ehrlich gesagt kann ich auf diesen Eindruck verzichten. Was willst du wissen? Natürlich. Wie ich sie mir zugezogen habe.«

»Eher, warum du sie nicht entfernen lässt. Thailands Schönheitschirurgen gehören zu den besten der Welt.«

»Enge Bindungen können sehr verletzend sein. Das kleine Geschenk, das übrigens aus dem engsten Kreis der Familie stammt, wird mich immer daran erinnern. Also, wir sind sozusagen Geschwister im Geist. Brüderchen und Schwesterchen.«

Über ihr Glas hinweg lächelte sie ihn an. Dann streckte sie die Hand aus, so als wolle sie den alten Hofhund tätscheln, kratzte aber nur mit einem Fingernagel über seine Wange. Ein kleiner Stofffetzen mit einer rosa Blüte darauf fiel zu Boden.

»Dreitagebart kannst du durchaus tragen. Etwas kratzig fühlt es sich allerdings schon an.«

Sie bestellte die Rechnung. Die kam prompt und war lächerlich niedrig.

Glauben konnte er es nicht. Eine Armlänge von ihm entfernt atmete ruhig die Frau, die ihm heute Nachmittag noch so fern erschienen war wie ein Flugzeug am Sommerhimmel, das er nicht sehen konnte, dessen Lichtreflex ihn aber blendete und dessen Weg er gebannt verfolgte. Über ihre Taille hinweg, die sich im Schlaf regelmäßig hob und senkte, blickte er auf die Millionen Lichter der Stadt der Engel.

Er hatte das Gefühl, in dem Moment, als Gloria seine Welt betreten hatte, ein Gespenst vertrieben zu haben. Nicht, dass er nach Sophie nicht mit Frauen geschlafen hatte. Gloria war jedoch die Erste, bei der er das Gefühl hatte, dass ihn irgendetwas mit ihr verband. Sie hatten nicht den berühmten Kaffee getrunken. Er hatte die Tür des Hotelzimmers aufgeschlossen und »mein bescheidenes Heim« gemurmelt. Ein wenig unentschlossen waren sie in der Mitte des Zimmers stehen geblieben. Sie hatten einander lange geküsst, dann war Gloria ins Bad gegangen. Er hatte immer wieder »out« gesagt, was bei der akustischen Lichtregelung zu nichts und im Bad zu einem Lachanfall geführt hatte. Dann war sie unter die Bettdecke geschlüpft, während er Lampenstecker aus Steckdosen gezogen hatte.

Der Sex selbst war eher verkrampft gewesen, eine Mischung aus Wollust und Kampf, sich Vortasten und Zurückzucken, vielleicht zehn Minuten lang. So, als wären sie beide sechzehn und jungfräulich gewesen.

Er schmiegte sich an sie. Fast hatte er vergessen, wie sich der Körper einer ruhig schlafenden Frau anfühlte. Schlimmer noch: Wie hatte er vergessen können, dieses Gefühl zu vermissen? Aus dem Lichtreflex am Himmel war etwas geworden, was da war. Und schön war. Und nah war. Ihre Wirbelsäule wand sich über ihren Rücken wie eine Schlange.

Die Diode an seinem Handy blinkte. Marcs Nachricht. Die hatte er fast vergessen.

Von: Marc Carson
»Dear Friend, hier nun endlich das Ergebnis meiner Recherche. Aurica Technologies Ltd. gehört einem Technologiefonds mit Namen G.H. Ventures, registriert in Singapur. Und, festhalten: Eigentümer ist niemand anderes als Colin Lim. Der Name kommt mit Sicherheit nicht nur ein Mal auf der Welt vor, darum habe ich den Gegencheck gemacht. Und ja, er ist es, unser Colin Lim. Und, damit du ihn erkennst, falls er dir in Bangkok über den Weg laufen sollte, ein Foto. Dem Chefredakteur der *South China Morning Post* schulde ich jetzt ein üppiges Mittagessen. Das stelle ich dir in Rechnung. Bei dem Bild musst du dir allerdings zwanzig Jahre dazudenken. Etwas Aktuelleres war nicht zu bekommen.«

Das Bild war klein, schien aber hochaufgelöst zu sein. Mit Zeige- und Mittelfinger zog er es auf.

Er stoppte, verschob das Bild wieder in die Gegenrichtung, sodass der Arm der zweiten Person deutlich erkennbar war, der auf Lims Schulter lag. Er starrte auf ihren Armschmuck, dann verschob er den Bildausschnitt aufs Gesicht. Mit unbewegter Miene blickte er auf den Arm neben sich, der entspannt auf dem weißen Laken der Bettdecke ruhte. Dann betrachtete er lange die Frau, die neben ihm ruhig atmend schlief.

Nachricht von Marc:
»PS: Neben ihm, das war seine Frau, die vor 15 Jahren verstorben ist.«

Was er sah, war eine fast exakte Kopie der Frau, die neben ihm lag. Er schüttelte den Kopf, stand auf und ging ins Bad. Vielleicht half eine kalte Dusche, klar zu denken. Dabei war doch alles klar.

Als er mit einem Handtuch um die Hüften wieder ins Zimmer kam, lächelte sie ihn spitzbübisch an und winkte ihn mit dem Zeigefinger zu sich. Er brüllte sie an, benutzte Schimpfwörter, die irgendwo ganz tief geschlummert haben mussten, das Handtuch glitt herunter, es fiel ihm nicht auf. Sie grinste.

»Schlecht geschlafen?« Dann verschwand sie im Bad.

Wieder heraus trat die Frau, die über Leichen ging, in ihrem Hosenanzug, der so frisch aussah, als käme er direkt aus der Reinigung.

»Und wahrscheinlich sagt dir auch Klaus Polanski nichts.«

»Lustige Namen habt ihr Deutschen.«

»Findest du? Vielleicht klingt ja Jim Archer angenehmer in deinen Ohren.«

Sie schien wirklich angestrengt zu überlegen.

»Ein Amerikaner, Unternehmer, letztens gestorben. War es Vancouver? Das ist traurig, passiert aber.«

»Es war LA. Richtig, das passiert. Natürlich kann es auch passieren, dass Jim Archer in einem klassischen Sportwagen verunglückt ist. Dass der Unfallhergang dem von Sebastian Wirt exakt gleicht. Dass Jim Archer ein Technologieunternehmen gehörte. Dass dieses Technologieunternehmen Weltspitze im Bereich autonomes Fahren ist. All diese merkwürdigen Zufälle …«

»Moment. Du meinst nicht etwa Jim Archer von Archer Roadsoft …«

»Tu nicht so, als ob das neu für dich wäre. Dein Vater ist der Mann, der Menschen sterben lässt für ein paar Hektar Land. Und hier geht es um einen Multimilliarden-Dollar-Markt.«

Sie schwieg eine Weile. »Fritz, ich …«

»Bloß nicht die Kuschelplatte: *Fritz, Darling, von all dem wusste ich nichts.* Ich möchte wenigstens noch ein bisschen Respekt vor dir haben!«

»Woher hast du die Informationen? Sind sie geprüft?«

»Geprüfter geht es nicht. Das Auto, in dem Jim Archer starb, ist mir in Frankfurt gestohlen worden. Ein alter Ferrari Dino. Und die deutsche Polizei verdächtigt mich, für seinen Tod verantwortlich zu sein.«

»Von all dem habe ich nichts gewusst. Das schwöre ich dir.«

»Solche Sätze habe ich hundertmal in irgendwelchen Hollywood-Schinken gehört. Die Einladung nach Bangkok, sicher auch ein ganz großer Zufall.«

»Nein, das war kein Zufall. Nachdem du diesen Artikel geschrieben hast über Wirt und sein angeblich manipuliertes Auto, wollten wir kein Risiko eingehen. Vater wollte wissen, was du vorhast.«

»Angeblich manipuliert? Willst du mir jetzt weismachen, dass Wirt und Archer rein zufällig eine Art Paarlauf in den Tod veranstaltet haben?«

Er glaubte ein Pfeifen zu hören, als ihre Hand die Luft durchschnitt. »Fritz, sei still.«

Sie zog ihr Handy aus der Tasche.

»Dad? Ich muss dich sprechen, und zwar jetzt. Wann geht dein Flieger nach LA? Okay, um halb elf bin ich da. Gate E3.«

Die Uhr über dem Fernseher in Form eines grünen Apfels zeigte 08.30 Uhr.

»Fritz, ich nehme den Van. Der wird sowieso von mir bezahlt.«

Grußlos verließ sie das Zimmer. Er stellte sich ans Fenster, spürte die Kühle des Glases und hämmerte mit beiden Fäusten dagegen.

- 54 -

Der Van passierte die elektronische Mautschranke. Gloria war froh, am frühen Nachmittag floss der Verkehr zügig. Der Fahrer blieb auf der Überholspur, so wie sie ihn angewiesen hatte. Sie wählte erneut die Nummer. Wieder sprang die Mailbox an. Diesmal sprach sie darauf.

»Fritz, ruf mich unbedingt zurück. Ich weiß jetzt mehr. In knapp einer halben Stunde bin ich bei deinem Hotel. Mein Vater hat …«

Irgendetwas schien den Fahrer zu irritieren. Er tastete auf dem Beifahrersitz herum. Mit einem selbstfahrenden Auto hätte die Reaktionszeit einen Wimpernschlag betragen. Damit hätten sie es geschafft. Als der Fahrer auszuweichen versuchte, waren sie schon viel zu nah, die gelb-schwarzen Barken und die Betonblöcke, die eine Baustelle sicherten.

»Mein Vater hat …« Fritz vernahm eine Art Kreischen, mechanischen oder menschlichen Ursprungs, dann war die Nachricht abrupt geendet. Alle Folgeversuche endeten auf der Mailbox. Das Internet gab sich ungewohnt uninformiert, beim Veranstalter der Medienkonferenz wusste niemand etwas. Gerade wollte er Khun Watapong um Hilfe bitten, da leuchtete die bekannte Nummer im Display: »Was wolltest du mir sagen?« Die Antwort war ein Wortschwall auf Thailändisch, der eindeutig aus dem Mund eines Mannes kam. Ob er Englisch könne, unterbrach Fritz und hoffte das Beste. Er hatte Glück.

»Hier Officer Surachai, Bangkok Metropolitan Police. Ihre Nummer war die letzte, die von einem der beiden Unfallopfer gewählt wurde.«

»Was ist passiert? Geht es ihr gut? Wo ist sie?«

»Sind Sie ein naher Verwandter? Ansonsten kann ich keine Auskunft geben.«

Immerhin gelang es ihm, in Erfahrung zu bringen, dass man sie ins Bumrungrad Hospital auf der Sukhumvit Road gebracht hatte. Beim Abtransport sei ihr Zustand kritisch gewesen. Der Fahrer des Vans sei tot. Der Polizist fragte nach seinem Aufenthaltstort. »Möglicherweise müssen Sie noch einmal aufs Revier kommen«, sagte er und legte grußlos auf.

*

Als er ins Taxi stieg, floss der Verkehr. In spätestens zwei Stunden würde nichts mehr gehen auf der Sukhumvit. Vor ihnen tauchte der Betonriegel des Bumrungrad auf. Die Bundesbank, in Frankfurt-Ginnheim anscheinend dahingerafft, schien in Bangkok als Krankenhaus wiedergeboren zu sein. Die Ähnlichkeit mit dem Frankfurter Betonklotz fiel ihm sofort auf, als das Taxi auf das Gebäude zurollte. Auffahrt und die über zwei Stockwerke verglaste Lobby erinnerten eher an Luxushotel als an AOK. Fritz sprang die Treppenstufen zum Eingang hinauf, kam ins Straucheln, fing sich mit der Hand ab, die den Blumenstrauß hielt, Dornen bohrten sich in seine Handfläche. Blumen und Krankenhaus, das gehörte zusammen wie Frauen und Türaufhalten.

Hinter dem Infoschalter aus grünlichem Rauchglas saßen zwei junge Thailänderinnen, die mit ihren rosafarbenen Kitteln wie zwei Blüten aus dem Tresen hervorzuknospen schienen. »Ms Gloria?« Die jüngere der beiden blickte von ihrem Smartphone auf und sah ihn verständnislos an.

»Ms Gloria, in this hospital?« Das Flehen drang bis zur Kollegin durch, die Quittungen stempelte. Sie zog eine zusammengetackerte Liste aus einem roten Schuber neben dem Monitor. »Wann eingeliefert?«, fragte sie.

»Heute Mittag – soweit ich weiß.«

Sie fuhr mit dem Finger jeden einzelnen Namen auf einer Liste ab.

»Keine Gloria. Ich bin auch erst seit zwei Uhr im Dienst.«

Fritz sah das verschmierte Blut auf dem Tresen und betrachtete seine Handfläche.

»Khun Gloria, schöne Frau, Autounfall.«

Etwas Schlaueres fiel ihm auf Englisch nicht ein. Der Blick der anderen löste sich wieder vom Bildschirm. Sie zog einen ihrer Ohrstöpsel ab und nickte. Sie nahm der Kollegin die Liste aus der Hand, fuhr mit dem Finger weiter nach oben. »Khun Junlada, *so beautiful, poor Madame*«, und machte dabei ein betrübtes Gesicht, als sei sie eine Verwandte ersten Grades, mindestens.

»Intensivstation – vierter Stock, rechts.« Er sprintete zum Aufzug, der gerade ankam. Der Blumenstrauß, egal. Im dritten Stock war er drauf und dran, einem Opa eine reinzuhauen, als der einstieg, dann fragte, ob es nach unten gehe, und auf sein Kopfschütteln hin wieder ausstieg. Vierter Stock! Seine Schuhe quietschten auf dem Linoleumboden wie eine Vollbremsung. Er erreichte die Rauchglastür mit der zweisprachigen Aufschrift »Intensive Care«. Fritz klatschte mit der Handfläche gegen das Glas. Natürlich, man musste klingeln. Von ganz weit quietschte etwas heran.

Eine kleine Frau, braune Haut, vielleicht Philippinin, in grünem Kittel und Gummisandalen, öffnete die Tür einen Spalt weit und schaute ihn fragend an. Fritz wiederholte seinen Erfolgsspruch von der Rezeption. Auch die Gesichtszüge der Schwester wurden weicher. Sie deutete mit dem Zeigefinger unbestimmt den Gang entlang und ging los. Sie erreichten die Tür: Achtundachtzig, chinesische Glückszahl. Die Schwester hielt den Zeigefinger an die Lippen und drückte sanft die Klinke herunter. Das Zimmer war abgedunkelt, in der Ecke neben dem Bett, hinter einer Art Gazevorhang, leuchtete eine Nachttischlampe. Der Vorhang streute das Licht, hinter ihrem Kopf war eine Art Heiligenschein. Um sie herum eine Batterie rechteckiger Apparate. Die farbigen Displays zeigten mehr oder weniger stark oszillierende Kurven, Dioden leuchteten oder blinkten, diverse Schläuche wickelten sich aus ihnen heraus und verschwanden unter der Bettdecke. Ihr schmaler Körper war bis auf Arme und Kopf vollständig unter Decke und Kissen verschwunden. Nicht mehr die goldene Nagaschlange leuchtete auf ihrem Handrücken, sondern grüne, rote und blaue Kanülen. Ihre Haut war nicht mehr elfenbeinfarben, sie glich feinem, stark gebleichtem Papier. Wie von einem Füller mit breiter Feder gezogen, zeichneten sich die Venen ab. Blutergüsse bedeckten wie Tintenkleckse alle freiliegenden Hautpartien. Ihr Hals steckte in einer Krause.

Die linke Hand lag entspannt da, mit der Handfläche nach oben, als wartete sie darauf, von jemandem gedrückt zu werden. Er hielt sie fest. War da ein leichter Gegendruck? Er trat dicht an den Gazevorhang heran. Ihre Augen schienen unter den geschlossenen Lidern leicht hin und her zu wandern. Das raue elektronische Schnarren eines der Apparate ließ ihn hochschrecken. Gloria regte sich nicht. Die Decke hob und senkte sich leicht, wie ein Segelboot bei leichtem Seegang.. Die Schwester bedeutete ihm zu gehen. Er rührte sich nicht. Sie zog sanft an seinem Ärmel, er ging rückwärts. Sie zog ihn weiter, ihre Gummisohlen quietschten. Er wendete sich ab. Mit einem metallischen Geräusch fiel die Tür ins Schloss.

Schweigend gingen sie den Flur zurück. Im Schwesternzimmer angekommen, bat er um eine Beschreibung ihres Zustands. Ob er ihr Ehemann sei. Er bejahte und war offenbar glaubwürdig. Sie als Schwester dürfe eigentlich keine Auskunft geben, doch die Halswirbelsäule sei möglicherweise geschädigt worden, »poor Madame«, immer wieder. Das Foyer, der Eingang, das Taxi, alles war diffus, wie von einem Schleier aus Gaze bedeckt.

Die grüne Hotellobby lag verlassen da. Jemand mit einem viel zu breiten Kreuz und auffällig-unauffälligem Benehmen wäre sofort aufgefallen. Er stieg in den Fahrstuhl, der sich vor ihm öffnete. Er schob seine Keycard in den Schlitz oben am Bedienpanel. Sie stellte sicher, dass er zum Hotel gehörte. Als die Zahl siebenundzwanzig aufleuchtete und die Blechdosenstimme dazu »*twenty seven*« krächzte, verlangsamte sich das Tempo des Lifts. An einem sonnigen Tag wie diesem war der Ausblick über die Stadt herrlich, doch er kam sich ausgeliefert vor wie ein Reh auf einem Stoppelfeld.

Selbst die Dusche hatte Fernblick oder bot freies Schussfeld, je nachdem, von welcher Seite aus man es betrachtete. Stell die Mischbatterie auf heiß, dann beschlagen die Scheiben, und du bist sicher. Fritz schüttelte den Kopf über so viel Paranoia. Er zuckte zusammen. Die Augen des Mannes, in dessen Gesicht er blickte, waren riesig.

In gleichbleibendem Rhythmus zog ein Fensterputzer, der ihn dank Spiegelverglasung nicht sehen konnte, den Abzieher von einer Seite zur anderen.

- 55 -

Obwohl es mainaufwärts ging, rollte Maries Fahrrad fast von selbst. Rückenwind. Bis zum Holbeinsteig, den überqueren und dann praktisch nur noch geradeaus, sie folgte Wallys Wegbeschreibung zur Kleingartenanlage in Sachsenhausen.

»Besser noch nicht, ich bin im Moment nicht sehr unterhaltsam«, so hatte sie auf Wallys Einladung reagiert. Doch die hatte keine Ausflüchte gelten lassen.

»Am Wochenende im Gärtchen bin ich fröhlich für zwei. Das reicht. Samstag um drei. Keine Widerrede.«

Der Fluss rechts von ihr war ein einziges Mosaik von Reflexen. In Wallung gebracht wurden sie von einem weißen Ausflugsdampfer, der ihr entgegenkam. Wortfetzen schallten von dem Schiff herüber: »Bereits im sechzehnten Jahrhundert … Frankfurt Krönungsstadt der deutschen Kaiser …«

Heute fühlte sie sich ausnahmsweise wohl in dieser Stadt, die viel versprach, vor allem dann, wenn es um Karriere und Kohle ging, dieses Versprechen aber nur für die Wenigsten, vielleicht die Skrupellosesten, einlösen konnte. Heute jedoch klang das erregte Kreischen der Penner im Bahnhofsviertel, das Röhren der teuren Sportwagen rund um den Opernplatz, das Klacken hoher Absätze auf der Fressgass und das Rasseln der Brillanten an knochigen Dekolletés wie von einem Daunenkissen zugedeckt. Die kleine Metropole, die doch so gern eine von den ganz großen wäre, gönnte sich eine Pause von ihrer latenten Aggressivität, die Neuankömmlinge schon mal mit Dynamik verwechselten. *Wenn es netter gemeint ist, als es klingt, dann ist es Berlin.* So hatte mal eine Zeitung geworben. *Wenn es cooler aussieht, als es ist* – das fiel Marie zu Frankfurt ein.

Sie passierte eine Mischung aus Kiosk und Sozialzentrum, Orange Beach stand auf dem Schild, das über der Eingangstür des hölzernen Pavillons angebracht war. Die Ansammlung von Menschen in verwaschener schwarzer Kleidung, teils an der Wand lehnend, teils auf Bierbänken sitzend, erinnerte sie an eine Gruppe zerzauster Raben. Schwarze Tuchhose, anthrazitfarbene Bluse, *welcome to the club*, dachte sie, als sie ihr Spiegelbild in einem Fenster erkannte. Sie unterquerte eine Eisenbahnbrücke, dann musste sie gezwungenermaßen das Mainufer verlassen, sonst wäre sie vor den Metallzaun eines Schrottbetriebs gebrettert. Untermalt vom Schleifen des Schutzblechs am Fahrrad und dem Donnern der Kieslaster kämpfte sie sich durch die Gesichtslosigkeit der schnurgerade verlaufenden Gutleutstraße stadteinwärts und atmete auf, als sie hinter der Camberger Brücke den Weg zurück an den Mainuferweg fand.

Zwanzig Minuten später stellte sie fest, dass Wallys Wegbeschreibung in zwölf Wörtern Google Maps in Sachen Präzision locker geschlagen hatte. Sie schloss das Fahrrad an einem Laternenpfahl an, verschwendete einen kurzen Gedanken an den Unaussprechlichen und »seinen« Laternenpfahl, schüttelte den Kopf und ging durch das Tor, über dem in Schwarz auf weißem Grund »Rosisten III« stand.

Die Rosistenanlage, das ist wie Manhattan, hatte Wally gesagt. Jetzt verstand Marie, was sie gemeint hatte. Vom Eingang mit dem erhöhten Gartentor führte ein breiter, geschotterter Weg schnurgerade bis zum Waldrand am entgegengesetzten Ende. Zu beiden Seiten des Broadway zweigten rechtwinklig schmalere Wege ab. D27 links, Haus Nummer 20. Wenn du's nicht findest, was eigentlich nur sein kann, wenn du völlig *stoned* bist, schau dich einfach nach der gelben Hütte mit den Hirschgeweihen um. Nicht zu verfehlen.

Durch die Krone des großen Feigenbaums im Vorgarten fiel die Sonne dieses perfekten Frühsommertags. Licht und

Schatten zeichneten ein elegantes Muster auf den Boden, auf dem nur noch ein paar Grashalme standen. Die Eingangstür wurde von einem voluminösen Kaftan aus Leinen versperrt, bedruckt mit bunten Schlangen und Eidechsen. Rechts und links ragten kräftige Arme heraus, die Beine waren erstaunlich schlank. Wallys Füße steckten in Gartenlatschen aus Gummi in einem Gelb, das Marie an ihre ausgeblichene Salatschleuder erinnerte. *Wally kommt von wallend,* hatte der gesagt, jener, zu dessen Namen sich ihre Lippen nicht mehr formen wollten.

Wally breitete die Arme aus. »Endlich, meine Süße. Ich habe dich so sehr vermisst. Wie furchtbar, das mit deinem Bruder.« Ein Organ wie eine Kirchenorgel. Schön, dass jetzt alle Rosisten Bescheid wussten und im Gärtchen begannen, Blumen für ein Trauergesteck zu suchen.

Marie spürte, wie der Atem aus ihrem Körper rauschte, als Wallys Arme sie umschlangen.

»Gott, bist du schmal geworden. Heute holen wir dich wieder unter die Lebenden!«

»Der Tipp mit dem gelben Haus war wirklich gut. Ansonsten sieht's hier ja aus wie im Osten.«

»Der Vorstand der Rosisten wollte uns glatt rausschmeißen – wegen der Farbe. Das Impeachment war schon eingeleitet. Bei der Kampfabstimmung hat Hristos knallhart die Diskriminierungskarte gezogen, und das Ganze wurde abgeblasen.«

»Und die Frau Redakteurin hat angedeutet, dass es ansonsten gaaanz schlechte Presse geben könnte.«

»Ein paar Vorteile muss der Job ja mit sich bringen.«

»Der Anstrich vom Schild am Eingang deckt nicht so gut. Irgendjemand hat aus dem O von Rosisten ein A gemacht und ein zweites S dazwischengequetscht. Ich nehme nicht an, dass du etwas damit zu tun hattest?«

»Wozu hat man Personal?« Wally lächelte, hob eine Augenbraue, strich ihr sanft mit dem Handrücken über die Wange und schob sie durch die Tür.

Marie stand direkt im Wohnraum und blickte sich um. Die Einrichtung der Laube war eine Art Best of Sperrmüll: Unterhalb des großen Fensters in Richtung Garten ruhte sich ein Wasserbüffel mit Schubladen aus. Das schwarze Gründerzeitbüffet machte den Eindruck, als würde es jeden Moment durch den Laminatboden brechen. Davor zwei schwarze Ledersessel in Würfelform. Klassisches Bauhaus, möglicherweise sogar die echten von Le Corbusier. An der Wand zum Schlafraum stand ein mit Velours bezogenes Dreiersofa in der Farbe eines absterbenden Pflanzenstängels.

Darüber hing ein Gemälde, auf dem flammendes Abendrot die Ruinen eines antiken Tempels erleuchtete. Dazwischen graste friedlich eine Schafherde, begleitet von einem Almöhi mit langem Stab und grob gewirktem Cape.

Wally zuckte mit den Schultern. Sie hatte Maries Blick bemerkt. »Ein paar Sachen haben wir vom Vorbesitzer übernommen, Hristos hat den Rest aufgetrieben.«

»Speziell.«

»In die Lauben wird andauernd eingebrochen. Wir finden es extrem beruhigend, dass es kaum Wertvolles hier gibt.«

»Kaum?« Marie zeigte in Richtung eines Samowars, der sich mitten auf dem Büffelrücken auf einem Spitzendeckchen niedergelassen hatte.

Wally winkte ab. »Bekommst du im Bahnhofsviertel für kleines Geld. Sagt dir der Name Lorrain etwas?« Sie deutete auf das Gemälde.

»Maler?«

»Claude Lorrain. Einer der bedeutendsten Landschaftsmaler des siebzehnten Jahrhunderts. Hristos sagt immer: Unsere Altersversorgung.«

»Das da ist …?«

»Es ist! Und es ist laut einem Gutachter echt, und vor allem ist es sechsstellig.«

»Wie seid ihr …«

»Hristos ist Entrümpler. Selbstständig. Vor etlichen Jahren hat er eine Villa in Kronberg leerräumen müssen. Irgendein Mittelständler, der mit Dichtungsringen reich geworden war. Als auch seine Frau verstorben war, sind die Kinder rein und haben die Entrümpelung ausgeschrieben. Alles von Wert hatten sie vorher ins Auktionshaus gebracht. Für zweitausend Euro sollte mein Hase dann vierhundertsiebzig Quadratmeter leerräumen und besenrein übergeben. Das Wertvollste, was sie stehen gelassen hatten, war eine Mikrowelle mit abgebrochenem Schalter. *Von dene reiche Leut kannste sparen lernen*, hat Oma Tilly immer gesagt. Tja, und dann war da dieser Verschlag außen am Haus, an den hatten sie nicht gedacht.«

»Beutekunst quasi.«

»Oder Schmerzensgeld, wie man's nimmt. Wer hier klaut, kommt mit Sicherheit nicht auf die Idee, dass der Schinken etwas wert sein könnte.«

»Guter Zug!«

Marie blickte sich verwirrt um. Woher kam die Blechstimme?

Wally ging zum Büffet, nahm sich ein Glas mit waffelförmigen Rippen und hielt es unter den kleinen Hahn am Boden des Samowars. Eine gelblich-trübe Flüssigkeit floss heraus. Sie hielt das Glas hoch.

»Auch ein Gläschen?«

»Schwöre mir, dass es da keinen urologischen Zusammenhang gibt. Sieht eklig aus, dein Tee.«

»Tee? Der beste Äppler, den du je in deinem Leben wirst kosten dürfen. Hatte ich vorhin bei den Wertgegenständen vergessen zu erwähnen. Mir wurden schon glatt rasierte Jünglinge mit Sixpack versprochen gegen Herausgabe der Rezeptur. No, keine Chance.«

»Guter Zug!«

»Entschuldige, Wally, was ist das?«

»Was?«

»Diese Stimme. Guter Zug.«

»Ach, ich hör's schon gar nicht mehr, so wie die Flieger, die bei Ostwind über die Anlage donnern. Vor fünf Jahren hat sich Hristos einen Schachcomputer gekauft. Meinst du, er wäre über Level 2 hinausgekommen, mein kleines Hasenhirn? Vielleicht will er gar nicht. Ich glaube, für ihn ist das so etwas wie Puzzeln. Jedenfalls freut er sich wie ein Schneekönig, wenn der Computer ihn lobt. Vielleicht, weil es sonst keiner tut.«

Neben dem Sofa stapelten sich verwitterte Holzkisten, auf denen noch Aufschriften wie Piesporter Goldtröpfchen, Gindelheimer Meerspinne und Ähnliches zu erkennen waren. Sie waren randvoll mit Büchern. Obenauf »Joy of Sex«, das musste tiefste Siebziger gewesen sein, ob es inzwischen neue Tricks gab? Gleich darunter unverkennbar »Die Säulen der Erde«.

Wally deutete ihr Schweigen als Zustimmung, nahm ein weiteres Glas und füllte es bis zur Hälfte. Sie stellte es zusammen mit einer Flasche Sprudelwasser auf den Couchtisch, genauer gesagt eine Glasplatte, die auf dem Rücken einer nackten Frau aus Bronze lag.

»Füll mit Sprudel auf. Zur Gewöhnung.«

Die beiden Frauen machten es sich auf dem Sofa bequem, wie zwei Kaffeetanten, nur mit Äppelweingläsern statt mit Kaffeetassen auf den Knien.

»Das ist so furchtbar, das mit deinem Bruder. Wie fühlst du dich?«

»Zuerst war es so, als hätte ich mein Augenlicht für immer verloren, doch so langsam kann ich wieder Konturen erkennen, nur schwarz-weiß, aber hoffentlich immer ein bisschen mehr.«

In aller Ruhe stellte Wally die beiden Gläser auf den Tisch und legte die Hände auf die ihrigen. Marie spürte die Schwielen. Wally grub selbst um.

»Marie, du bist solch eine starke Frau, du hast so eine Persönlichkeit, strahlst so viel Lebensmut aus. Du schaffst das! Wenn nicht du, wer dann?«

»*On oublie rien, on s'habitue, c'est tout.*«

»Klingt französisch, also spanisch für mich.«

»*Man vergisst nichts, man gewöhnt sich daran, mehr nicht.* Jaques Brel hat das gesungen. Max hat seine Chansons geliebt.«

Wally sah, wie die Augen ihrer Freundin zu glänzen begannen. Themenwechsel, und zwar schnell.

»Hast du eigentlich etwas von Fritz gehört? Das Letzte …«

»Fritz! Den Namen will ich in diesem Haus nicht hören. Dieser Malakka! Entschuldige, du bist bestimmt Marie!«

Durch die Tür hereingeschossen war Hristos, viele Haare, das war das Erste, was Marie einfiel. Der Reihe nach und von oben: schulterlanges Haar durchsetzt mit grauen Strähnen, ein strubbeliger Vollbart, ebenfalls mit kräftig Lametta, darunter das Hawaiihemd, an dem mehr offene als geschlossene Knöpfe saßen. Im oberen Teil der v-förmigen Pelzwiese wehrte sich eine Panzerkette aus Gold vergeblich, überwuchert zu werden. Sogar auf den Fußrücken, die in ausgelatschten Flipflops steckten, kräuselten sich schwarze Härchen, den Bereich zwischen oben und unten mochte sie sich nicht vorstellen. Und dann war da dieses Gesicht dieses großen haarigen Jungen, auf das jede Gefühlsregung quasi in Neonfarben gemalt war. Im Moment stand alles auf Rot.

Sie hatte sich erhoben, er umarmte sie herzlich und sprach ihr sein Beileid aus. Wallys Mann reichte ihr etwa bis zum Kinn.

»Hristos, du bist mir schon jetzt extrem sympathisch! Was war es bei dir?«

»Ist schon ewig her, da hatte ich im Gallus eine Garage als Lager angemietet. Da ist er manchmal vorbeigekommen und hat gewühlt. Im Spaß haben wir immer rumgefuckert: Für dich zehn – nie und nimmer, ich geb dir fünf – einigen wir uns auf sieben – sieben fünfzig – Deal! Und dann hat er diesen alten Wagenheber aus einer Kiste gezogen. Hätte mich gleich stutzig machen müssen. Ich wollte ihm das Teil schenken, er hat mir fünfzig Euro förmlich aufgezwungen.«

»Kein Grund, gleich sauer zu sein.«

»In den Kleinanzeigen hab ich meinen Wagenheber dann wiedergesehen. Angeboten für fünfzehnhundert Euro. Rarität! Er gehörte zu diesen alten Mercedes Coupés, wo die Türen nach oben aufgehen.«

»Mercedes 300 SL Flügeltürer, kenne sogar ich.«

»Hase, mein Hase, wenn du ehrlich bist, dann bist du nur gekränkt, weil der eine von euch beiden Halunken schlauer war als der andere. Du hättest den Wagenheber doch in den Altmetallcontainer geworfen.«

»Ich schmeiße nichts weg. Niemals.«

»Blödsinn! So, du hast deinen Auftritt gehabt, nun aber husch, husch ins Körbchen. Die Mädels wollen ihre Ruhe.«

Sie lächelte ihn an und wedelte übertrieben mit den Händen. Hristos schüttelte die Faust in ihre Richtung, verschwand grinsend im Schlafzimmer und schloss die Tür hinter sich.

Maries Blick fiel auf ein Schwarzweißfoto neben einer schmalen Tür, hinter der sich eine kleine Küche befand.

»Darf ich?«

Sie nahm den Rahmen aus gehämmertem Silber von der vertäfelten Holzwand und setzte sich direkt neben Wally. »Wahnsinn – das Rasseweib hier, das bist du, stimmt's?«

»Na ja, Schönheit vergeht, der Geist besteht. Zumindest erspart mir meine Figur jegliches Lifting. Faltenfrei dank Haribo.«

»Angelina Jolie hätte einpacken können. Und das nebendran am Biertisch, das ist doch …«

»Exakt, der Altmeister.«

»Alle Achtung, wo sich seine Hand genau befindet, kann ich nicht genau ausmachen, aber ihr seid ziemlich auf Tuchfühlung. Du und Fritz?«

»Nichts Wildes. Einmal haben wir rumgeknutscht, das war's auch schon. Betriebsausflug, 2005, wenn ich mich recht erinnere. Erst ging's nach Rüdesheim, dann mit der Seilbahn rauf zum Niederwalddenkmal. Geendet hat es mit einer Weinprobe oder, besser gesagt, einem kollektiven Besäufnis. War halt kühl da unten, zack, hat er den Arm ausgefahren, und wir sind hinter einem Tausendliterfass verschwunden. Und keiner hat's gesehen.« Wally hatte die Stimme gesenkt.

»So holt er sich Anerkennung, unser Steve McQueen der Witwen und Waisen.«

»Marie, ich bin kein Opfer. Geküsst hat er gar nicht schlecht, soweit ich mich erinnere.«

»Mag ja sein, trotzdem …«

»Werd mal ein paar Jährchen älter, dann urteilst du milder. Fritz braucht Aufmerksamkeit, aber wer braucht die nicht? Vor allem, wenn man wie er ein Angsthase ist.«

«Fritz ein Angsthase, logo.«

»Wir hatten mal einen Zwergschnauzer. Ein herzensgutes Hündchen. Doch sobald irgendein Fremder in der Tür stand, hat er erst wie ein Verrückter gebellt und dann auf den Teppich gepinkelt. Immer wenn ich Fritz sehe, muss ich an den kleinen Apollo denken. Wegen Hristos' Allergie mussten wir ihn leider abschaffen.«

»Guter Plan, nicht nur bei Apollo – ich sehe nur einen Fritz, und der ist zu cool für diese Welt. Und dann noch pausenlos diese Ironie von der Ironie. Am Ende weiß man nicht mehr, was er wirklich denkt. Soll man wohl auch nicht.«

»Vielleicht weiß er das selbst nicht. Jedenfalls wenn er Muffensausen hat und die Kontrolle verliert. Dann wird er unberechenbar. Hab ich das eine oder andere Mal erlebt.«

»Das mag vieles erklären, entschuldigt aber nichts. Mir gegenüber hat er sich benommen wie ein Arschloch. Und nicht nur mir gegenüber.«

Marie erzählte vom Zusammentreffen in der Guten Stute.

Wally nickte wissend. »Fritz hat vor irgendetwas Angst, das steht fest. Die Frage ist, ob begründet oder nicht. Was hältst du von seiner Theorie, dass die dunkle Seite der Macht es ausgerechnet auf dickliche schwäbische Mittelständler abgesehen hat?«

»Schwer zu sagen, wenn man nur Bruchstücke dieser genialen Theorie kennt. Bis jetzt sehe ich nichts, was gegen Polanski als Hauptverantwortlichen spricht. Nur das mit seinem Selbstmord finde ich merkwürdig. Wegen so eines Artikels bringt sich so einer wie Polanski nicht um.«

»Dass die Wirt AG von diesen Thailändern übernommen wird, finde ich schon ein bisschen komisch. Tauchen auf wie aus dem Nichts und legen aus dem Handgelenk ein paar hundert Millionen auf den Tisch.«

»Meine Theorie ist etwas weniger blutrünstig: die Chinesen. China braucht Technologie, koste es, was es wolle. Technologisch sind sie mit ihren Autos zwei Modellgenerationen hinten dran. Auf dem Weltmarkt keine Chance. Seit die Bundesregierung ihr Veto gegen mehrheitliche Übernahmen in strategischen Sektoren einlegen darf, sind ihre Investitionen in Deutschland um fast achtzig Prozent zurückgegangen. Thailand dagegen steht nicht gerade im Ruf, die Weltherrschaft erringen zu wollen. Sie sind eher die netten Asiaten von nebenan, die mit den Saté-Spießchen und den gebackenen Bananen. Ich vermute, dass Golden Harvest die Anteile an Wirt für ein paar Jahre hält und dann an einen chinesischen Autokonzern weiterverkauft. Möglicherweise hat Beijing ihnen sogar das Geld vorgestreckt.«

»Klingt ziemlich plausibel und wenigstens nicht wie eine Operette.«

»Stell sie doch mal Fritz vor. Der kriegt einen Blutsturz. Hast du etwas von ihm gehört?«

»Fritz? Still ruht der See, aber das ist normal bei ihm. Wollen wir ihm ein Foto von uns beiden schicken?«

Energisch schüttelten sich blonde Locken. »Euer Garten ist ein Traum. Wollen wir uns raussetzen?«

»Geh ruhig, ich kümmere mich um die Grüne Soße und die Rindswürstchen fürs Abendessen. Oder bist du Vegetarierin?«

»Nein, aber eigentlich wollte ich gegen neun zu Hause sein.«

»Sagt meine Mutter auch immer, wenn sie hier ist. Aber die ist zweiundneunzig.«

Marie lächelte und erhob sich. Sie zog die Tür auf und trat hinaus auf die Terrasse aus Waschbetonplatten, zwischen denen Unkraut wucherte. Ihr Blick wanderte über den Rasen hinweg zu den Beeten, wo blühende Stauden dicht an dicht standen und jedem Nachbarn den Blick in den Garten verwehrten. Vom erhöhten Beobachtungsposten seiner langen Stängel passte der Klatschmohn auf den Rest der bunten Truppe auf.

Sie zog ihre Sneakers aus und spazierte über den Rasen. Der Garten war so groß wie ein Tennisplatz und genauso geformt. Kirsch- und Mirabellenbäume waren eindeutig zu erkennen, denn die Früchte begannen bereits reif zu werden. Dazwischen andere, die sie nicht kannte, Walnussbäume vielleicht. Sie zog einen Zweig zu sich herunter, um die Frucht zu identifizieren. Sie erschrak und ließ ihn los. Das Klingeln eines Glöckchens war aus der Laube gekommen. Wally winkte ihr zu. Der unwiderstehliche Duft von Bratkartoffeln wehte zu Marie herüber. Durch die Terrassentür sah sie, wie Hristos prüfend ein Glas gegen das Licht hielt. Mit einem weißen Tuch polierte er nach und stellte es zufrieden auf den Tisch zurück. Ein Kamin, ein Zwergschnauzer davor, und sie wäre drauf und dran gewesen, sich adoptieren zu lassen.

Eine breite Mondsichel leuchtete durch die Blätterfinger des Feigenbaums, als Wally sie zum Abschied drückte und lange festhielt. Sie küssten einander die Wangen, dann trat Marie durch das kleine Gartentor hinaus auf D27. Gerade war sie in den Hauptweg eingebogen, da orgelte es in die Stille hinein: »Du hast deine Grüne Soße vergessen!«

Schnelle Schritte auf Kies. Hristos kam angetrabt und reichte ihr einen großen Becher »Patmos griechischer Joghurt« in einer kleinen Plastiktüte. Zwei haarige Schmatzer, und er war verschwunden. Kaum war sie durch das Tor der Kleingartenanlage getreten, fühlte sie sich wieder allein. Allein und verloren. Als sie in die Gutleutstraße einbog, herrschte völlige Stille bis auf das Schaben des Schutzblechs am Fahrradreifen. Am Ende der schnurgerade verlaufenden Fahrbahn tauchten zwei Scheinwerfer auf. Sie wurden schnell größer. Verdunkelte Scheiben vibrierten im Rhythmus schneller Beats. Der Wagen, ein US-Fabrikat, war riesig. Eine Stretchlimousine, die direkt neben ihr hielt. Sie stieg vom Rad und schloss kurz die Augen. Als sie sie wieder öffnete, las sie und begann zu schluchzen: Marie stand auf dem gelben, Max auf dem schwarzen Luftballon.

Die schwarze Seitenscheibe fuhr herunter. Eine junge Frau lehnte sich heraus. Sie sah so aus, als hätte das Bienenkostüm, das sie trug, nicht zusätzlich ausgepolstert werden müssen. Fröhlich schwankten die beiden Kügelchen auf dem Kopf hin und her. Auf den Spitzen der Fühler standen ebenfalls die Namen der Brautleute geschrieben. Mit Metallspiralen waren sie an einem Haarreif befestigt.

»Was hast du denn? Ein Typ?«

Marie winkte ab und wischte sich mit dem Handrücken über die Augen.

»Was soll ich denn sagen? Ich heirate morgen. Aber erst mal machen wir Paaady bis zum Standesamt. Vergiss den Typen und steig ein. Wir bringen dich garantiert auf andere Gedanken.«

Die Bienenkönigin bekam einen dritten Arm. Ein volles Sektglas wurde ihr aus dem Inneren des Wagens entgegengestreckt. Sie lehnte dankend ab.

Durch die sich surrend schließende Scheibe hörte sie noch ein »Spaßbremse«. Dann fuhr der Wagen weiter in Richtung der hell erleuchteten Hochhaustürme, randvoll mit Jägermeisterfläschchen, Euphorie und dem unbedingten Willen, Paaaady zu machen. Marie stieg aufs Rad. Ein kühler Wind trocknete ihr die Tränen. Sie passierte das Logistikzentrum der Post. Schon wieder eine Sinnestäuschung? Aus dem Flachdach heraus sprühte es rote Funken. In Zeitlupe stiegen sie senkrecht nach oben und stoben in alle Richtungen auseinander. Einige flogen in ihre Richtung. Dann hörte sie direkt über sich das leise Summen der Elektromotoren. Die Drohne war in den Geradeausflug übergegangen, um die abendliche Expresspost auszuliefern.

Als sie den Schlüssel der Wohnungstür zum zweiten Mal herumgedreht hatte und der Schnapper zurücksprang, ging sie schnurstracks zum Kleiderschrank und räumte alles, was nur einen Hauch Schwarz im Muster hatte, in die hinterste Ecke des Bodenfachs.

- 56 -

Fritz schreckte auf. Er war eingenickt. Tief unterhalb seines Hotelzimmers wälzte sich eine motorisierte Hoteldschunke auf dem Chao Phraya River über ein Bündel Bananen. Auf dem Glastisch brummelte das Handy.

Nachricht von Wally:
Das Foto zeigte eine blonde Ausführung von Dr. Claudia Bertani auf der Suche nach der ultimativen Piemontkirsche. Marie stand zwischen alten Bäumen und bog einen Zweig herunter. Sie hatte sich Kirschzwillinge an die Ohren gehängt.

»Steigere dich nicht in eine Theorie hinein, sondern konzentriere dich auf die Fakten! Und lass bald mal was von dir hören.«
Was sollte er antworten? *Stimmt, du hast recht, und ich leide unter Verfolgungswahn? Marie macht das sowieso alles besser? Nächste Woche komme ich ins Gärtchen, vorausgesetzt, dein Mann haut mir keinen Wagenheber über den Schädel?* Alles nicht das Wahre.

Zufällig fiel sein Blick auf die Chatgruppe »Rettet_dem_Dativ«. Er fühlte sich, als hätte er seinen liebsten Teddy wiedergefunden. Die guten alten Zeiten bei der NFZ. Das Spiel war eine moderne Version von »Pleiten, Pech und Pannen« für professionelle Sprach-Klugscheißer, Journalisten also, die sich gegenseitig ihre Überlegenheit in Rechtschreibdingen versicherten. Ein Rettungsanker in einer Welt, in der die Schreibweise von Orthografie deshalb richtiger war als Ortografie, weil nun mal sechs Komma fünf Millionen Treffer mehr sind als zwei Komma acht Millionen.

Er scrollte zum Anfang des Chats, fast genau vor vier Jahren. Pfannenroth, Wormser, Ortlieb, nach dreimonatiger Anfangseuphorie war einer nach dem anderen ausgestiegen. Der Letzte, ein Volontär:

Nachricht von Jonas:
»Schaut mal das hier ;-) ;-) ;-)«
Im Bild das Schild eines Friseurladens:
»Kuaför«

Antwort von Fritz:
»So schreibt sich das nun mal in Türkisch.«
Nach zehn Minuten
… hat die Gruppe verlassen.

Nachricht von Wally:
»Neben dir wollte in der Klasse bestimmt nie einer sitzen, oder?«

Vor vier Monaten dann Marie als Neuzugang. Mit einem starken Start.

»Dass diese Autodeppen Machos sind, weiß ich. Kenne ja dich jetzt, Fritz. Aber das hier???«
Ein Screenshot der Kleinanzeigenseite. Angeboten wurde ein Tittentacho.

»Bildhafte Sprache, davon könnten sich die Schreiberlinge eine Scheibe abschneiden. Wir haben noch Spiegeleierleuchten bei Porsche, die Wanderdüne für einen lahmen Diesel-Mercedes und ganz poetisch Ossa di Sepia. Googele mal Bilder vom Alfa Duetto Spider, dann verstehst du es. Wg. Tittentacho: Die Klarsichtabdeckung des Tachos beim Golf 1 war kegelförmig, wie ein BH-Körbchen in den Sixties.«

»Deine Ära, da hast du angefangen zu fummeln? Oder habt ihr Petting gesagt?«

Fritz:
🔫☠️😠

Dieser Chat, er war wie die Weihnachtskarte eines guten Freundes. Er lächelte und atmete durch. Dann setzte er sich in den grünen Cocktailsessel und nahm den Bleistift zur Hand, der auf dem Beistelltisch neben dem Briefpapier mit dem Apfellogo lag. Titus würde hämisch kichern, doch im Vergleich zu einem Online-Dokument war eine gute Skizze wie ein Espresso bei Bob im Vergleich zu Mutters Filterkaffee.

Polanski – Gloria – Titus – Mahmud – Colin Lim – Wirt – Archer-Herrmann, er verteilte die Namen am äußeren Rand des Papiers. Weiter innen die Firmen: World of Cars, VFW, Golden Harvest, Wirt AG, Softroad. Dann noch die Städte. Vierte Ebene: Car-e, Dino, Porsche Carrera, Jensen. Er zögerte, dann setzte er hinzu: Lamborghini Miura. Auch dieser Wagen war ungebremst in einen Stau gerast und anschließend in Flammen aufgegangen. Und zwar in Bangkok. Golden Harvest, Oldtimer und Bangkok, immer wieder Bangkok. Alles lief auf Colin Lim hinaus, über Glorias Rolle wollte er sich jetzt lieber keine Gedanken machen.

Warum ging Lim das Risiko eines Kapitalverbrechens ein? Der Typ war milliardenschwer. Doch anscheinend ging der Tycoon für jedes aussichtsreiche Geschäft über Leichen. Auf dem heimischen Spielfeld, wo er bestimmt mit dem Polizeichef per Du war, einen Konkurrenten um die Ecke zu bringen, das war etwas anderes, als in Frankreich oder Amerika Unternehmer zu killen. Mit einem fetten Immobiliendeal könnte er wahrscheinlich dasselbe verdienen wie mit der Übernahme der Wirt AG. Andererseits, vielleicht ging es diesem Typen wie ihm selbst: Nachdem er den Geldwäscheskandal bei der Deutschen Bank aufgedeckt hatte, war er im Hessenfernsehen interviewt worden. *Warum rufen nicht die Tagesthemen an,* hatte er sich schon am

Abend gefragt. Alles im Leben war eine Frage des Vergleichs – und des Ausmaßes an Gier. Er dachte an die Frau, die im Krankenhaus lag und die er aller Wahrscheinlichkeit nach nie wiedersehen würde.

Warum sollten sie es auf Gloria abgesehen haben? Und vor allem, ein Vater, selbst wenn er Colin Lim hieß, würde seiner Tochter niemals etwas antun wollen. Es lag auf der Hand: Sie waren davon ausgegangen, dass in dem Van, dem offensichtlich manipulierten Van, ein gewisser Friedrich Graber hätte sitzen sollen. Und jetzt? In vierundzwanzig Stunden könnte er vor Kommissar Gottlieb sitzen. Doch selbst wenn der dieser Version Glauben schenken würde, welche Möglichkeiten hatte ein deutscher Polizist, einen thailändischen Milliardär zur Verantwortung zu ziehen? Und welche Beweise gab es überhaupt? Fritz verbarg das Gesicht in den Händen.

Im Hintergrund zischelte die Klimaanlage. Das machte die Stille noch spürbarer. Die Stille und die Einsamkeit. Tief unter ihm wurden die Schatten der Palmen immer länger, der Feierabendverkehr auf der mehrspurigen Hochstraße nahm zu.

Auf einmal wusste er, was er zu tun hatte. Vierunddreißig Grad zeigte die CNN-Wetterkarte für Bangkok, während der stumm geschaltete Wettermoderator auf dem Bildschirm eine Bewegung wie ein Handmodel machte, um auf heftige Gewitter über Singapur hinzuweisen. Die leichte Jacke mitzunehmen war Blödsinn, doch Schweiß auf der Haut war immer noch besser als eine Mischung aus Schweiß und Benzin.

- 57 -

Bangkok, die Mutter aller Feinstäube, umarmte ihn wie eine dicke, ungewaschene Oma. Lediglich das Handy in der Brusttasche, Brieftasche in der anderen, das kam der Idealvorstellung von Reisen sehr nah. Nicht zu vergessen das obligatorische Schweizer Messer in der Seitentasche, das gerade schmerzhaft auf den Hüftknochen drückte. Das lag am Fahrer, der das dreirädrige Tuktuk um die Kurven zirkelte, als gelte es, seine Fähigkeit zur Wiedergeburt einer Prüfung zu unterziehen.

Fritz klammerte sich an das verchromte Gestänge der Sitzfläche. Die Lehnen des Passagierabteils bestanden aus filigranen, künstlerisch wertvoll geschwungenen Stäben, für Passagiere ideal als Nierenspießchen geeignet, sollte der Flipflop tragende Ayrton Senna vor ihm, der seinen Nacken ununterbrochen mit einem von Motoröl getränkten Lappen trocknete, seine persönliche Tamburello-Kurve gefunden haben.

Sie bogen von der mehrspurigen Sanam Chai Road in eine schmale Straße ab und erreichten nach wenigen hundert Metern einen Parkplatz. Die Handbremse des Dreirads quietschte erbärmlich, das Sägen des Zweitaktmotors erstarb, kurz darauf stand er im Vorhof von Wat Pho, dem Tempel des liegenden Buddha.

»Fahre zur Abenddämmerung nach Wat Pho, denn dann sind die Touristen weg. Spar dir den liegenden Buddha selbst, Blattgold, Räucherstäbchen, Lotusblüten, von denen ist einer wie der andere. Spaziere einfach nur durch den Park und warte, bis die Zikaden zu zirpen beginnen.«

Kaum hatte Gloria die Beschreibung ihres Lieblingsorts in Bangkok beendet gehabt, hatte er ein zartes junges Mädchen vor sich gesehen, vertieft in ein Buch, unter einem knorrigen

Baum sitzend. Vielleicht der große Bodhi-Baum, das Herzstück des Gartens, der den Tempel umgab. Buddha selbst hatte unter einem Bodhi gesessen, auf Erleuchtung wartend.

Das Erste, was er wahrnahm, war der süße Duft der Frangipani-Blüten. Er zupfte eine der fünfblättrigen Blüten ab und betastete ihre ledrigen Blättchen, die sich zum Kelch hin eidottergelb verfärbten. Die Dämmerung setzte ein, in wenigen Minuten würde ein zartes Zwielicht langsam, aber stetig die Farben aus der Welt pusten. Kein Zirpen weit und breit, vom Teich am unteren Ende der Wiese setzte das dumpfe, durchdringende Quaken der Ochsenfrösche ein.

Im Inneren des Tempels war es still. Von den Füßen aus betrachtet, wurden die riesigen Ausmaße der Statue deutlich. Sie war fast fünfzig Meter lang, ein halbes Fußballfeld. Im dämmrigen Licht und ganz in Blattgold gehüllt, wartete Buddha auf das Ende seiner Reise, den Zyklus der Wiedergeburten. Gleich würde er ins Nirwana eintreten.

Was tun? Die Thais knieten nieder und legten vor dem Gesicht die Handfläche aneinander. Er tat es ihnen nach. Im Hintergrund ein Scheppern, ein Gläubiger fütterte eine Spendenbox mit Münzen. Weiter entfernt dudelte ein Radio eintönigen Thai Pop. Auch er war am Ende einer Reise angelangt. Gloria hätte ihn vielleicht auf der nächsten begleiten können, doch sie blieb der einsame kalte Stern, der vielleicht gerade dabei war zu erlöschen. Er betete zu Buddha, ohne zu wissen, ob er ihn erreichen würde. Er dachte an Marie und ihren Bruder, an Mahmud, sie alle hatten ihre Götter, selbst Titus, der dem Geist in der Maschine huldigte. Und er selbst? *Ich glaube an die Deutsche Bank, denn die zahlt aus in bar.* Marius Müller-Westernhagen. Doch selbst die hatte kein Bares mehr gehabt und mit der Commerzbank fusionieren müssen.

Als er aus dem Tempel trat, schien es, als sei ein Vorhang gefallen. Unter funzeligen Laternen tanzten Nachtfalter groß wie

Dessertteller, die Frösche hatten aufgehört zu quaken, weit entfernt rauschte der Bangkoker Verkehr. Er blieb stehen und lauschte. Keine Zikaden, nirgends. Im Vorhof mit den Frangipani-Bäumen brach ein Ast. Wahrscheinlich die Affen, die sich tagsüber hier herumtrieben, um Touristen anzubetteln und ihnen die Sonnenbrillen zu klauen.

Kurz vor Erreichen des Parkplatzes drehte er sich um und sah einen dunklen Schopf, der hinter einer Backsteinmauer verschwand. Das Blut rauschte durch seine Ohren wie Wasser in eine Badewanne. Der Parkplatz war leer. Im hintersten Winkel der geschotterten Fläche blinkte das Blau-Gelb des Tuktuk. Vom Fahrer fehlte jede Spur. Am liebsten wäre er losgerannt, nur weg von hier. Doch er zwang sich, langsam über den Parkplatz zu schlendern. Er hatte das Gefühl, steif wie ein alter Mann ein Bein vor das andere zu setzen.

Fast war er auf Höhe des Tuktuk angekommen. Er fasste sich an die Stirn – ich wollte doch unbedingt noch ein Tuktuk fotografieren – und zückte das Handy. Vermutlich wirkte er wie ein zweitklassiger Stummfilmschauspieler. Neben dem Lenkrad erkannte er die rote Kordel, der Zündschlüssel steckte offenbar noch. Lenker, Kupplung, der dicke Schaltknüppel zwischen den Beinen, so ein Ding zu fahren, das konnte doch nicht so schwer sein. Ein bisschen wie bei Schulkumpel Georgs Bonanzarad, auf das er immer so scharf gewesen war. Er spürte es mehr, als dass er es sah, jemand näherte sich von hinten. Aus den Augenwinkeln sah er den Mann in einer weit geschnittenen, blauen Adidas-Trainingsjacke. Fritz schwang sich auf den Sitz, trat das Kupplungspedal durch und drehte den Zündschlüssel. Der Anlasser ratterte, der Motor jaulte auf, er warf den Schaltknüppel nach vorn und ließ die Kupplung kommen. Das Tuktuk machte einen Satz nach vorn, beinahe würgte er den Motor ab, im letzten Moment nahm er Gas an, das Dreirad setzte sich in Bewegung. Das Motörchen zwischen seinen Beinen jaulte, Fritz drehte kurz den Kopf nach links.

Der Thai war eine Körperlänge von ihm entfernt, Erstaunen in seinem Gesicht, das sich in Ärger verwandelte über das drohende Scheitern dieses vermeintlich so einfachen Plans. Fritz schaltete hoch, erwischte jedoch statt des zweiten den dritten Gang, das Tuktuk beschleunigte kaum noch, der Thai umso mehr. Fritz hörte ihn grunzen, die letzten Kräfte mobilisieren. Die asphaltierte Straße ging leicht bergab, das Tuktuk wurde schneller, der Verfolger fiel ein wenig zurück, gab aber nicht auf.

Fritz blickte in den Rückspiegel und hätte dabei fast die scharfe Biegung übersehen. Mit aller Kraft stemmte er sich auf die Bremse und riss das Gefährt nach rechts, spürte, dass ein Hinterrad abhob, warf sich in die entgegengesetzte Richtung, schaffte die Kurve, schaltete herunter, sah, dass sein Verfolger ihn fast erreicht hatte, sich mit einer Hand am verchromten Gestänge des Verdecks festhielt und dabei war, aufzuspringen. Jetzt beschleunigte das Tuktuk wieder, er schaltete hoch in den dritten Gang.

Der Mann im zittrigen Rückspiegel war stehen geblieben, griff aber mit einer Hand in seine Jacke. Fritz fuhr Schlangenlinien, um ihm das Zielen zu erschweren, doch er hielt nur sein Handy ans Ohr und gestikulierte wild. Fritz gab Vollgas und suchte nach dem Schalter für die Beleuchtung. Die Straße lag in fast völliger Dunkelheit vor ihm. Er schlingerte um die nächste S-Kurve. Scheinwerfer wie kleine Sonnen, sie machten ihn praktisch blind. *Bremsen*! Der letzte Gedanke vor der völligen Schwärze.

- 58 -

Ein glatzköpfiger Mann, stark wie ein Ochse und genauso feingliedrig, presste ihm die Arme hinter dem Rücken zusammen. Er roch wie alte Socke an Knoblauch. Ein zweiter Muskelmann zog ihm einen Sack über den Kopf, in dem vorher die zugehörigen Füße gesteckt hatten. Mit kontrollierter Brutalität umfasste eine Hand seinen Nacken und drückte ihn mit dem Gesicht auf den Grasboden. Es roch erdig. Sie hoben ihn hoch, und er landete kopfüber auf der Rückbank eines Autos. Die hintere Tür des Wagens knallte zu. Er atmete direkt in die Polster.

Kindheitserinnerungen, sogar jetzt. Typisch Mercedes älteren Baujahrs. Was fehlte, war das Gefühl der Geborgenheit. Er lag bäuchlings auf der Rückbank und wollte gerade die Arme ein wenig dehnen, da wurden sie hinter den Rücken gerissen. Einer presste die Handgelenke zusammen, der andere legte etwas Kühles, Starres darum. Fahrer- und Beifahrertür wurden geöffnet, der Wagen schwankte leicht, die Sitzgestelle quietschten, die Türen wurden zugeknallt. Der Motor sprang an. Er hatte sich getäuscht. Der Wagen klang wie eine Nähmaschine mit Halsentzündung, ein kleiner Toyota oder Kia.

Nach ein paar Minuten Stop and Go beschleunigten sie. Die Windgeräusche nahmen zu, solche Geschwindigkeiten erlaubte zu dieser Tageszeit nur der Expressway. Die Klimaanlage steuerte einen zischelnden Unterton bei. Fritz versuchte, seinen Ekel zu unterdrücken und den Stoff zu zerbeißen, keine Chance. Er konzentrierte sich darauf, seinen Atem unter Kontrolle zu bekommen und keine Energie zu verschwenden.

War eine halbe Stunde vergangen oder mehr? Über das Geräusch der Klimaanlage legte sich ein Rauschen wie eine Klospülung, so durchdringend, dass die Autotür zu vibrieren begann.

Ein Düsentriebwerk unter vollem Schub. Sie fuhren auf einem Expressway und befanden sich in unmittelbarer Nähe zu einem Flughafen, möglicherweise dem alten Don Mueang Airport. Er diente nur noch für Inlands- und Frachtflüge, einige Hangars waren für Privatjets von Bangkoks High Society reserviert.

Der Wagen bremste scharf, Fritz rutschte nach vorn und knallte mit dem Kopf gegen die Rückenlehne. Der Blinker klackte wie ein Blechfrosch. Der Wagen bog mehrfach ab, sein Kopf schleuderte zwischen Rückbank und Lehne des Vordersitzes hin und her wie eine Flipperkugel. Noch einmal bekam er das Metallgestänge des Fahrersitzes zu spüren, dann kam der Wagen zum Stehen. Knoblauchsocke zog ihn an den Beinen ins Freie, die Schläger hakten sich bei ihm unter und führten ihn durch eine Tür, dem Geräusch beim Aufschließen nach zu urteilen aus Stahl. Der Gang war schmal, einer der beiden legte ihm die Hand zwischen die Schulterblätter und schob ihn weiter. Er folgte dem Geruch des anderen. Die nächste Tür öffnete sich, er vernahm Schläge auf Metall, hallend. Glatze hielt ihn an der Schulter fest und zog ihm den Sack vom Kopf. Er blinzelte in mächtige Strahler, die den Hangar bis in die letzte Ecke ausleuchteten.

Dominiert wurde die Halle von einem Hubschrauber in grüner Tarnlackierung. Wenn auf alten Aufnahmen aus dem Vietnamkrieg ein Helikopter zu sehen war, dann dieser: Bell UH1D, das Arbeitstier der US Army. Das Logo auf der seitlichen Schiebetür erkannte Fritz sofort: Kumpel Heiner, der Military Look fast so sehr liebte wie Eintracht Frankfurt, trug es am Ärmel seine Tarnjacke. Dort stand über dem Kopf eines schreienden Weißkopf-Seeadlers »Adler Bornheim«, sein Stadtteil-Fanclub. Hier war es »Airborne«. Die Schrottkiste vor ihm, deren Positionslichter gerade rhythmisch zu blinken begannen, hatte locker ein halbes Jahrhundert auf dem Buckel. Im gleißenden Licht blinkten Einschusslöcher auf der Tarnlackierung.

Das Stahltor des Hangars glitt auf. Nachtluft, nicht kühl, sondern warm und schwer wie Reispudding mit Kerosingeschmack, strömte in die Halle. Mechaniker in schwarzen Overalls zogen den Helikopter, an dessen Kufen kleine Rollen befestigt waren, mit Hilfe einer Schleppstange nach draußen. Einer lief mit einer Art Bollerwagen hinterher. Darauf lag etwas, das aussah wie eine Kreuzung aus Maschinengewehr und Panzerkanone. Zwei Männer hoben die Waffe mit Mühe in eine Lafette, die neben der Frachttür angebracht war. Mit einem lauten Klacken rastete die Maschinenkanone ein. Die messingfarbenen Geschosse, die einer der beiden in den Patronengurt schob, hatten die Größe von Kümmerling-Fläschchen.

Aus dem Nichts tauchten zwei Männer auf. In Nachtschwarz samt entsprechenden Basecaps gekleidet, hatten die Thailänder auf den beiden schwarzen Sofas der Sitzgruppe ausgeruht, unsichtbar wie Moskitos auf einem dunklen Vorhang. Beide trugen Kopfhörer mit lindgrünen Ohrmuscheln und hielten Navigationskarten in den Händen. Sie umrundeten die Maschine, musterten aufmerksam Fahrwerk, Rumpf und Rotoren, der Größere ruckelte an Höhen- und Seitenruder. Dann kletterten sie – nahezu synchron – von rechts und links ins Cockpit. Jeder legte ein paar Kippschalter um. Riesige Flachbildschirme flammten auf, ihre Hände umfassten Joysticks. Ein Oldtimer der Lüfte war das nur von außen. Starke Elektromotoren begannen zu surren. Einer der Mechaniker stellte sich vor den Bug der Maschine, der hervorragte wie das Kinn einer Comicfigur. Erst hob der Mechaniker den Daumen, dann beschrieb er mit erhobenem Zeigefinger Kreise in der Luft. Langsam begann sich der Hauptrotor zu drehen. Das Summen wurde immer lauter, entwickelte sich zu einem Schabegeräusch, einem Betonmischer nicht unähnlich, und ging schließlich in ein Dröhnen über, das auch von einem viermotorigen Flugzeug hätte stammen können.

Die Gorillas fassten Fritz bei den Armen und zogen ihn in Richtung Ladeluke, tief geduckt, um nicht vom Hauptrotor geköpft zu werden. Der Stiernacken sprang in die offene Ladeluke, sich an der Maschinenkanone hochhievend. Fritz folgte, nach ihm hechtete der Glatzköpfige in den Laderaum. Die beiden setzten sich Kopfhörer auf, er bekam ein Paar gelbe Ohrstöpsel in der Farbe von Curry-Erdnussflips – leicht angesabbert – aus einer alten Kleenex-Box, in der noch die Geschmacksrichtungen Orange und Waldmeister verfügbar waren, alle trugen Spuren ihrer früheren Benutzer. Trotzdem glaubte Fritz, taub zu werden, als der Pilot Schub gab und die Bell auf der Stelle zu zucken begann, um dann mit ein paar Grad Vorwärtsneigung abzuheben und in einen immer schnelleren Geradeausflug überzugehen. Der stinkende Stoffsack lag griffbereit auf dem Schoß des einen, doch keiner von ihnen machte Anstalten, ihn einzusetzen. Bis zum Horizont breiteten sich Millionen und Abermillionen kleiner Lichter aus. Das staubige, schmutzige, sündige Bangkok schien klar, hell und unschuldig wie der Sternenhimmel. Irgendwo da unten hing eine Frau an Drähten wie eine Marionette, kaum wahrnehmbar atmend, ein Leben am seidenen Faden.

- 59 -

Der Flug musste gut vier Stunden gedauert haben, glaubte man der Digitalanzeige eines alten Batterieweckers, der an einem Draht befestigt von der Decke des Frachtraums baumelte. Sie zeigte 04.32 Uhr. Er war sich nicht sicher, ob er eingenickt war oder sich nur in einem halbschlafähnlichen Zustand befunden hatte. Der Horizont rechts vor ihm verfärbte sich in zartem Orange und zeichnete einen hellen Reflex auf Glatzes Schädel. Sie mussten nach Südosten geflogen sein. Laos, Kambodscha, Vietnam, alles andere, etwa die Philippinen, dürfte außerhalb der Reichweite des Hubschraubers gelegen haben. Mit dem Hintern spürte er, dass die Maschine in den Sinkflug übergegangen war. Wenn er den Hals ein wenig reckte, konnte er nach unten schauen. Er sah nichts als eine große, dunkle Masse, vereinzelt leuchteten Punkte auf, Straßenlaternen oder erleuchtete Fenster. Umrisse tauchten aus dem Dunkel auf, Palmen vermutlich oder andere Bäume. Je näher der Boden war, desto deutlicher war die Vegetation erkennbar: Mangobäume, Palmen, irgendwelches Gestrüpp, wild rankend. Der Helikopter stand fast auf der Stelle. Ein riesiges, von Scheinwerfern beleuchtetes Plakat warb für Eigentumswohnungen im Grünen, darüber große Lettern, nicht in thailändischer oder laotischer Kringelschrift, sondern lateinische Buchstaben mit diversen Häkchen, Dächern oder Schlangen. Unten stand die Website www.saigon-flowergarden.vn für weitere Informationen. Neonreklamen leuchteten weit entfernt im Dunst, das musste Ho-Chi-Minh-City sein. Pepsi Cola war das Letzte, was er sah, bevor wieder alles schwarz und Schweißfuß wurde.

Man schleifte ihn mehr über den Boden, als dass er selbst einen Fuß vor den anderen setzen konnte. Obwohl sie keinen Sack über dem Kopf hatten, stolperten seine Bewacher fast genauso durch das Unterholz wie er selbst. Sie schienen sich mehr an ihm festzuhalten als umgekehrt. Endlich blieben sie stehen. Brutal zerrten sie ihm den Sack vom Kopf, er schrie auf, ein Büschel Haare segelte zu Boden.

Mit einer knappen Kopfbewegung deutete der glatzköpfige Gorilla vor sich auf den Boden. Fritz folgte seinem Blick, suchte, blickte den anderen verständnislos an. Der bückte sich, griff nach einem Grasbüschel. Für einen Moment besiegte die Neugier die Angst. Über das Tattoo hinweg sah er, wie sich der Grassoden hob. Für den Bau eines Tieres war die Öffnung zu exakt ausgegraben. Rechteckig und so groß wie ein Bierkasten war es der Eingang zu einem, ja, was eigentlich? Glatze, der breitere der beiden, setzte sich unwillig grummelnd auf den Boden, steckte die Füße ins Loch, zog die Schultern zusammen und ließ sich hineingleiten.

»*You, slim*«, gurgelte der andere in einer Art Englisch und bedeutete ihm hinterherzusteigen. Das Letzte, was er sah, bevor er in die Dunkelheit abtauchte, waren ein Paar blaue Turnschuhe und eine hübsche rot-schwarz gestreifte Wanze, die gemächlich einen Grashalm bestieg. Gleich darauf hatte er wieder festen Boden unter den Füßen. Er beugte die Knie und ließ sich langsam nach unten sinken. Augenblicklich stockte ihm der Atem, nicht nur wegen der Dunkelheit, die fast schon Materie war. Der Geruch, der ihn umfing, erinnerte an Pilze, doch er war um ein Vielfaches intensiver.

Neben ihm flammte ein Licht auf, Stiernacken nutzte sein Smartphone als Taschenlampe. Rechts und links führten Gänge ins Dunkel, beide hüfthoch und weniger als schulterbreit. Fritz' Atem ging so ruhig wie seit Stunden nicht mehr. Vielleicht, weil das alles an die Schülerjobs Auf Zeche erinnerte. Das Licht schwenkte herum. Stiernacken bedeutete ihm zu folgen und kroch in den linken der beiden Gänge, nicht ohne seinem Ärger durch Grunzen und Stöhnen Luft zu machen. Sein Hintern, der in die Tunnelröhre passte wie die Patrone in den Gewehrlauf, verschwand im Dunkel. Das war die Gelegenheit, sich durch die andere Röhre aus dem Staub zu machen. Doch wohin? Weitere Überlegungen erübrigten sich, weil mit gedämpftem Rauschen und nachrieselnden Erdbrocken Glatze nach unten ploppte.

Fritz sank auf alle viere und kroch in die Dunkelheit eines Ganges. Die Luft enthielt noch Spuren von Sauerstoff. Wieder richtete sich der erleuchtete Handybildschirm auf. Sein Bewacher wollte sicher sein, dass er folgte. Direkt über ihm klaffte ein Loch von der Größe eines Tennisballs. Ein leichter Luftzug ließ den Flügel eines toten Nachtfalters vibrieren, der über der Öffnung hing. Vermutlich ein Belüftungsrohr, das an die Erdoberfläche führte.

Stiernacken gab Glatzkopf ein Zeichen, gleichzeitig begann im Luftloch eine schwarz-weiß gestreifte Billardkugel träge hin und her zu wackeln. Und sie hatte Beine, acht an der Zahl. Fritz zuckte zurück, knallte mit dem Kopf gegen die Decke des Ganges. Erde rieselte, die Spinne, die das Luftloch fast vollständig ausfüllte, bewegte sich hektischer. Das Licht erlosch, von hinten bekam Fritz einen Schlag auf die rechte Wade. Er duckte sich so tief wie möglich und kroch unter dem Loch her, betend, dass die Spinne einen felsenfesten Stand und ausgeglichenes Temperament besaß.

Sie steuerten auf einen hellen Punkt zu, der schnell größer wurde. Je näher sie kamen, desto mehr Konturen waren im Tunnel zu sehen. Er verschätzte sich und fiel wie eine Sturzgeburt aus dem Gang direkt in einen unterirdischen Konferenzsaal. Er kam mühsam auf die Beine, klopfte ausgiebig – wie eine Katze, die sich nervös die Pfoten leckte – seine Hosenbeine ab. Er streckte den Rücken durch und lockerte durch rhythmisches Bewegen des Kopfes die angespannte Nackenmuskulatur. Die Gorillas banden ihm die Hände zusammen.

Gründlich erleuchtete eine nackte Neonröhre den Raum. Sie steckte in einer durch die feuchte Luft fast vollständig verrosteten Fassung. In krassem Gegensatz dazu standen sieben Designer-Bürostühle aus Metall und Stoff, deren Rollen so weit in den Boden versunken waren, dass die Stühle auf ihrem verchromten Fußkreuz ruhten. Sie waren um einen Metalltisch herumgruppiert, auf dem ein Tischläufer aus grüner Seide lag. In die Wände aus festgeklopfter Erde waren Nischen gegraben worden. Darin standen mit Blattgold belegte Figuren, ein Buddha, der beide Hände zum traditionellen Wai-Gruß geformt hatte, die Glück bringende Nagaschlange und eine Figur, die in eine katholische Kirche zu gehören schien. Der hintere Teil des Raumes lag fast völlig im Dunkeln, zwei Windlichter ließen schemenhaft die Konturen von Sesseln erkennen, die selbst auf die Entfernung gemütlich aussahen. Unverständliches Gemurmel drang herüber. Stiernacken und Glatze hatten sich rechts und links von ihm postiert, die Daumen in die Gürtel gehängt.

»Sir?«, rief der Breite ins Halbdunkel. Ein Glas wurde auf dem Tisch abgestellt, jemand oder etwas verdunkelte den Gang.

Als der Mann den Lichtkegel des Neonlichts erreicht hatte, war jeder Zweifel verflogen: Das Foto war alt gewesen, doch nun war klar, wer hier zum Rendezvous im vietnamesischen Erdloch gebeten hatte.

»Guten Tag, Fritz. Ich darf Sie doch so nennen?«

Achselzucken.

»Willkommen in Cu Chi! Vielleicht haben Sie schon von diesem Ort gehört.«

Irgendetwas klingelte. Irgendetwas mit Vietnamkrieg.

»Vielleicht auch nicht. Und weil Sie hier keine Alexa fragen können, heißt Ihr Lexikon eben Colin Lim. Die Tunnel von Cu Chi. Zweihundert Kilometer lang, auf drei Etagen, waren sie so etwas wie eine unterirdische Garnisonsstadt der Vietcong hier in Südvietnam, im Herzen des Feindes. Von hier aus haben sie die

Amerikaner bekämpft und, so kann man das wohl sagen, ihnen in den Arsch getreten. Mit welchen Mitteln, möchten Sie nicht wissen. Selbst die Taliban sollen gestaunt und sich einiges abgeschaut haben. Die US Army stellte eine Spezialeinheit auf, um sie unter ihre Kontrolle zu bringen: die *tunnel rats*. Schmal gebaute Mexikaner, die es schafften, sich in die Gänge zu zwängen. Dort stürzten sie reihenweise in Fallen aus Bambusrohr, angespitzt und mit Kot oder Gift beschmiert. Erobern konnte Amerika die Tunnel nie.«

»Ist die Geschichtsstunde vorbei, kann ich jetzt gehen?«

»Dafür ist es ein bisschen zu spät. Gewarnt hatten wir Sie. Selbst nachdem Sie in Hongkong herumspioniert hatten, wäre ein Rückzug noch möglich gewesen.«

»Sämtliche Recherchen befinden sich auf einem USB-Stick, und der liegt an einem sicheren Ort. Warum sprechen Sie immer von ‚wir'?«

»Mensch, Fritz, heutzutage ist Erfolg ohne Team undenkbar. Einzelkämpfer wie Sie, die sind wie Rennfahrer ohne Boxencrew! Wahrscheinlich wären Sie nicht hier, wenn Sie ein bisschen mehr auf *Ihre* Mannschaft vertraut hätten.«

Eine zweite Stimme. Sie kam aus dem hinteren Teil der Höhle, so als spräche jemand durch einen Schalltrichter. Doch er erkannte sie sofort. Die Gestalt kam langsam näher und füllte das Gewölbe fast vollständig aus. Um sie herum ein Heiligenschein aus Licht. Durch die Beleuchtung von oben wirkte der Mann mit den buschigen Augenbrauen so, als trüge der Mann eine Clownsmaske. Nur ohne das Lustige.

Viktor Herrmann lächelte. »Sie fühlen sich doch wohl im Dunkeln, habe ich gehört. Aber das hier ist schon sehr speziell, hab ich recht?«

Sogar in den Augen von Lim, der Herrmann gerade bis zur Schulter ging, meinte er einen Hauch von Unbehagen zu erkennen.

»Colin und ich, wir lieben diesen Ort. Pure Nostalgie. Geht Ihnen aber bestimmt auch so: Die Stätten Ihrer Jugend machen Sie selbst wieder jung. Die Parkbank des ersten Kusses, der Fußballplatz der Klassenspiele …«

»Was hat einer wie Sie mit Vietnam zu schaffen?«

»Wunderbare Erlebnisse: Du liegst in der Gefechtspause in einer Hütte, der Monsunregen prasselt auf das Wellblechdach, eine kleine Vietnamesin reitet auf dir und macht dich glücklich. Mein Leben verlief nicht immer so gerade, wie es in meinem Lebenslauf steht. Offiziell war ich Kriegsberichterstatter für AFP, kennen Sie ja, die französische Nachrichtenagentur, aber eigentlich sind wir mit US Marines durch Südvietnam gezogen und haben Vietcong gejagt. Zähe Kerlchen. Manchem von denen haben wir jeden Knochen im Leib gebrochen, ohne dass er seine Kumpane verraten hätte. Haben meinen vollen Respekt, habe immer drauf bestanden, sie nach buddhistischem Ritus zu begraben.« Er starrte ins Leere, so, als wären sie wieder da, die Schreie, der Gestank verbrannten Fleisches.

»Wir waren eine ziemlich interessante Truppe, stimmt's, Colin?«

Der nickte und zeigte mit dem Daumen neben sich. »Er war der Krasseste – in allem.«

»Übrigens, Fritz, du als Bruder im Geiste, wie findest du meinen fliegenden Klassiker? Ich meine die Bell UH1D, die dich hergebracht hat.«

Er wartete auf eine Reaktion.

»Bei einem Oldtimer würde man sagen: die perfekte Conversion. Sieht aus wie damals, darin steckt aber die Technik von heute. Ich könnte dich mit einem Klappstuhl in den offenen Laderaum setzen und von meinem Clubsessel hier unten mit einem Mai Tai in der Hand per Joystick raus aufs Meer fliegen. Autonomes Fliegen ist ein Kinderspiel. Und unsere geniale Spiderbox ist äußerst vielseitig einsetzbar. Meine Manöver wären so sanft, dass der Stuhl nicht wackeln würde. Dann aber fliege ich die Kurvenradien immer enger, dein Stuhl fängt an zu kippeln, und – schwupp – bist du Airborne, allerdings ohne Fallschirm.«

An seiner Meckerlache änderte auch die dumpfe Akustik des Erdlochs nichts.

»Ich weiß ja, dass Sie ein Fan lateinamerikanischer Militärdiktatoren sind.«

Herrmann wiegelte mit den Händen ab. »Lieber Fritz, will ich nicht und mach ich auch nicht – wenn du fair zu uns bist. Also, wer außer dir weiß noch etwas von unserem kleinen Projekt? Die süße Marie, deren Bruder gerade gestorben ist. Verendet, muss man wohl eher sagen. Speiseröhrenkrebs. Wünscht man keinem. Hätte sie nicht das Geld für die Therapie gebraucht, wäre sie bestimmt nicht zu uns gekommen. Die alte Geschichte: Wir alle sind käuflich. Würdest du nicht auf der Stelle deinen Ferrari hergeben, wenn wir dich dann freiließen?« Herrmann ging vor ihm in die Hocke. Sein Gesicht war nur noch Zentimeter von seinem entfernt.

»Fairness, dass Sie dieses Wort überhaupt in den Mund nehmen!«

Herrmann sagte zu den beiden Schlägern etwas auf Thai. Mit einem schnalzenden Geräusch sprang die Klinge aus einem Messer, dessen Griffe aus geriffeltem Aluminium bestanden. Fritz versuchte, einen Schritt nach vorn zu machen, und schlug der Länge nach hin. Er stöhnte auf, der festgetretene Lehm war hart wie Beton. Die rechte Gesichtshälfte war taub, er spürte, wie Blut an seiner Wange herunterlief. Er hörte ein Grunzen, als sich jemand zu ihm herunterbeugte, und fühlte kalten Stahl am Handgelenk. Ein leichtes Schaben, er konnte seine Hände wieder bewegen. Er tat so, als hielte er sich die Hände vor den Kopf, tastete gleichzeitig nach seinem Handy in der Brusttasche. Der Gorilla war damit beschäftigt, auch die Fußfesseln zu durchtrennen.

»Siehst du, so unfair sind wir gar nicht. Zumal du sowieso nicht aus den Tunneln herausfindest. Hinsetzen solltest du dich aber schon.«

Er nickte knapp. Die Gorillas rissen ihn in die Senkrechte und drückten ihn auf den Stuhl zurück.

»Also, wer weiß noch davon? Die schöne Gloria, nehme ich an, der nichts Besseres einfiel, als mit dir ins Bett zu steigen.«

»Sie weiß überhaupt nichts. Ihr habt sie fast umgebracht.«

»Das hätte ich niemals zugelassen!« Lim sprach laut und betonte die Worte hart. »Der Fahrer war abgelenkt und ist in eine Baustelle gerast.«

»Und Polanskis Tod war wahrscheinlich auch ein Unfall.«

Wieder meckerte Herrmann los. »Der süße Polanski. Der war so warm wie die Sitzheizung in deinem Jensen. Stand leider allzu sehr auf kleine Jungs und war nicht vorsichtig genug. Am Ende hat er selbst Hand an sich gelegt. Große Oper wollte er zeigen, aber das war es nicht, eher Schmierenkomödie. Autohändler eben. Hilfreich war er, zumindest, bis er kalte Füße bekam.«

»Weil er Sebastian Wirts Porsche manipuliert hat und auch meinen Dino, in dem Jim Archer dann gestorben ist. Dass seine Frau neben ihm saß, war euch völlig egal. Mich habt ihr sogar noch benutzt, um Polanski in die Ecke zu drängen.«

»Der nette, bodenständige Herr Wirt. Erpressen wollte er uns, der fette Drecksack. Steuersensorik zum doppelten Preis verkaufen, weil er wusste, dass der Car-e ein Erfolg werden muss. Sonst wäre ich derjenige gewesen, der nach sechsundneunzig Jahren VFW zum Konkursrichter hätte marschieren müssen. Nun hat er einen anderen Weg eingeschlagen. Geschieht ihm also ganz recht, dem lieben Sebastian, und seiner Sippschaft sowieso. Archer, na ja, ging nicht anders. Seit die Amis einen auf Protektionismus machen, kommt man sonst nicht mehr an die Kameratechnik und die Software heran.«

»Sie brauchen die Technologie, und Golden Harvest war als vermeintlich neutraler Zwischenhändler dazwischengeschaltet.«

»Soll ich ihm eigentlich unsere Geschäftsgeheimnisse ausplaudern? Sowieso egal, oder was meinst du, Colin?«

Der zuckte mit den Achseln. Herrmann deutete es als Zustimmung. »Mein Car-e ist zwar das Hässlichste auf vier Rädern, das die Welt je gesehen hat, aber die Leute werden ihn lieben!«

»Eine fahrende Telefonzelle, da wäre ich mir nicht so sicher, Herr Herrmann.«

»Er hat Platz, ist bequem, hat WLAN, eine Kaffeemaschine, und er ist billig, auch dank der neuerdings äußerst vorteilhaften Einkaufspreise bei Wirt und Archers Softroad. Das ist unschlagbar. Alle werden ihn lieben. Selbst du würdest ihn lieben. In spätestens zehn Jahren hättest du es dir sowieso nicht mehr leisten können, selbst ins Lenkrad zu greifen. Vielleicht gönnst du dir zu deinem Junggesellenabschied ein paar Runden Autofahren auf einer Rennstrecke, so wie sie heute Paintball oder Laser Tagging spielen gehen. Vorausgesetzt, du hättest die Richtige gefunden. Stell dir mal vor, du sitzt im Car-e auf dem Weg zu Freunden in München und nimmst an einem realen Rennen auf dem Nürburgring oder in Monza teil. Neben dir sitzt Marie und probiert ihre neue Bluse aus, ohne sie tragen zu müssen. Sie sieht sich lebensecht dank VR-Brille. Die letzte Zeitspanne, in der die Menschen nicht online sein werden, ist das Bett, genauer gesagt der Schlaf. Aber wir arbeiten daran!«

»Sie wollen in die Gehirne der Menschen eindringen?« Fritz versuchte, das Gespräch am Laufen zu halten.

»Was heißt eindringen ... Nur noch schöne Träume, wer würde sich das nichts kosten lassen? Wer sich freiwillig ein Fitnessarmband ums Handgelenk legt für monatlich zwanzig Dollar Ersparnis bei der Krankenversicherung, trägt für fünfzig auch ein schickes Nachtmützchen ...«

»Warum sollte er?«

»Jetzt reicht's aber. Das hier ist keine Pressekonferenz. Colin, wir sollten uns unterhalten, wie wir weiter mit ihm vorgehen.«

Die beiden gingen nach hinten. Voller Ehrfurcht starrten ihnen die Schläger hinterher. Fritz war in sich zusammengesackt, die Hände vorm Gesicht, ein Häufchen Elend, wehrlos, geschlagen, auf das Urteil wartend. Gleichzeitig kalkulierte er seine Chancen. Die beiden waren bärenstark, doch im Tunnel hatten sie sich nur mit Mühe voranbewegt. Ohne die Hände vom Gesicht zu nehmen, beobachtete er sie. Einer erhob sich, ging zu einem Kühlschrank, öffnete die Tür und nahm zwei Dosen Cola heraus. Der andere folgte ihm mit den Blicken. Fritz warf sich herum und sprang. Er erreichte die Tunnelöffnung, durch die sie gekommen waren. Wie ein Wellenreiter beim Anpaddeln stieß er sich ab in der Hoffnung, weit genug kriechen zu können, sodass ihre Arme ihn nicht mehr zu fassen bekamen. Fast wäre es gelungen, doch dann spürte er eine Schraubzwinge am linken Fußknöchel. Sie würden ihn zurückzerren wie ein verwundetes Tier und ihm den Fangschuss verpassen. Er griff nach einer Wurzel, die in den Gang ragte, klammerte sich an ihr fest und trat mit aller Kraft dorthin, wo er ein Gesicht vermutete. Das Klatschen war unüberhörbar, der Schrei klang dumpf in der schmalen dunklen Röhre, der Griff lockerte sich, er schüttelte die Hand ab. Er wurde zum menschlichen Maulwurf und bohrte sich vom Licht weg in die Nacht. Jede US-Tunnelratte wäre vor Neid erblasst.

Wie lang hatten sie vom Eingang bis zur Kommandozentrale gebraucht? Außer der Spinne gab es keine Orientierungspunkte. Er hielt inne und horchte. Sie waren nah, sehr nah, so nah, dass er ihre Ausdünstungen zu riechen glaubte. Die Krümmung des Tunnels, die hinter ihm lag, war bereits erhellt vom Schein der Handy-Taschenlampen. Doch dann spürte er es: ein leichter Lufthauch, der von hinten an Ohren und Nase vorbeistrich. Hinten, viel zu weit hinten, schien das Dunkelbraun fadenscheinig zu werden. Der Tunnelboden wurde glitschiger, immer wieder glitt er aus. Doch dann zeichnete sich der Eingang ab. Er hob die Arme und schob den Körper durch das Rechteck, dann den Kopf. Er versuchte sich herauszustemmen. Vergeblich. Panik überfiel ihn. Gleich sind sie da, Hände, die sich um seine Knöchel schließen und ihn nach unten ziehen. Eine letzte Anspannung der Oberarme, ein letztes Strampeln, seine Füße berührten den Grasboden. Er kam mühsam auf die Beine, stolperte, fing sich mit den Händen ab, fasste Tritt, noch dreißig Meter bis zu einer grünen Wand aus Würgefeigen. Er hechtete wie ein Schwimmer vom Einmeterbrett hinein und atmete rasselnd in die würzig duftende Erde hinein.

- 60 -

Nach einer Minute, die sich anfühlte wie zwei Stunden, hatte er Empfang. Das Handy vibrierte:

»Wenn du Eingang aufs Gelände siehst, lauf 45 Grad rechts auf Lichtung zu.«

Titus! Er hatte ihn geortet.

»eingang no«

»Weißes Schild.«

Er sah es, vielleicht einen halben Meter breit, und rannte los. Abgesehen von ein bisschen Gezwitscher herrschte Ruhe.

»Ich folge dir, alles gut.«

Schrieb Titus – der Freund?

Ja, alles gut. So gut wie ein Magendurchbruch. Hinter niedriges Buschwerk gekauert, blickte er zurück. Zuerst war da nur ein Lichtreflex der niedrigen Morgensonne, dann der Reflektor: eine vor Schweiß glänzende Glatze, knapp über der Grasnarbe. Der erste kämpfte sich aus dem Tunneleingang. Dicht dahinter folgte sein Kumpan.

»Lauf auf die kleine Hütte zu, auf zwölf Uhr.«

Er rannte los. Hinter ihm wütendes Rufen, Zweige brachen. Er erreichte die Hütte und schrie leise auf. Direkt vor ihm die dunkle Mündung eines Maschinengewehrs. Er hob die Hände. Auf einem Bambusstuhl saß eine Person, das MG auf den Schenkeln. Sie blickte hoch, erst überrascht, dann ängstlich. Eine alte Frau, neben ihr in einer Halterung in Reih und Glied genug Feuerkraft, um einen neuen Vietnamkrieg anzuzetteln. Neben ihr stand das handgemalte Schild: »10 Bullet, 20 Dollar«. Dahinter mehrere fünfzig Meter lange Streifen, jeweils beidseitig begrenzt von weißen Sperrbändern, an deren Ende Zielscheiben mit geschmackvollem Soldatenmotiv hingen. In einer Hand hielt die

Frau eine Handvoll Patronen, in der anderen ein Magazin. Sie munitionierte auf für Touristen, die noch einmal dasselbe tun wollten wie vor einem halben Jahrhundert, nur mit positivem Ausgang. Tarnjacken und Stahlhelme hingen an der Wand, um das Kriegsspiel perfekt zu machen. Reality, nix Virtual.

Er riss eine Waffe aus der Halterung. Sie glich dem G3, Standardwaffe beim Bund aus Zeiten, als man immer nach Osten zielte, weil der Feind nun mal von nirgendwo anders kam. Er riss der Frau das Magazin aus der Hand, sie ließ die restlichen Patronen fallen, als glühten sie, und floh in die Hütte. In einem zweiten Korb lagen befüllte Magazine. Er schob eins ins Schnellfeuergewehr und zwei weitere in die Hosentaschen. Auf der Lichtung tauchte der Glatzkopf auf. In geduckter Haltung marschierte er in seine Richtung. Eine Waffe hatte er nicht in der Hand. Fünfzig Meter weiter hinten erschien die rote Baseballmütze seines Partners. Er hielt die schwere Pistole mit beiden Händen und zielte in Richtung der Hütte.

Eine sinnlose Position. Eröffnete er das Feuer, gefährdete er denjenigen, dem er eigentlich Feuerschutz geben wollte. Der war mittlerweile auf fünfzig Schritte herangekommen. Von unbewaffnet konnte nun keine Rede mehr sein. Das, was er hinten aus dem Hosenbund herausgezogen hatte, glitzerte schwarz, bestimmt nannte er sie zärtlich »Donnerbüchse«. Fritz brüllte »Stopp«. Eindeutig die Dummheit des Tages. Überrascht richteten sie sich auf, um dann synchron freudig zu lächeln, ihre Waffen zu heben und in seine Richtung zu zielen. Der Vordere schritt noch entschlossener voran als zuvor. Fritz stand im Schatten des Vordachs, die linke Hälfte seines Körpers war durch die Wand der Hütte gedeckt. Sie war gleichzeitig Stütze für das Sturmgewehr.

»*Stop, I shoot*!« zeigte keine Wirkung. Der erste Angreifer war inzwischen so nah, dass das tätowierte »Love« auf den Fingergliedern zu erkennen war und ein goldener Schneidezahn im verzerrten Mund.

Fritz nahm die Brust des Glatzkopfs ins Visier und drückte ab. Die Salve peitschte wie die Mutter aller Ohrfeigen. Unbewusst hatte er die Augen geschlossen. Der Schrei kam von weit hinten.

Ein Schwarm großer, weißer Vögel stob in den Himmel auf, der inzwischen die Farbe grauer Rostschutzfarbe angenommen hatte. Der Glatzkopf warf den Kopf herum, die rote Baseballmütze war verschwunden und mit ihr sein Feuerschutz. Im Zickzack rannte er zurück in Richtung Hecke. Fritz schoss noch eine Salve in Richtung Baumwipfel ab, gab sich keiner Illusion hin: Ein paar Minuten würde der Glatzkopf brauchen, um sich auf die veränderte Lage einzustellen, dann würde er zurückkehren, mit Verstärkung und ein paar großen Schwestern von Donnerbüchse. Fritz ließ das Sturmgewehr fallen und sah sich nach einer Pistole um. Ein Westler, der mit einem geladenen M16 durch Cu Chi lief, würde binnen Minuten Bekanntschaft mit den vietnamesischen Ordnungskräften machen, binnen Stunden mit einem vietnamesischen Untersuchungsgefängnis. Er zog das Handy hervor.

»Was jetzt?«

Neue Nachricht.

Er stöhnte.

Rettet_dem_Dativ:

»Das Gallus und der sexy Genitiv: Miriams's Liebling's-Accessoire's Immerhin richtig geschrieben. Alles gut bei dir? Wally«

Aber so was von!

Titus:

»Halte exakt auf Sonne zu. Nach 500 Metern kommt Straße.«

Welche Sonne? Er suchte den Himmel ab, glaubte, eine helle Verfärbung zu erkennen, und rannte los. Das Gelände war durchzogen von Pfaden, festgetreten von Hunderttausenden amerikanischer Turnschuhsohlen, ehemalige GI, gekleidet in karierte Hemden, getränkt mit Sentimentalität. Einige wenige hatten sich schon um neun Uhr morgens eingefunden und wunderten sich über den graumelierten Herrn in den besten Jahren, der ihnen mit einem irren Blick entgegengesprintet kam, so, als sei der Geist Ho Chi Minhs in ihn gefahren.

Vor ihm erhob sich eine grüne Wand. Er ging auf die Knie, in der Hoffnung, einen Durchschlupf durch das Gestrüpp zu finden. Er griff hinein, riss Zweige und Äste ab. Direkt neben sich wirkte das Dickicht lichter. Er zog die Jacke über den Kopf, um die Augen vor den Dornen zu schützen. Nur weiter in Richtung Helligkeit! Plötzlich stand er auf einer staubigen Straße. Viel zu laut röhrte eine Art Nebelhorn hinter ihm, er warf sich herum und sah als Erstes die vor Schreck aufgerissenen Augen. Der Busfahrer bremste scharf, riss das Lenkrad herum. Ein Außenspiegel streifte Fritz am Ohr.

Danach völlige Leere auf der schnurgerade verlaufenden Straße, die von flachen Bassins gesäumt war. Saftig grüne Reissetzlinge standen in Reih und Glied, so weit das Auge reichte. Dann, zunächst hörte er es nur, etwas, das beim Näherkommen gewisse Ähnlichkeit mit einem Pfau hatte, der sein Rad schlug. Und knatterte. Ein Moped, auf dessen mithilfe einer Metallplatte verbreitertem Gepäckträger sich Dutzende kleiner Käfige quer zur Fahrtrichtung stapelten. Der Fahrer hatte es eilig. Fritz breitete die Arme aus wie Moses. Der Mann versuchte zunächst auszuweichen, entschloss sich dann aber angesichts der fragilen Konstruktion hinter seinem Rücken zum Bremsen. Fritz zeigte in seine Fahrtrichtung.

»Saigon?«

Der Bauer, der offenbar auf dem Weg zum Markt war, blickte ihn mit ausdruckslosem Gesicht an. Er schob seinen grünen Tropenhelm nach oben, die typische Kopfbedeckung der Vietcong während der Indochina-Kriege. Dann knallte er den Gang rein und gab Vollgas. Fritz stellte sich ihm erneut in den Weg. Das Moped war kurz davor, umzufallen, der Vietnamese schien leicht in Panik zu geraten. Er fluchte laut, deutete nach hinten, fluchte lauter. Fritz spürte einen stechenden Schmerz am Handgelenk. Eine der Dornen hatte sich unter das Stahlarmband der GMT Master geschoben und bohrte sich ins Fleisch. Eine Chance! Er riss sich die Armbanduhr vom Arm und gab sie dem Vietnamesen. »Saigon!«

»*Copy watch*?« Der Typ schaute misstrauisch und drehte am Gasgriff. Das Maschinchen heulte.

»*No fake*! Rolex! Rolex!«

Der Mann drehte und wendete die Uhr, nickte unwirsch und zog sie sich an. Mit dem Daumen zeigte er hinter sich. Fritz schlug ihm auf die Schulter und schwang sich auf die Rückbank. Ein scharfes Zischen ließ ihn zurückzucken. Reserviert?

So, wie sich im Autofokus einer Kamera Details herauskristallisieren, stellten seine Augen auf das scharf, das sich jenseits der Gitterstäbe befand. Das Zischen kam aus einem geschlossenen Korb direkt im Nacken des Fahrers. Zwischen schmalen Bambusstreifen züngelte eine schmale, an der Spitze in ein V auslaufende Zunge hervor. Sie war nicht immens groß, wobei, wer konnte das schon so genau sagen bei einer zusammengerollten Schlange. Diese war es zwangsweise, was ihre Laune erklärte. Sie füllte den gesamten Käfig aus, der offenbar exakt für Spezialtransporte dieser Art konzipiert war, hatten doch die Bambusstreifen genau den Abstand, den Kopf einer Kobra auf der richtigen Seite zu halten. Vorausgesetzt das Exemplar, an dem man Maß genommen hatte, war nicht Oversize gewesen. Irgendwo im Gebüsch knackten Äste, gedämpfte Stimmen waren zu hören. Er hob das Bein, zog es an wie ein Kung-Fu-Kämpfer bei einem Kick und ließ sich auf die Sitzbank fallen. Die müden Stoßdämpfer der Honda federten ein, es zischte erneut, diesmal vielstimmig. Der Vietnamese drehte irritiert den Kopf, als sich eine verliebte Fünfzehnjährige mit grauen Bartstoppeln an ihn presste. Die Honda heulte gequält auf, setzte sich aber in Bewegung.

Laut der Armbanduhr, die ihm von einem schmalen Handgelenk traurig zuwinkte, waren sie zwanzig Minuten auf der Staubpiste unterwegs gewesen. Der Tacho zeigte dreißig Stundenkilometer. Keine Verfolger weit und breit, soweit man es in einem vibrierenden Rückspiegel erkennen konnte. Sein Puls beruhigte sich, um, als er nach hinten Ausschau halten wollte, gleich wieder in den roten Bereich zu jagen. Aus engmaschigen Drahtgittern hingen unzählige haarige Beine heraus. Spinnen, die aussahen, als könnten sie die Drähte der Käfige locker auseinanderbiegen, daneben Skorpione in Einzelhaft, damit sie sich nicht gegenseitig abschlachteten, aber immer noch dicht genug beieinander, um mit dem Stachel anzuzeigen: »Isch mach disch Krankenhaus.« Diverse Arten von Schlangen, mal grün wie junge Bohnen und frittiert sicher ebenso knackig, andere eher schlammfarben, dafür dick wie ein Unterarm. Das Harmloseste waren Frösche von der Größe eines Platztellers, genauso akkurat aufeinandergestapelt und mit Streifen aus Schilf verzurrt.

Der Vietnamese ließ kein Schlagloch aus, jedes Mal zischelte es Protest. Nach einer weiteren halben Stunde wurde die Bebauung dichter. Einstöckige Häuschen, deren weißer Putz vom ständigen Wechsel aus Sonne und Tropenregen grau und rissig geworden war, dazwischen kleine Kirchlein, Überbleibsel der französischen Kolonialzeit. Am Horizont markierten Wolkenkratzer das Stadtzentrum. Wäre es doch nur Frankfurt. Schwärme von Mopeds und leichten Motorrädern umbrandeten sie an jeder roten Ampel. Dicht an dicht klebten die Maschinchen aneinander, wie Bienen in ihrem Stock, um bei Grün mit zornigem Gebrumm auszuschwärmen. Vater am Lenker, Mutter dahinter auf der Sitzbank, dazwischen ein Schulbub, die Zweitjüngste auf dem Gepäckträger und das Nesthäkchen zwischen Tank und Papas Schenkeln. Rote Hondas mit anmutigen jungen Frauen am Lenker, gekleidet in den traditionellen weißen Ao Dai, die trotz des langen Beinschlitzes züchtig aussahen, den kegelförmigen

Strohhut auf dem Kopf. Fast alle Mädchen trugen weiße Gesichtsmasken aus Stoff, um sich vor dem Smog zu schützen, der so dicht war, dass er zwischen den Zähnen knirschte. Der Bienenschwarm, das war Anonymität, ein Hauch von Sicherheit.

– *Ein deutscher Herrmann, Flucht durch den Tunnel, dann ab mit dem Motorrad. Kommt mir vor wie eine Neuverfilmung von* Gesprengte Ketten.
– *Nur habe ich mich nicht wie du mit dem Teelöffel nach draußen gegraben, und ich sitze auch nicht auf einer Triumph, sondern auf einem Honda-Reisbrenner.*
– *Jetzt, wo du es sagst, du siehst eher aus wie Audrey, die sich an Gregory Peck kuschelt.* Ein Herz und eine Krone *war das, glaube ich.*
– *Doch nicht etwa die Audrey?*
– *Genau. Audrey Hepburn, Gott, was war die niedlich, halb Hollywood wollte sie adoptieren. Und dann noch dieser englische Akzent. Bisschen dürr vielleicht.*
– *Die Figur ist wohl das Einzige, was wir gemeinsam haben.*

Sie passierten einen Platz, der von einem Hotel im Kolonialstil dominiert wurde. Im eleganten Continental hatten sich Peter Arnett, Sebastian Scholl-Latour und die anderen Großfürsten der Kriegsberichterstattung gern mal einen hinter die Binde gekippt. Vielleicht hatte ja auch Herrmann hier gesessen und von seinen Heldentaten geprahlt. Hinter dem Hotel ragte ein rot verspiegelter Wolkenkratzer in die Höhe. Fritz tippte dem Fahrer auf die Schulter und bedeutete ihm zu stoppen.

Der Portier musterte misstrauisch den verlotterten Mann, der sich vor ihm die Kleidung abklopfte. Wahrscheinlich einer von diesen Vietnamkriegsveteranen, die nicht die Kurve gekriegt hatten. Der Motorradfahrer gab Gas und hob die Hand, an der eine Rolex baumelte, deren Schluchzen im Brausen des Verkehrs verhallte.

Mitten im Touristenviertel zu bleiben, keine gute Idee. In der Menge verschwinden, abtauchen, sich ducken und ein ruhiges Plätzchen finden, das war angesagt. Fritz zog das Handy heraus. Nachricht an Titus:

»Saigon. Alles gut. Wenn ich dich nicht …«

Der Bildschirm wurde schwarz. Hoffentlich lag es nur am Akku. Das Erste, was er brauchte, war eine Ladestation.

Neben ihm quietschten Reifen. Druckluft zischte, eine Tür öffnete sich. Kurzentschlossen stieg er in den weiß-blauen Bus. Wohin er fuhr, wussten nur die zehn Vietnamesen. Hauptsache, unsichtbar werden und vielleicht ein paar Minuten lang die Augen schließen, ohne fürchten zu müssen, dass sich ihm eine schwere Hand um den Hals legte.

Das war kein Traum. Schwer lastete etwas auf seiner Schulter. Verzweifelt versuchte er sie abzuschütteln. Dann riss er die Augen auf. Eine Schirmmütze verdeckte die gesamte Stirn. Die verspiegelten Gläser einer Pilotenbrille ließen vom Gesicht nur Mund und Nase übrig.

»Dépêche-toi, *ici Terminus*!«, sagte der Uniformierte, ein alter Mann, der aus Kolonialzeiten noch des Französischen mächtig war. Fritz blickte sich um. Nur er und der Fahrer, ansonsten war der Bus leer. Er bedankte sich auf Englisch und stieg aus und fiel einem McDonald's-Clown fast in die Arme. Das hier war mit Sicherheit die Toplage des Einkaufszentrums, doch nur eine Handvoll Kunden hatte sich ins Restaurant verirrt. Gelblicher Staub lag über grün getöntem Schaufensterglas. Dahinter gähnende Leere. Das Ganze war Platte in Halle-Neustadt, nur mit Palmen und ohne Ampelmännchen. Knatternde Mopeds, jaulende Lieferwagen und dröhnende Lastwagen lieferten dazu den Soundtrack einer südostasiatischen Großstadt. Niemand schien von dem verwahrlosten Westler Notiz zu nehmen, der zielstrebig auf den Haupteingang des Shoppingzentrums zu marschierte.

Im Inneren des Gebäudes herrschte gefühlt Kühlschranktemperatur. Es war gleich elf, und er fiel vor Müdigkeit fast um, doch bevor er einschlief, brauchte er eine Verbindung nach draußen. Noch nie hatte er den schleichenden Tod der Internetcafés so bedauert wie in diesem Moment. Mindestens seit zehn Jahren besaß auch der letzte Pakistaner in Frankfurt ein Handy mit Ethnoflat für Gespräche in die Heimat. Und in Asien war das Smartphone schon viel länger Kommunikationsinstrument, Bank und Einkaufszentrum in einem.

So sah es auch in der Ladenstraße aus. Ein paar dickliche Jugendliche schlurften mit leeren Gesichtern vorbei. Eine alte Frau in einem billigen bedruckten Overall, deren Füße in giftgrünen Badelatschen und Tennissocken steckten, interessierte sich für die neuesten digitalen Reiskocher. »Free Wi-Fi«, wie auf einem großen Banner zu lesen war, lockte niemanden mehr vom Sofa und von Amazon weg, einzige Ausnahme ein Deutscher mit Dreck an den Schuhen und Panik in den Augen. Das WLAN-Banner hing am Ende des Gangs in einer Art Atrium. Dort hatte ein lokaler Computerhersteller einen Promotionsstand aufgebaut. Fritz steuerte darauf zu.

Niemand schien sich für die riesigen 3D-Fernseher zu interessieren. Drei mit üppigen Flatscreens ausgestattete Desktoprechner luden zum Testen ein. Einer der Computer verschwand fast hinter einem Aufsteller, der die hochwertige Grafikkarte bewarb. Eine künstliche Palme versperrte den Blick von der anderen Seite. Das war er, der perfekte Platz! Im Stillen pries er Windows 12, das fast nur noch aus Icons bestand. Er fand die Systemeinstellungen und stellte von Vietnamesisch auf Deutsch um. Ein paarmal fluchte er über das englische Tastaturlayout, gewöhnte sich dann aber erstaunlich schnell daran:

VFW-Chef Herrmann plante den Tod von Unternehmer Sebastian Wirt

Von Friedrich Graber

Sie nennen sich Car Guys, so wie Millionen andere auf der Welt, die Autos lieben. Doch sie sind Moerder. Sie morden nicht selbst, doch sie morden, und das aus niederen Motiven. Es geht um Geld und Macht. Viktor Herrmann, der Vorstandsvorsitzende der Vereinigten Fahrzeugwerke AG (VFW) wollte das ultimative autonom fahrende Auto bauen, den Car-e. Sein Komplize heißt Colin Lim. Er ist Gruender und Eigentuemer des Investmentunternehmens Golden Harvest mit Sitz in Bangkok und Hongkong. Er fungierte als Strohmann und Finanzier.

Die Wirt AG aus Stuttgart-Vaihingen und Roadsoft Inc. verfuegen ueber Schluesseltechnologien für autonom fahrende Autos. Wirt stellt Lidar-Sensoren her, Jim Archers Unternehmen eine Software sowie Kameras fuer die Umgebungserkennung. Beide Firmeneigentuemer wollten sich nicht von ihren Unternehmen trennen. Darum mussten Sebastian Wirt und Jim Archer sterben. Und nicht nur der amerikanische Selfmade-Unternehmer, sondern auch seine Frau Ewa kam ums Leben.

In beiden Faellen dienten teure Oldtimer als Mordinstrumente. Mithilfe eines komplexen Steuermoduls (siehe Foto) konnten die Autos so manipuliert werden, dass ihre Fahrer bei hoeherer Geschwindigkeit die Kontrolle verloren.

Mit dem Tod ihrer Gruender verloren die Unternehmen ihre praegenden Fuehrungspersoenlichkeiten, der Unternehmenswert sackte um bis zu 60 Prozent ab. Dann trat Golden Harvest als Finanzinvestor auf den Plan. Das Unternehmen aus Bangkok gehoert zu 100 Prozent Colin Lim. Golden Harvest nahm die Verhandlungen mit den Anteilseignern bzw. Erben auf und setzte alles daran, die Uebernahme schnell umzusetzen. Um die Anteile weit unter Marktpreis erwerben zu koennen, wurden sowohl an Manager der Wirt AG als auch hochrangige

Mitarbeiter von Archer Softroad Schmiergelder in Millionenhoehe gezahlt.
Um die Autos zu manipulieren, bedienten sich die ‚Car Guys' der Hilfe des Frankfurter Oldtimer-Haendlers Klaus Polanski. Dieser verkaufte Wirt und Archer über Mittelsmaenner hochwertige Klassiker. Wirt verunglueckte mit seinem Porsche 911 Carrera 2.7 RS zwischen Nizza und Monte Carlo, Archer raste mit seinem Ferrari Dino auf dem Harbor Freeway von Los Angeles ungebremst in einen Sattelschlepper. Weitere Opfer des Komplotts sind nicht bekannt, aber nicht auszuschließen.
In einer von Polanskis Werkstattbetrieben in Frankfurt wurden die Manipulationen vorgenommen. Polanski selbst ist inzwischen verstorben. Die Polizei geht von Selbstmord aus.«

Ein bisschen pathetisch, vielleicht. Pfannenroth hätte gesagt: »Luft rauslassen, Fritz.«

Mail rauslassen, Fritz! Dann noch ein kurzer Satz:

»Du weißt, was zu tun ist, Titus. Fritz

PS: Bitte Texterhalt und Zeitpunkt Veröffentlichung bestätigen. Foto von Spiderbox einfügen. Siehe unseren Chatverlauf!«

Er drückte auf Senden.

In Deutschland war es fünf Uhr morgens. In zwei, drei Stunden würde Titus die Mail lesen. Um spätestes achtzehn Uhr Saigon-Zeit sollte die Welt von den Car Guys Kenntnis genommen haben. Bis dahin brauchte Fritz nur dreierlei: ein sicheres Versteck, eine Dusche, tiefen Schlaf. Voraussetzung für all das war ein geladenes Handy.

Er sah sich um. Zwischen einem Geschäft für Elektrogeräte und einem Massagestudio, verdeckt vom Werbebanner des Computerherstellers, leuchtete grün auf weißem Grund das Schild für den Notausgang. Ein Flügel der Stahltür war nur angelehnt. Zwei Wachleute folgten mit grimmigem Blick dem heruntergekommenen US-Veteranen. Wie ein Flaneur pendelte Fritz in der

Ladenstraße von einer Seite zur anderen, blieb an Schaufenstern stehen, bis er um die nächste Ecke gebogen war. Mit dem Aufzug fuhr er ins oberste Stockwerk.

Die Türen des Fahrstuhls schoben sich auf. Er machte einen Schritt nach vorn. Es schepperte, und er lag auf dem Boden. »Vorsicht, feuchter Boden« stand auf dem gelben Aufsteller, den vor Jahren jemand vor dem Fahrstuhl vergessen hatte. Diese Etage des Einkaufszentrums war kaum über den Rohbau hinausgekommen. Netzwerkkabel hingen wie orangefarbene Riesenwürmer von der Decke, nur die ersten Meter des Fußbodens waren verfliest worden. Das Beste: kein Mensch weit und breit. Auch hier gab es den Notausgang. Er hatte Glück, die Stahltür stand sperrangelweit offen. Er stieg die Treppen hinauf. Eine weitere Stahltür führte zum Aufzugsraum. Sie war verschlossen, doch zu beiden Seiten verliefen die Zu- und Ableitungen der Klimaanlage, Rohre so dick wie kleine Fässer. Hinter ihnen war gerade genug Platz, um auf der Seite liegend zu schlafen. Er legte seine Jacke zu einem Kissen zusammen, kroch hinter die riesigen glänzenden Rohre und schlief sofort ein.

- 61 -

»Darf ich mal?« Unwillig machten ihr die Schaulustigen Platz, die sich auf dem Gehweg angesammelt hatten.

»Tür öffnen«, sagte Marie. Zumindest die Sprachsteuerung ihres neuen Firmenwagens reagiert eins a.

»Frau Leitner, wenn nicht alles funktioniert, denken Sie daran, ist ein Vorserienmodell. Führen Sie bitte akkurat das Online-Fehlerprotokoll und bringen Sie es an Ihrem ersten Arbeitstag mit. Das hilft uns sehr!« Das hatte ihr der Qualitäts-Ingenieur bei Übergabe eingeschärft.

»Was ist denn das für einer?« Ein Rentner, beigefarbene Windjacke, braune Cordhose, steckte den Kopf ins Innere des Wagens.

»Ein Car-e von VFW.«

»Iiih, das klingt genauso, wie es aussieht. Mit Auto hat das nicht mehr viel zu tun.«

»Stimmt, darum fahre ich auch nicht mehr selbst.« Sie setzte sich auf den Fahrersitz, verschränkte die Arme. Summend schloss sich die Schiebetür. Der Rentner zog den Kopf ruckartig zurück. Von außen waren die Scheiben so gut wie blickdicht. Wie durch Watte hörte sie noch: »Eine Unverschämtheit.«

»Starten und Zieleingabe.«

Das Display von der Größe eines Geschirrtuchs erwachte zum Leben. Daneben ein Mäusekino bestehend aus Tacho, Kapazitätsanzeige und Dutzenden von Kontrollleuchten.

»Bitte geben Sie Name oder Adresse ein.« Sie hatte sich für eine Männerstimme entschieden.

»Titus Boyst.«

»Sagen Sie ja, wenn Sie Titus Boyst in Bad Homburg, Berliner Straße 48 meinen.

»Ja, Herrgott noch mal.«

»Die Zielführung wird gestartet.«

Vor einer guten Stunde hatte Titus angerufen. Er benötige ihre Hilfe. *Dringend. Wozu? Erkläre ich dir später.*

Auf dem Hauptbildschirm erschien das Symbol eines Autos, das dabei war, sich in Bewegung zu setzen. Darunter blinkte auf: »Jetzt losfahren?« Mit einer Handbewegung, wie man Fliegen verscheucht, wischte Marie entlang des Bildschirms. Das Lenkrad begann sich zu drehen, der Blinker klickte, der Car-e setzte sich in Bewegung, lautlos dank vier Elektromotoren, von denen jeder ein einzelnes Rad antrieb.

Nachdem der Showteil zu Ende war – inzwischen dürfte der Rentner die Kinnlade wieder geschlossen haben –, nahm sie das Steuer wieder locker in die Hand. Sie fuhr – konnte man das eigentlich so sagen? – den Wagen seit drei Wochen. Seither hatte der Car-e beinahe christliche Wertvorstellungen an den Tag gelegt. Jedwedes Leben, das der Herrgott geschaffen hatte, galt es zu schützen. Die Stadttaube, die dicht vor dem Kühlergrill aufgeflogen war, hatte keine Schäden davongetragen, nur Maries Schlüsselbein tat noch immer weh vom Sicherheitsgurt. Für das Kaninchen auf der Landstraße zum VFW-Hauptwerk in Stuttgart hatte es nicht mehr ganz gereicht.

Dank Extrafahrspur und grüner Welle für Autonome drückte sie zwanzig Minuten später die Klingel, auf der nur »T« stand und ein Mignon-Bildchen klebte.

»Marie, komm rein. Wir sollten uns sputen.«

»Hätten wir uns nicht in der Stadt treffen können?«

»Das ist keine Sache für ein Smartphone und einen Notizblock. Ich brauche alles an verfügbarer Technik, wenn wir ihm helfen wollen.«

»Wem?«

»Dein Ex-Gspusi hat ein Problem.«

»Er war nicht mein Was-auch-immer.«

»Egal, ein Problem hat Fritz trotzdem.«

»Und wir sind diejenigen, die sein Problem lösen?«

Titus erzählte, was er wusste.

Marie drehte mit dem Zeigefinger eine ihrer Locken. »Wo genau befindet er sich jetzt?«

»Zuletzt habe ich ihn in Saigon geortet. Dann ist die Verbindung abgebrochen. Wahrscheinlich kein Saft mehr auf dem Handy. Umso mehr brauche ich jetzt Infos von dir. Über Viktor Herrmann.«

»Wieso?«

Wortlos zeigte er eine Chat-Nachricht.

»Bin safe. Gut vVerstek. Herrmann Drahtzier. Lim, Goldene Harvest, zusammen Verbrecher. Autos manip w Tech. Sensoren, Software. Mariahilf«

»Ich verstehe nur Bahnhof.«

»Automatische Wortvervollständigung ist der letzte Mist. Habe eine ganze Weile gebraucht, um es halbwegs zu kapieren: Herrmann ist der Drahtzieher, der Chef von Golden Harvest ist Colin Lim, sie sind die Verbrecher, die Autos manipuliert haben, um an Sensoren und Software, also Hightech für autonom fahrende Autos zu gelangen.«

»Und Mariahilf?«

Titus legte den Kopf schief.

»Okay, verstanden, aber wie soll ich helfen?«

»Du arbeitest für Herrmann.«

»Ich soll für ihn arbeiten. Oh Gott, wenn ich nur daran denke, wird mir übel. Für diesen Verbrecher rühre ich …«

»Vergiss das jetzt. Welche Ansatzpunkte gibt es? Denk nach, Marie!«

»Was hast du vor?«

»Ich will an Herrmann rankommen. Dazu muss ich ihn finden.«

»Ich habe seine E-Mail-Adresse und seine Handynummer.«

»Die E-Mail landet im Sekretariat. Die Handynummer, über die erreichst du ihn immer?«

»Wird ebenfalls ins Sekretariat umgeleitet.«

»Dann können wir sie vergessen. Wenn er irgendetwas mit den Verbrechen zu tun hat, kommuniziert er niemals über sein Diensthandy. Wir brauchen jetzt volle Konzentration!«

»Stopp, ganz am Anfang, als er mich anrief, um mir den Job anzubieten, war das eine andere Nummer.«

»War sie unterdrückt, also stand da ›Unbekannter Anrufer‹ oder ›privat‹?«

»Ich glaube nicht.«

»Wann war das?«

»Das kann ich nicht genau … Moment, diesen Dr. Altmeyer von der Uniklinik habe ich am 23. April getroffen, Freitag, das Datum werde ich mein Leben lang nicht vergessen. Am 20. Mai hat er …«

Titus sah ein verdächtiges Glitzern in ihren Augenwinkeln. »Hattest du erzählt. Was passierte dann?«

»Mir war klar, dass ich dringend viel Geld brauchen würde, um überhaupt eine Chance auf diesen Therapieplatz für Max zu haben. War drauf und dran, in die Kirche zu gehen, zum ersten Mal seit der Konfirmation. Was für eine glückliche Fügung, habe ich gedacht, als Herrmann mich anrief. Das war keine Woche später. Also zwischen dem 22. und dem 30. April müsste es gewesen sein.

»Preiset den Herrn, Marie hat geholfen! Das bekomme ich hin. Hast du einen Einzelverbindungsnachweis auf deiner Telefonrechnung?«

»Telefonrechnung? Gibt es Leute, die so was anschauen?«

»Okay, welcher Provider, und dann noch dein Kunden-Login?«

»Us-fone. Da gab es sicherlich mal ein Passwort. Ich schaue mir doch nicht meine Handyrechnung an.«

»Deine E-Mail-Adresse kenne ich. Also Passwort neu anfordern.«

Noch nie hatte Marie einen Menschen derart schnell eine Computertastatur bearbeiten sehen.

»Bin drin. Die Einzelverbindungsnachweise sind in deinem Account hinterlegt, allerdings aus Datenschutzgründen versteckt, wenn du sie nicht explizit buchst.«

»Das wird schwierig. Us-fone hat dieses Jahr Bestnoten für Datensicherheit bekommen. Darum hab ich die …«

Titus drehte den großen Bildschirm zu ihr hin. Was sie sah, war eine lange Liste von Telefonnummern. Die meisten kannte sie.

»Wann baust du ein Sicherheitsschloss in deine Tür ein, Marie? Genau, wenn kürzlich bei dir eingebrochen wurde. Handyprovider, die gerade von den Datenschützern angezählt wurden, die schließen die Sicherheitslücken. Die anderen beten und kassieren.«

Titus markierte sämtliche Telefonnummern von Juli und kopierte die Auswahl mit »Strg c«.

»Wie hilft uns das weiter?«

»Das gute alte Excel kann immer noch eine ganze Menge, wenn man es von der Kette lässt.«

Die Oberfläche mit dem Gittermuster öffnete sich. Der Bildschirm war ausgefüllt mit Nummern, offensichtlich Telefonnummern. Die erste Zeile bestand aus Kombinationen zweier Buchstaben: »MA«,»FG«,»KP«,»TB«. In der ersten Spalte waren zur besseren Orientierung Monatsnamen. Zwischen FG und KP eröffnete Titus zwei neue Spalten: »ML« und »Match Tel«.

»Nicht dein Ernst! Du spionierst deine Freunde aus?«

»Für Moraldiskussionen haben wir keine Zeit! Hier geht's um Verbrechensbekämpfung.«

»KP, Klaus Polanski, FG, klar, aber wer ist MA?«

Sie presste sich die Hände über Mund und Nase und starrte ihn fassungslos an, als er kurz berichtete, was mit Mahmud geschehen war. Währenddessen kopierte er Maries Daten in die neue Spalte und tippte in die Formelzeile eine kryptische Kombination aus Sonderzeichen ein.

»Was tust du da?«

»Mit dem Verweis überprüfe ich die Werte der Spalten auf Übereinstimmungen.«

»Also Telefonnummern, die von uns allen einmal gewählt wurden?«

»Exakt.«

»Lass mal sehen. Das ist meine Nummer, das hier ist deine. Fritz hat ziemlich viel nach Frankreich telefoniert. Recherche wegen dem Wirt-Porsche, vermute ich.«

Titus beließ es bei einem Nicken.

»Hier ist die Nummer, die mit 911 endet, das ist Herrmanns offizielle.«

»Hier ist noch eine, die hat in der Mitte eine 119. Das müsste sie doch sein. An die erinnere ich mich. Wer kommt jetzt ins Spiel? Der Computer des BND?«

»Viel simpler. Wir nennen es Stealth Ping. Wenn über Antiterroreinsätze geschrieben wird, ist meistens von Silent SMS die Rede. Meint aber dasselbe.«

Titus öffnete ein Programm, dessen Oberfläche die Ausstrahlung von Batmans Heimat Gotham City hatte. Er kopierte die Handynummer in ein Fenster und drückte »Enter«.

»Sagt mir ungefähr etwas. Man schickt eine SMS, die der Empfänger aber nicht sieht. Das Handy meldet sich beim nächstgelegenen Empfangsmast. Je dichter das Netz, desto exakter die Peilung. Also, leg los.«

»Schon passiert.«

Sie starrten auf eine Art Darth-Vader-Helm, dessen Sehschlitze grün aufglimmten.

»Da haben wir es schon: Herrmann befindet sich offenbar im Vereinsheim des Kleingartenvereins Rosisten in Frankfurt Sachsenhausen.«

Marie stöhnte. »Scheiße! Wally.«

»Weiter, Marie. Wir müssen das schaffen. Einen Schuss haben wir noch.«

Er markierte die zweite Telefonnummer und kopierte sie in die Excel-Tabelle.

»Sieh an, sieh an. Man kennt, man mag sich.«

»Wer?«

»Mit dieser Nummer hat Fritz telefoniert, du hast mit ihr telefoniert. Und: Tata, Polanski hat mit ihr telefoniert. Kurz bevor er sich nackig gemacht hat.«

»Lad sie in die Stealth Software.«

Sie warteten. Darth Vader schien langsam die Puste auszugehen. Das Einzige, was die Stille durchbrach, war das Surren der Festplatte und das leise Rauschen der Lüfter im schallgedämpften Serverschrank.

»Komm, Junge!« Titus drückte auf »Refresh«.

Nichts passierte.

»Ich geh mir dann mal einen Kaffee machen. Du auch? Milch habe ich keine.«

Marie hörte nicht hin. Titus ging ins Bad und füllte Wasser in die Kaffeekanne.

Sie blickte auf. »Titus, komm schnell!«

Ein einäugiger Minion grinste sie an.

»Keine Angst, Marie, der tut nix.«

»Idiot. Bevor dein kindischer Sperrbildschirm erschienen ist, hat sich in diesem Stealth-Ping-Ding ein Fenster geöffnet.«

Titus ließ sich in den Stuhl fallen, dass die Feder quietschte. Grün auf Weiß war zu lesen:

16° 4' N, 108° 14' O

Sie kritzelte es auf eine Serviette mit der Aufschrift: »Jade China Imbiss Oberursel«. Das einzige Stück Papier weit und breit. Titus scannte sämtliche Schreiben, die er erhielt.

Strg c, *Strg v*, kopieren, einfügen, der Kartenausschnitt von Maps zeigte erst eine Weltkarte, dann zoomte er hinein in das Straßengewirr einer Stadt, einer Stadt an einem großen Gewässer.

»16 Grad 4 Minuten nördlicher Breite, 108 Grad 14 Minuten östlicher Länge: Da Nang, vietnamesische Küstenstadt am Südchinesischen Meer. Ziel bewegt sich mit hoher Geschwindigkeit nach Osten. Das ist er.«

»Und was jetzt? Soll die vietnamesische Luftwaffe ihn vom Himmel holen?«

»Reizvoller Gedanke, ich google gleich nach der vietnamesischen Übersetzung – wir müssen uns beeilen, wenn er auf dem offenen Meer ist, reißt die Verbindung ab.«

»Man könnte Interpol …«

»Du meinst das ernst, ja? Marie, ich muss mich jetzt voll konzentrieren.«

»Störe ich? Soll ich gehen? Die Tussi stört die Profis bei der Arbeit. Kommt mir irgendwie bekannt vor.«

»Ich heiße nicht Fritz. Marie, ich brauche dich. Du weißt mehr über Herrmann als ich. Zumindest kennst du ihn persönlich.«

Mit spitzen Fingern entfernte sie ein Paar beigefarbene Socken von der Lehne und ließ sich in den braunen Cordsessel fallen.

Sie griff hinter sich und zog ein Päckchen aus dem Spalt zwischen Lehne und Sitzfläche.

»Was ist das? Sieht nach China aus.«

»Vielleicht eine Festplatte. Bestelle ich ab und zu auf Vorrat.«

»Was machst du jetzt, wo wir Verbindung zu Herrmann haben?« Sie legte das Päckchen neben sich.

»Im Idealfall ins Steuersystem des Helikopters eindringen.«

»Wie willst du das anstellen?«

»Frag mich noch mal, wenn ich im Bordnetz bin.«

Sie nahm ihr Smartphone in beide Hände und googelte. »Hier ist ein Artikel aus einem *Fliegermagazin*. Die schreiben, dass das Netzwerk für die Steuerung strikt vom Kommunikationsnetz getrennt ist.«

»Strikt ist in der IT ein dehnbarer Begriff. Angeblich haben es Hacker schon mal geschafft, übers Bord-WLAN die Triebwerke eines Airbus anzusteuern. Erfreulicherweise sprechen wir hier nicht von einem Verkehrsflugzeug, sondern von einen Privathelikopter, den Herrmann sich hat ausbauen lassen. Für Firmen, die so etwas umsetzen, kommt IT-Sicherheit knapp vor dem LED-beleuchteten-Bordkühlschrank.«

»Woher weißt du das mit dem Helikopter überhaupt?«

»Ich war selbst überrascht, dass Fritz es auf die Reihe bekommen hat, das Aufnahmegerät zu starten.«

»Ein Aufnahmegerät? So was benutzt der noch?«

»Das an seinem Handy natürlich. Manchmal versetzt er mich in Erstaunen, der alte Mann.«

»Und du hast dich auf sein Handy geschaltet und die Dateien heruntergezogen.«

»Ein White Hack sozusagen, für einen guten Zweck. Macht normalerweise nicht halb so viel Spaß wie ein richtiger.«

»Und wenn du nicht an die Steuersysteme des Helikopters rankommst?«

»Plan B. Wenn er moderne Navigationstechnik an Bord hat, steuert er so ähnlich wie im PC-Spiel. Auf der digitalen Flugkarte erscheinen zwei Striche, einer davon ist der Kurs, der zum Ziel führt, der andere sein tatsächlicher Steuerkurs. Wenn beide übereinanderliegen, gelangt er zum Ziel. Ich werde versuchen, den Kartenausschnitt auf seinem Display so zu verschieben, dass er nur glaubt, seinem Ziel näher zu kommen. In Wirklichkeit fliegt er in Richtung offenes Meer.«

»Das merkt er bestimmt. Der Mann ist unglaublich schnell im Kopf. Der verlässt sich bestimmt nicht nur auf den Bildschirm.«

»Dann müssen wir das helle Köpfchen eben ein wenig ablenken.«

Titus lud eine Datei in seinen Messenger. »Das hier hört er sich bestimmt nicht nur ein Mal an. Ist spannend, dir schicke ich es auch gleich.«

Marie setzte sich ihr Headset auf und startete die Aufnahme.

»Geht es dir gut, Marie?«

Sie nickte und legte sich den Zeigefinger an den Mund. Ihre Wangen hatten sich fleckig rot gefärbt. »Wer ist diese Gloria?«

Titus verdrehte die Augen.

- 62 -

Langsam bekam Viktor Herrmann wieder gute Laune, jetzt, wo der Joystick in seiner Hand lag. Helikopter zu fliegen war wesentlich herausfordernder als Autorennen zu fahren. Noch etwas mehr Schub, und die alte, geliftete Lady würde abheben. Als er den Anstellwinkel der Rotoren ein klein wenig veränderte, war es so weit. Die beiden Kufen lösten sich fast gleichzeitig vom Boden. Nichts verlernt, Herrmann war zufrieden mit sich. Dank seiner modernen Turbine, Teil der »Aus alt mach neu«-Restaurierung des fliegenden Schlachtrosses, erreichte die Bell binnen zwei Minuten eine Schicht tief liegender Wolken und durchbrach sie wenige Sekunden später. Bei strahlendem Sonnenschein ging er auf viertausend Fuß in Horizontalflug über.

Vier Flugstunden waren es bis nach Hongkong, wenn ihm erst einmal die gewohnte Infrastruktur zur Verfügung stünde, würden sich die Dinge regeln lassen. Dass der Schreiberling abgehauen war, ärgerte ihn, doch warum regte sich CL so auf? Was konnte Graber schon anrichten? Wenig, denn niemand hatte Interesse an dieser Wahrheit. Sobald er wieder in Deutschland war, würde er diesen Verlagsgeschäftsführer Stockmann kontaktieren. Der würde alles tun, um die Pleite zu verhindern. Ein dickes Anzeigenpaket für die NFZ konnte also Wunder wirken. Hatte Graber Beweise? Die Spiderbox, doch die ergab noch lang keine Verbindung zu VFW oder ihm selbst. Fotos vielleicht, diese Deppen von Gorillas hätten ihm gleich in Bangkok das Handy abnehmen sollen, um das zu überprüfen. Aber was konnte darauf schon zu finden sein. Ein paar verwackelte Bilder von einer Werkstatt in Frankfurt oder das Werkstor in Hongkong. Der dortige Niederlassungsleiter, irgendein Chang oder Chong, hatte ihn informiert, dass Graber aufgetaucht war. Auch auf seinem Laptop hatte sich nichts von substanziellem Wert befunden.

CL und er hatten sich am Tunneleingang getrennt. Verständlich, besonders als dieses wilde Geballer losgegangen war. Das Letzte, was sie gebrauchen konnten, war ein Verhör auf einer ungezieferverseuchten vietnamesischen Polizeistation. In ein paar Stunden würden sie im Rahmen eines Conference Call die weitere Kommunikation absprechen, falls Graber doch etwas veröffentlichen sollte.

Er stellte die Peilung seines Navigationsgeräts auf das nächste Funkfeuer ein. Er war überrascht: Offenbar war er zu weit nach Osten abgekommen. Er flog eine sanfte Rechtskurve, um Kurs Nordost zu halten. Sobald er auf der exakten Kurslinie ankäme, würde sich die Kursnadel in die Mitte der Anzeige verschieben, und er würde genau auf das Signal zusteuern. Nichts passierte. Er sah auf die Uhr, wahrscheinlich war er noch zu weit entfernt. Zusätzlich verringerte dichte Bewölkung die Reichweite der Abstrahlung.

Eine weitere Viertelstunde verging. Er begann am Gerät zu drehen. Keine Veränderung. Er schaltete den Monitor um. Statt der Fluginstrumente erschien die Navigationskarte. Sein Steuerkurs und die Kurslinie zum Ziel stimmten perfekt überein. Offenbar war das Funkfeuer abgeschaltet oder defekt. Weitere zwanzig Minuten später fiel sein Blick zufällig auf den Hilfskompass, der zwischen beiden Pilotensitzen auf dem Instrumententräger befestigt war. Jede Art von Fluggerät verfügte für Notsituationen über einen in Flüssigkeit gelagerten »Whisky-Kompass«.

Die Maschine war viel zu weit nach Südwesten abgekommen. Die dichte Wolkendecke lockerte auf. Die dunkelgraue Fläche des Meeres bildete einen harten Kontrast zum Weiß der Kumuluswolken, die zum Greifen nah schienen. Das war kein Küstengewässer, das war die hohe See. Er leitete eine radikale Linkskurve ein. Kein Grund, nervös zu werden, die Tanks waren noch zu fast drei Viertel voll. Auf dem Monitor verschwand die Navigationskarte, stattdessen erschien eine Facebookseite, die Seite der VFW AG. Er sah seinen Namen in der Headline des Artikels und begann automatisch zu lesen. Darunter das schwarze Fenster für ein Audiofile. Darüber war zu lesen: Gesprächsmitschnitt Friedrich Graber – Viktor Herrmann (VFW AG) – Colin Lim (Golden Harvest). Der Helikopter drohte nach rechts abzukippen. Nachdem er ihn wieder unter Kontrolle gebracht hatte, klickte er die Datei an. Das Headset gab sie verzerrt wieder, doch das war eindeutig seine eigene Stimme:

»Der süße Polanski. Der war so warm wie die Sitzheizung in deinem Jensen. Stand leider allzu sehr auf kleine Jungs und war nicht vorsichtig genug. Am Ende hat er selbst Hand an sich gelegt. Große Oper wollte er zeigen, aber das war es nicht, eher Schmierenkomödie. Autohändler eben. Hilfreich war er, zumindest bis er kalte Füße bekam.«

»Weil er Sebastian Wirts Porsche manipuliert hat und auch meinen Dino, in dem Jim Archer dann gestorben ist. Dass seine Frau neben ihm saß …«

Er ersparte sich den Rest der Aufnahme und versuchte sich darauf zu konzentrieren, die schlingernden Bewegungen des Kompasses in einen korrekten Kurs umzudeuten.

- 63 -

Colin Lim war zufrieden: keine ewige Warterei am Check-in, keine Sicherheitskontrolle, dafür eine Limousine, die direkt vor dem Flieger hielt. Die Kombination aus Diplomatenpass und Platinstatus bei Thai Airways war für die thailändische Upperclass der legitime Ersatz der Sänfte. Dass der thailändische König keine mehr benutzte, bedauerte er. Er erschauerte, als er an die Fahrt von Cu Chi nach Saigon über Nebenstraßen und unbefestigte Wege dachte. Nachdem die ersten Stadtviertel von Saigon in Sicht gekommen waren, hatte der Landcruiser ausgesehen, als kehre er von einer Expedition in Papua-Neuguinea zurück. Unangenehm, dieser überhastete Aufbruch, und erstaunlich, dass Viktor, der Magnus, derart schlampig gewesen war. Im kontrollierten Universum eines großen Unternehmens mochte das funktionieren. Dort gab es immer jemanden, der den Ausputzer spielte. An der Front ging so was schief. Egal, was mit Herrmann passieren würde, er, Colin Lim, würde die Sache unbeschadet überstehen. Weil er niemals die Kontrolle verlor. Sie hatten gerade noch so viel Fassung aufgebracht, einander zum Abschied die Hände zu schütteln. Er hatte die Sorge in den Augen des Deutschen gesehen. Nichts fürchtete diese Managerkaste so sehr wie den Verlust von First-Class-Tickets, schwarzen S-Klassen, tennisplatzgroßen Büros, Segeltörns. Korrektur, geradezu in Panik verfielen sie, wenn ihr Ego Schaden zu nehmen drohte. Wie ein Ochse am Nasenring durch die Manege gezogen zu werden, die Twitter hieß und Facebook, das war etwas anderes, als sich im Aufsichtsrat hinter verschlossenen Türen schlechte Zahlen schönzureden.

Seine größte Sorge galt seiner kleinen Gai. Nicht wegen des Autounfalls in Bangkok, das würde schon wieder. Zumindest hatte das der Chefarzt behauptet, der Gloria behandelte. Mehrere

Rippen waren gerichtet worden, vor allem die, die in die Lunge eingedrungen sei. Der Hämatothorax sei gestoppt, die Milz schwelle bereits ab. Der Arzt hatte bedauert, dass die alte Verletzung im Gesicht so schlecht vernarbt sei. Damals seien die Behandlungsmöglichkeiten sicher begrenzt gewesen. Ein Jammer, so eine schöne Frau. Ja, ja, hatte er geantwortet. Bilder wie in Sepia eingefärbt waren ihm durch den Kopf gegangen. Er außer sich vor Wut und Trauer, das junge Mädchen am Boden, sich vor Schmerzen windend. Eine Ohrfeige hat noch niemandem geschadet, dass sie mit dem Gesicht auf ein Whiskyglas geschlagen war, das dann zerplatzte, wie hätte er es ahnen können. Und war sie am Ende nicht genauso geworden, wie er sich seinen Nachfolger immer gewünscht hatte? Bei den Management-Meetings von Golden Harvest war sie der einzige Mann gewesen.

Doch dann war dieser Fritz aufgetaucht.

Inwieweit sie über die Aktionen mit Wirt und Archer informiert war, wusste er nicht. Mails und Textnachrichten zwischen ihr und diesem Graber hatten nicht viel mehr enthalten als Witzeleien und zweideutiges Gesäusel. Natürlich hatte er seinen EDV-Mann fürs Grobe darauf angesetzt, ihre Kommunikation zu überwachen. Immer einen Schritt weiter zu denken, das war von jeher sein Prinzip gewesen. Besonders bei Gloria und ihrer tief im Innern lauernden Irrationalität.

Der Fahrer öffnete die Tür. Er stieg aus dem schwarzen Mercedes. Die laufenden Triebwerke des Airbus brüllten ihn an. Hier auf dem Rollfeld des Flughafens von Ho-Chi-Minh-City, wo vor einem halben Jahrhundert das Oliv der riesigen Galaxy-Transportmaschinen dominiert hatte und wo er noch immer das Gefühl nicht loswurde, im Feindesland zu stehen, war die goldfarbene Lotusblüte auf dem Leitwerk der Thai-Airways-Maschine so etwas wie ein Stück Heimat. Eine Stewardess kam die Treppe heruntergeeilt, um Colin Lim seinen Handkoffer abzunehmen. Sie verneigte sich tief.

- 64 -

»Shit. Herrmann hat es gemerkt.«

Titus zeigte auf den Bildschirm. Die blaue Linie auf der Online-Navigationsmarke war stark nach links abgedriftet. Herrmann flog nicht mehr den vermeintlich korrekten Kurs, sondern war in Richtung Osten abgedreht. Am Ende der gedachten Linie befand sich ein Riesenfleck, der verdichtete menschliche Zivilisation symbolisierte: Hongkong.

Marie spielte nervös an dem Päckchen herum. »Titus, das ist doch Fritz!«

»Wo ist Fritz?«

»Das Paket, das ist seine Schrift, Fritz hat es dir geschickt.«

»Tatsächlich, du hast recht. Mach es auf!«

Die Blasenfolie knisterte, als sie den Inhalt aus dem gelblichbraunen Karton hervorzog.

Sie wickelte es aus.

»Gib her, Marie – das muss die Box aus Wirts Porsche sein!«

»Mit dem der Wagen manipuliert werden konnte? Woher weißt du das?«

»Fritz hatte mir ein Foto davon geschickt. Das Bild war unscharf, ich hatte es für einen Raspberry Pi gehalten.«

Marie stutzte. »Moment, hat Herrmann in der Aufnahme nicht mit einer *Spiderbox* geprahlt, die so vielseitig einsetzbar sei und mit der er den Helikopter per Handy steuern könne?«

Der Bürostuhl überrollte sie fast. Titus brüllte ihr ins Ohr. »Oh, Arven!«

»Hä?«

»Du meine Prinzessin der Elben. *Herr der Ringe*. Und jetzt her mit dem Ding.«

Aus einer Schreibtischschublade kramte er eine Uhrmacherlupe hervor und machte sich daran, die Box zu untersuchen.

»Wow. Zweihundertsechsundfünfzig Gigabyte Arbeitsspeicher.«

»Das ist viel, nehme ich an.«

»Wenn es ein guter ist, hat dein Laptop acht.«

Er griff unter den Schreibtisch und zog einen Pappkarton hervor, aus dem ein Haufen Lakritzspaghetti hervorquoll. Kabel für jedweden Verwendungszweck. Er wühlte darin herum und zog schließlich eines heraus und verband die Box mit seinem Computer. Ein Fenster öffnete sich, in weißer Schrift auf schwarzem Grund tauchte Zeile für Zeile eines langen Textes aus Buchstaben, Ziffern und Sonderzeichen auf.

»Wie erwartet. Das Betriebssystem ist Linux.«

»Das heißt, du kommst ins Steuersystem des Helikopters?«

»Kann ich noch nicht sagen. Eine tote Fliege zu fangen ist ziemlich einfach, aber versuch mal, eine aus der Luft zu holen.«

»Wenn diese Fliege zehntausend Kilometer entfernt ist und sich so schnell wie ein Sportwagen bewegt.«

»Zumindest weiß ich in ein paar Minuten, ob wir überhaupt eine Chance haben.«

Titus wechselte in den Posteingang. »Marie, lies das.«

Sie rückte den Sessel heran. Minutenlang war nur das Grundrauschen der Informationsgesellschaft zu hören: Lüfter.

Marie lächelte. »Da war der Altmeister doch immer so stolz auf seine fehlerfreie Rechtschreibung – Titus, ich brauche Zugriff zu den Content-Managementsystemen folgender deutschsprachiger Websites: *dpa, ARD, ZDF, RTL, Bildzeitung, FAZ, Süddeutsche Zeitung, Deutsche Welle, Spiegel Online*. Dort müssen wir seinen Artikel einstellen.«

»Warum nicht Facebook und Instagram?«

»Weil da die Nachrichtenfälscher unterwegs sind. Wir brauchen vertrauenswürdige Kanäle. Als Nächstes nimmst du dir die internationalen Medien vor: *CNN, BBC World, afp*. Kann ich deinen Laptop benutzen? Ich jage es durch den Englisch-Übersetzer und korrigiere es danach in Word.«

Titus nickte und zog ein Notebook aus der Schreibtischschublade.

»Wie lange brauchst du, um die Liste abzuarbeiten?«

»Solange der Rechner noch die Daten der Box ausliest, kann ich anfangen. Hast du auch keine wichtige Website vergessen, Marie?«

Sie presste die Lippen zusammen. »Um eine kümmere ich mich selbst. Für die habe ich eigene Zugangsdaten.«

Sie tippte in den Browser: *»www.vfw-ag.com«*

Titus hatte sich gründlich verschätzt. Der Leichtsinn selbst von Medienkonzernen beim Thema IT-Sicherheit war erschreckend. Pro Website hatte er eine halbe Stunde kalkuliert, für die meisten benötigte er weniger als zehn Minuten. Einzige Ausnahme war die *FAZ*, allerdings nur, weil deren Server noch auf dem Stand von 2012 waren. Bei antiquarischen Systemen war er aus der Übung.

Deutlich über hundert Millionen Zugriffe, das sollte für eine schnelle Verbreitung in alle Welt reichen.

»Wie weit bist du, Marie?«

»Die deutsche Version des Artikels liegt schon in deinem Posteingang, die englische kommt in zehn Minuten. Und du?«

»Mich dünkt, als pflegte ich gerade Konversation mit einem Kästlein in einem Aeroplan.«

»Hä?«

»Wir sind drin. Wohin soll unser Herr Vorstandsvorsitzender denn fliegen?«

»Dahin, wo der Pfeffer wächst.«

»Indonesien, eine gute Wahl. Der Sprit müsste knapp bis zur Hälfte der Strecke reichen.«

Titus checkte das Instrumentenpaneel. Der Hubschrauber war bereits hundertzwanzig Meilen von der Küste entfernt.

Herrmann hatte internationalen Luftraum erreicht. Und dort würde er auch bleiben, solange der Sprit reichte. Danach würden es internationale Gewässer sein. Titus wechselte zurück in das schwarze Fenster und tippte einen langen Befehl ein, der mit dem Wort »Lock« endete. Es machte klack, als er mit dem Zeigefinger auf die Enter-Taste schlug.

»Hey, du haust ja die Tastatur kaputt. Hast du ein Problem?«

»Ich weniger. Die Steuerung ist verriegelt. Wenn Herrmann der Sprit ausgeht, ist er vierhundert Meilen von der nächsten Küste entfernt. Jetzt guck nicht wie ein angeschossenes Reh. Denk an Wirt, denk an Mahmud und meinetwegen sogar an Polanski. Und nun widmen wir uns deinen internationalen Nachrichtenseiten.«

Tempo erreicht der Fluss von Informationen dort, wo man sie zu Geld machen kann!

Das war bei Händlern und Brokern, aber definitiv nicht mehr bei den Medien. Bevor die Redakteurin am Speed Desk bei Bloomberg wusste, dass etwas geschehen war, sah sie am Chartverlauf, dass bei der VFW AG eine Art Nuklearexplosion stattgefunden haben musste. Binnen fünf Minuten war der Kurs der Aktie um siebenundzwanzig Prozent in den Keller gerauscht, und es sah nicht so aus, als hätte sie schon das Tagestief gesehen. Zwei Minuten später las sie die Überschriften:

»VFW dementiert jegliche Verwicklung in den Tod von Sebastian Wirt und Jim Archer«

»VFW AG dementiert …

»VFW-Dementi: Audiofile eine Fälschung.«

In den Meldungen folgte das Übliche: juristisch gegen die Veröffentlichung vorgehen – zu keiner Zeit – nur lockere Geschäftsbeziehung – niemals unlautere Mittel.

Ihr Aktien-Analysetool sprach eine andere Sprache.

- 66 -

War er es, der nach einer Mischung aus Schweiß und Pferdescheiße roch? Oder waren es die Backpacker? Auf der Toilette des Flughafens Suvarnabhumi hatte Fritz sämtliche Papierhandtuchspender ausgeräumt und sich mit mehreren Flaschen Mineralwasser in eine Toilettenkabine zurückgezogen. Offenbar mit mäßigem Erfolg. Er hätte in ein Flughafenhotel einchecken können, um zu duschen, er hätte sich auf die Suche nach einer öffentlichen Duschkabine begeben können, er hätte sich neue Kleidung kaufen können. Hätte, hätte, hätte. Was er wollte: nach Hause. Koste es, was es wolle. Und es hatte gekostet! Zweitausendachthundert Euro einfacher Flug von Bangkok nach Frankfurt. Doch es war egal. Wieder zuckte er zusammen. Diesmal wegen der Backpacker, die merkwürdige Pfeifgeräusche machten, als sie versuchten, ihren Didgeridoos Töne zu entlocken. Er stand auf und zog sich hinter eine Säule zurück. Dort konnte man bei einem Automat eingeschweißte Orchideenrispen kaufen. Seit elf Stunden saß er nun schon im Transitbereich des Flughafens, langsam kam er sich vor wie Tom Hanks in *Terminal*. Keine Minute hatte er geschlafen aus Panik, den Abflug zu verpassen. Lufthansa hatte es sein müssen, denn das war ja fast wie deutscher Boden.

Einen Tag lang hatte er in seinem Versteck zwischen Lüftungsleitungen ausgeharrt. Nach langem Zureden war eine Verkäuferin endlich bereit gewesen, sein Handy an ein Ladegerät zu hängen.

Nachricht von Boyst, Titus:

»Fritz, melde dich!«

Er hatte ein Selfie zurückgeschickt.

»Alter, und ich hab immer gedacht, tropische Luft verjüngt den Teint. Sieh zu, dass du heimkommst.«

Nachricht von Marie Leitner:

»An deiner Rechtschreibung solltest du ein bisschen feilen. Na ja, bei den Fernsehinterviews wird das nicht weiter auffallen. M.«

Die Mailbox war vollgelaufen, darunter jede Menge unbekannte Nummern.

Er öffnete Google und gab ein: »Viktor Herrmann, Car Guys«

Er überflog die Überschriften: Vermisst – Konkurs – Verhaftung – dementieren – Golden Harvest – Porsche – Wirt …

Bevor dem Handy erneut der Saft ausging, war es ihm gerade noch gelungen, ein Online-Ticket für den Flug von Saigon nach Bangkok zu buchen.

Jetzt lehnte er mit dem Kopf an dem Automaten und spürte die erfrischende Kühle des Metalls. In knapp drei Stunden würde er im Flieger sitzen. Wieder klingelte das Handy.

Erst auf den zweiten Blick erkannte er die Nummer, die ihm bis vor kurzem noch geläufiger gewesen war als sein Geburtsdatum.

»Kannst du mich hören, lieber Fritz? Die Leitung rauscht so.«

Vom Sie zum Du zum Kündigungs-Sie und jetzt wieder zurück, Stockmanns Flexibilität war beeindruckend.

»Herr Stockmann, was kann ich für Sie tun?«

»Geht es dir gut? Wir alle haben große Angst um dich gehabt. Wahnsinn, wer hätte das gedacht! Herrmann und Lim, das ist ja der blanke Wahnsinn. Irre. Das ist ja wie Watergate. Eine Wahnsinnsstory. Recherchiere ruhig weiter. Geht alles aufs Reisekosten-Budget. Und gönn dir für den Rückflug doch einfach die Business-Class. Wir sind alle wahnsinnig stolz, dass einer von uns …«

Bevor Stockmann noch ein weiteres Mal den Wahnsinn beschwören konnte, verabschiedete sich Fritz und legte auf.

Seit er in Saigon ins Flugzeug gestiegen war, hatte ihm Stockmann drei Mal auf die Mailbox gesprochen. Bei der ersten Nachricht war die vorgeschobene Unterlippe förmlich zu hören gewesen:

»Wir alle hier fanden es etwas schade, dass Sie den Artikel nicht zuerst auf der Website der NFZ veröffentlicht haben. Rufen Sie doch bitte zurück, wenn Sie Zeit haben.«

Danach waren immer flehentlicher Bitten um Rückruf gefolgt.

Metallisches Scheppern rettete ihn davor, wegzudösen: Eine Münze rutschte in den Automaten. Der Mann mittleren Alters nickte ihm freundlich zu, zog die Schublade auf und nahm einen Orchideenzweig heraus. Auch das Flughafen-WLAN war inzwischen positiv gestimmt und nahm ihn ins Netz auf. Das Messenger-Symbol leuchtete auf.

»Lieber Fritz, was ich vergaß zu sagen: Unser Chefredakteur Claus Pfannenroth geht bald in den Vorruhestand. Für uns hier gibt es nur einen, der für die Nachfolge infrage käme. Doch erst einmal erholst du dich. Wir besprechen das in Ruhe. Dein Sören.«

Er schreckte hoch.

»Machen Sie ruhig langsamer, dann kann ich hier in Ruhe shoppen und fliege eben erst morgen nach Hongkong.«

Sie sah sehr blass aus, nicht mehr transparent wie im Krankenhaus, aber noch immer schmal und schwach. Und schön. Krasser konnte der Gegensatz zu den Metallstreben eines Rollstuhls kaum sein.

»Hi, Gloria.«

Sie schien keineswegs überrascht und schaute ihn prüfend an. »Fritz – unser Held wirkt müde. Und ein bisschen zerkratzt. Du siehst aber weitaus besser aus als auf dem Foto, das CNN aufgetrieben hat. Weißt schon welches. Das auf BBC World war deutlich aktueller.«

»Wie geht es dir? Was ist …«

Sie tätschelte ihren Rollstuhl wie den Familien-Labrador. »Wird schon. Die Ärzte sagen, in vier Wochen stehe ich wieder auf dem Laufband. Wird auch Zeit.«

Sie zwickte in eine imaginäre Speckrolle. Da war es wieder, das Funkeln in ihrem Blick. »Aber erst einmal geht es nach Hongkong. Dort haben sie bessere Spezialisten für Hautverletzungen. *No big deal.*«

Er dachte daran, wie es sich angefühlt hatte, sie festzuhalten in der einen Nacht vor wenigen Tagen, die so fern zu sein schien wie ein Heiliger Abend seiner Kindheit.

»Und du, Fritz, du bist wohl jetzt ein Starjournalist? Kannst dir aussuchen, wo du arbeiten willst. Asien ist ein spannendes Pflaster. Wir in Asien, wir sind die Zukunft. Aber das hatte ich dir ja bereits erklärt.«

»Wenn ich in Frankfurt gelandet bin, kaufe ich mir als Erstes frische deutsche Brötchen und natürlich ein paar Zeitungen. So viel Eitelkeit muss sein.«

Sie schüttelte den Kopf. »Kipling hat es immer gewusst: Der Osten ist der Osten, der Westen der Westen, und die beiden werden niemals zusammenfinden.«

»Das fängt schon mit der Himmelsrichtung an, in die wir fliegen.«

Sie blickte ihn unverwandt an und lächelte. Für einen langen Moment schloss sie die Augen, um gleich darauf mit einer kurzen Handbewegung den jungen Mann hinter ihr anzuweisen, sie in Richtung des Diplomatenzugangs zu schieben. Das Letzte, was er von ihr sah, war die rote Unterseite einer Stiefelette. Dann schloss sich die Schiebetür.

– *Hey Fritz, langsam wird's was. Echt cooler Abgang!*

– *Danke, Steve!*

Er blickte auf sein Handy. Im Messenger baute sich ein Bild auf. Er stöhnte auf. Eine Silhouette, die er auch nachts und ohne Lesebrille erkennen würde …

»Wäre das etwas für dich? Steht bei uns in Nizza. Für einen echten Dino gar nicht teuer. *Bisou*, Carole.«

Er wischte das Foto weg, stellte das Handy auf Flugmodus und reihte sich in die Schlange vor der Sicherheitskontrolle ein.

Epilog

Die Maschine setzte hart auf, angeblich machte Lufthansa das aus Sicherheitsgründen immer so. Stimmte wahrscheinlich nicht, klang aber gut. Fritz schreckte hoch.

»Herzlich willkommen in Frankfurt. Mobiltelefone dürfen erst dann wieder …«

Pling, Dring, Miepmiep, Zilliarden von Benachrichtigungssignalen übertönten das Triebwerksrauschen. Jetlag, oder: die Kunst, dir selbst beim Wegdösen zuzusehen. Er bezwang erfolgreich das Gefühl und überflog die Inbox: Wo blieb die Nachricht vom Pulitzer-Preis-Komitee? Stattdessen weitere Glückwunschadressen, sogar von Wolters aus der Politikredaktion. Er sah ihn vor sich, »Wichtigtuer« zwischen den Zähnen hervorpressend. Und hinter ihm Stockmann, der ihm die 38er an den Hinterkopf hielt: »Schreib! Lieber Fritz, großartige Arbeit. Komm zurück. Wir flehen dich an. Und jetzt schick es ab, räudiger Kojote.«

Sie haben noch 3 % Akku-Kapazität.

Er klickte das Fenster weg. Nachricht von Titus oder eher Roman von Titus. Ein paar Wörter sprangen ihm ins Auge.

»Südfriedhof – Maries – neun Uhr – Trauer – Gas.«

Dann wurde der Bildschirm schwarz.

»Die Ortszeit in Frankfurt ist sechs Uhr fünfundvierzig morgens.«

Klare Ansage aus dem Lautsprecher. Das würde eng werden. Zu allem Überfluss waren sie auf der nördlichen Piste gelandet. Flog man innerdeutsch, hatte man dann das Gefühl, die Rollstrecke zum Terminal war länger als die Flugstrecke. Vielleicht hatte er später mehr Glück und erwischte gleich die S-Bahn Richtung Offenbach Ost. Acht Uhr dreißig zu Hause, duschen, rasieren, eigentlich keine Chance, pünktlich zu sein, zu was auch immer.

Am Zoll eine Megaschlange, als er dran war, blätterte der Grenzschützer Ewigkeiten im Pass, blickte ihm tief in die Augen, dann wieder zurück aufs Foto, hin-zurück-hin-zurück, ließ ihn dann passieren. Als er außer Atem am unterirdisch gelegenen Regionalbahnhof ankam, verschwanden rote Schlusslichter am Ende des Bahnsteigs. Ja, heute lief es!

Viktor Herrmann winkte gerade aus einem brennenden Hubschrauber und rief mit verstellter Frauenstimme: »Nächster Halt Frankfurt Ostendstraße/Europäische Zentralbank!« Fritz riss die Augen auf. Die Türen der S-Bahn schlossen sich bereits wieder. Er sprang auf, stellte den Fuß in die Tür und schob sich durch den Spalt.

Keine zehn Minuten später sog er die Luft im Treppenhaus ein wie ein Sommelier das Bouquet eines großen Bordeaux: Kelleräpfel mit einer Spur Moder im Abgang und vielleicht eine unterschwellige Note von Mäusekacke. Endlich daheim!

»Graber, Sie sehen um den Kopf aus wie ein Bär um die Eier.« Der Standardspruch seines Bundeswehr-Uffz. Passte in diesem Fall. Er verzog das Gesicht, nicht nur wegen dieses Anblicks. Im Flurspiegel blinkte hinter seinem Rücken die Diode an der Festnetzstation. »Mutti, das mit dem Dino, ich kann alles erklären …«

Unter der Dusche gelang es ihm, ein paar Gedanken zu fassen. Vor allem stellte sich die Frage: Was war mit Marie?

Südfriedhof und Trauer, so hatte es in der Nachricht gestanden. Das klang nicht gut. Oberflächlich abgetrocknet fand er auf die Schnelle einen anthrazitfarbenen Anzug mit Nadelstreifen, so weit, so gut. Hemden Fehlanzeige, die waren alle in der Reinigung. »Abholen Dienstag!« Er wählte ein weißes T-Shirt und schaute in den Spiegel. Miami Vice für Arme. Auch wegen der Sneakers. *Nein, Steve, sag jetzt nichts*. Dem rechten der schwarzen Businessschuhe fehlte halt ein Schnürsenkel. Wenigstens waren die Sneakers ebenfalls dunkelgrau. Das Beste, was man über diesen Typen im Spiegel sagen konnte, war: Er roch nicht mehr.

Jensen oder Fahrrad, wieder stellte sich die ewige Frage. Kühle Luft eines perfekten Sommermorgens wehte durchs Fenster und strich kühlend sein vom Duschen feuchtes Gesicht. Das war die Antwort.

Dem Rad fehlte nichts, doch wie spät war es eigentlich? Er spürte ein Gewicht am Handgelenk und riss den Arm hoch. So ging es den Leuten nach einer Beinamputation. Phantomschmerz einer Rolex, die jetzt an einem Unterarm von der Dicke eines Essstäbchens schlabberte. *Vietnam was hell*, die Amis hatten recht. Ein feiner, roter Streifen am Handgelenk war von den Kabelbindern geblieben. Ein Souvenir vom Glatzköpfigen, das bald verblasst sein würde. Nicht ganz. Ein dumpfer Schmerz durchzog den Ellenbogen, als er das Rad am oberen Treppenabsatz hochhob. Doch er kam heil herunter und stieg auf.

Eine knappe Viertelstunde später rollte er durchs Portal des Südfriedhofs, oben am Sachsenhäuser Berg und direkt unter der Einflugschneise. Der Torbogen aus rotem Sandstein leuchtete im warmen Sonnenlicht dieses Morgens, ein heiterer Kontrast zum Grün der alten Bäume. Das Hellgrün der Platanen dominierte, dazwischen fast schwarz die Zypressen. Er lehnte das Rad an eine Säule aus Sandstein. Der weiße Kies knirschte, als er zum Eingang der kleinen Trauerhalle ging, die fünf Treppenstufen hinaufstieg und einen Blick durch die offene Tür warf. Leer. Auf einem Altar brannten zwei Kerzen, dazwischen stand ein Schwarzweißfoto von einem jungen Mann. Anhand der Perspektive war zu erkennen, dass es sich um eine Ausschnittvergrößerung eines Gruppenfotos handelte. Die Augen, die klare Stirnpartie. Ein Familienfoto, natürlich. Darunter stand: Max Leitner. Ihr Bruder? Er zog das Handy heraus und las die vollständige Nachricht von Titus:

»Heute ist die Beisetzung von Maries Zwillingsbruder auf dem Südfriedhof. Die Trauerfeier ist um neun Uhr. Also gib Gas, es pressiert.«

Hatte er gerade tief ausgeatmet? *Ein Gemüt wie ein Schlachterhund*, würde Mutti sagen.

Der Friedhof lag verlassen da. Vögel zwitscherten, ein leichter Wind rauschte durch die Pappeln. Irgendwo brummelte ein Rasenmäher. Weit hinten, am Ende eines der Hauptwege, vom Schatten der Bäume fast verschluckt, doch noch ein Trauerzug. Er meinte, jemanden auszumachen, der aussah wie Steve Jobs in Miniaturausgabe: verwaschene Bluejeans und schwarzes T-Shirt. Titus, möglicherweise.

Mit dem Fahrrad hinterher? Das verbat sich, nicht nur aus Pietätsgründen, sondern vor allem, weil die schmalen Reifen im Kies einsanken. Eine weißhaarige Frau mit einer verwaschengrünen Gießkanne, auf deren Flanke »Eig. Südfriedhof« stand, blickte auf und schüttelte den Kopf, als ein verlotterter Anzugträger an ihr vorbeijoggte. Doch gleich wurde sie abgelenkt, als ein Jumbo Jet so tief über den Friedhof rauschte, als wolle er einen Kranz abwerfen.

Fritz spähte in jeden der Wege, die in rechtem Winkel von der Allee abgingen. Beim vorletzten sah er sie, im Halbkreis formiert. Je näher er kam, desto überschaubarer wurde die Zahl der Menschen. Ein gutes Dutzend verlor sich um das offene Grab herum. Obwohl eine Art Cape ihr Gesicht umhüllte, zog sie die Blicke auf sich: die weiße Haut, die ausgeprägten Augenbrauen, die schmalen Hände, der rote Mund, eine trauernde Marie, wie von Botticelli gemalt, mit Fussellocken, die unter schwarzem Stoff hervorlugten.

Er reihte sich in die Schlange ein. Nach der Reihe griffen Menschen nach einer Kinderschaufel, stießen sie knirschend in einen Erdhügel. Es machte leise Pling Pling, als die Erde auf die Urne rieselte, die in rund einem Meter Tiefe auf einem Brett stand, das mit Kunstrasen überzogen war, der dilettantisch festgetackert worden war. Als er an der Reihe war, sah er die Tränen auf ihren Wangen. Woher der Reflex stammte, in der Tasche des Sakkos nach einem Taschentuch zu suchen, wo er doch nie eines bei sich trug. Er hätte es nicht zu sagen vermocht. Auf einmal blinkte auf dem kegelförmigen Hügel dunkler, fetter Erde ein silberner Quader. Sein Eigengewicht ließ ihn ein wenig einsinken.

Marie zuckte zusammen, fast panisch. Sie ging in die Hocke, fasste den Quader, der in der Sonne glänzte, mit zwei Fingern und hob ihn auf. Dann blickte sie hoch. Aus Angst wurde Wut, aus Wut Verständnislosigkeit. Mit der freien Hand stützte sie sich ab, als sie sich erhob. Langsam strich sie Reste von Erde von der Hand. Dann streckte sie den Arm aus, dass seine Nase fast das blanke Metall des Zippo berührte.

»Ich weiß, Fritz, du hast in Latein nicht aufgepasst – wie in einigem anderen auch nicht. Aber was könnte es heißen?«

»Semper fidelis, das bedeutet …«

»*Mir* musst du das nicht sagen.«

Sie rührte sich nicht. Zwei riesengroße, blaue Augen starrten ihn an. Er machte einen Schritt auf sie zu. Sie bewegte sich keinen Millimeter. Doch ein klein wenig Wärme schien in ihre Augen zurückzukehren. Er machte einen weiteren Schritt, *a small step for a man* …, legte beide Arme um sie, drückte sie fest an sich,

»Es tut mir so leid, Marie. Alles.«

Immerhin, sie legte ihm die Arme um die Hüfte. Dann lösten sie sich voneinander. Er nahm ihre Hände in seine. Plötzlich war da Titus. Gefühlt dauerte es einen Tag, bis jemand etwas sagte.

»Wonach stehet euch nun der …«

Titus wurde unterbrochen, denn auf einmal löste sich alle Anspannung. Sie hätten gemeinsam in Tränen ausbrechen können, sich in den Armen halten können, das wäre das Passende gewesen. So aber sahen sich die Trauergäste verwirrt an. Einige drehten sich kopfschüttelnd weg. Was war das denn für eine, diese vermeintlich tief Trauernde, die sich hier mit ihren beiden verlotterten Freunden amüsierte. Was war denn verdammt noch mal so witzig? Marie, Fritz und Titus nahmen das nicht wahr. Sie lachten, mit Tränen in den Augen, und drehten sich wie auf Kommando um. Der Grund dieser plötzlichen Heiterkeit stand keine zwei Meter hinter ihnen, hatte die Arme weit ausgebreitet und trug ein schlabbriges schwarzes Sweatshirt, auf das weiße Haare fielen, so spärlich wie die Standardausstattung eines VW Käfer:

»Habt ihr eigentlich kein Zuhause?«

– Hey Fritz, wer ist noch die mit dem Sauerkraut auf dem Kopf?

– Hey Steve, die kennst du, das ist Marie, meine Kollegin. Nein, meine Exkollegin und beste Freundin.

– Du stehst auf sie, stimmt's?

– Mh.

– Mh ja, schätze ich? Hübsch, vielleicht ein paar Pfunde mehr an der einen oder anderen Stelle, dann sähe sie auch ein bisschen weniger verhärmt aus. Kann aber auch daran liegen, dass sie so traurig dreinblickt. Faye Dunaway, meine Partnerin in Thomas Crown, *die war perfekt. Aber lass dir eins gesagt sein: Männer und Frauen, die können keine Freunde sein. Es sei denn, sie ist hässlich. Was ja hier offensichtlich nicht der Fall ist.*

– Ach, Steve, sei still, du hast doch eh keine Ahnung von Frauen.

– Na, dann sind wir ja schon zwei.

VIENNA

JESOLO

★★★S CITY BEACH HOTEL

QUATTROCCHI

VIENNA
JESOLO
★★★S CITY BEACH HOTEL

Via Bafile, 419 I 30016 Lido di Jesolo
Tel. 0421. 972777 I Fax 0421. 371830
www.hotelviennajesolo.it I info@hotelviennajesolo.it